Harald Schumny (Hrsg.)

LAN

Lokale PC-Netzwerke

Harald Schumny (Hrsg.)

LAN
Lokale PC-Netzwerke

**Grundlagen
Anwendungen
Problemlösungen
Fakten
Datentabellen**

Mit 86 Bildern, Figuren und Tabellen

Friedr. Vieweg & Sohn   Braunschweig/Wiesbaden

Das in diesem Buch enthaltene Programm-Material ist mit keiner Verpflichtung oder Garantie irgendeiner Art verbunden. Der Autor übernimmt infolgedessen keine Verantwortung und wird keine daraus folgende oder sonstige Haftung übernehmen, die auf irgendeine Art aus der Benutzung dieses Programm-Materials oder Teilen davon entsteht.

1987

Umschlaggestaltung:

ISBN 978-3-528-04546-3   ISBN 978-3-322-91568-9 (eBook)
DOI 10.1007/978-3-322-91568-9

Inhaltsverzeichnis

Vorwort

LAN — Local Area Network — Lokales Netz — Lokales PC-Netzwerk — dies sind einige der Reizwörter, ohne die heute kein Fachmedium auskommt, nicht einmal die Medien der Tagesinformation und Unterhaltung.

Dazu gesellen sich in de Regel weitere Begriffe und Akronyme wie Kommunikation Offener Systeme (*Open Systems Interconnection*, OSI), ISO-Referenzmodell, Büroautomatisierung, Dienstintegration, Computer-integrierte Fertigung (CIM, *Computer Integrated Manufacturing*), MAP (*Manufacturing Automation Protocol*) und TOP (*Technical Office Protocol*).

Natürlich werden in diesem Buch alle diese Begriffe in ihren Bedeutungen und mit den dahinter definierten Methoden erklärt, die Zusammenhänge und Absichten diskutiert sowie Probleme aufgezeigt. Als Einschränkung bzw. Spezialisierung gilt aber in jedem Fall, daß der Einsatz von Personalcomputern gemeint ist: der vernetzte PC oder der „Mikro" mit dem „Mainframe" verbunden.

Die Vernetzung von PCs im lokal eingegrenzten Bereich ist aus technischer und ökonomischer Sicht ein attraktives Thema. Die technischen Aspekte kommen deshalb auch in diesem Buch nicht zu kurz. Die ökonomische Seite wird ebenfalls beachtet, Management-Probleme sind diskutiert.

Der gesamte Stoff zum Thema Lokale PC-Netzwerke ist in 16 Aufsätzen und drei umfassenden Tabellen ausgebreitet und in vier Teile gegliedert. Ein ausführliches Sachwortverzeichnis rundet das Werk ab. Damit wird die gezielte Suche und das Herausfinden von Querverbindungen erleichtert.

Der erste Teil „Fakten" vermittelt Grundlagen der Datenkommunikation allgemein und definiert Techniken, Standards und laufende Standardisierungen von LANs sowie zur LAN-Kopplung. Die wichtigen Übertragungs- und Zugriffsverfahren (CSMA/CD, Token) werden aufgearbeitet, der IBM Token-Ring wird ausführlich und beispielhaft untersucht.

Eine hervorragende Position nehmen derzeit Diskussionen um die Fabrikautomatisierung mit Hilfe von Lokalen PC-Netzwerken ein. Dabei steht das von General Motors initiierte und MAP genannte Modell im Vordergrund. Mit zwei Aufsätzen ist darum eine Bestandsaufnahme zu diesem eminent wichtigen Spezialzweig der Kommunikation Offener Systeme dokumentiert.

„Organisatorisches, Probleme" ist der zweite Teil überschrieben. Vor allem organisatorische Grundlagen im Zusammenhang mit der Einführung von vernetzten PCs werden weitergegeben, Netzwerk-Management-Aspekte sind diskutiert, Problemfelder der dezentralen Datenverarbeitung sind markiert. Im PC-Großrechner-Verbund treten spezielle Probleme auf, vor allem, wenn Führungsinformationen mit Hilfe von Datenbanken gefordert sind. Schließlich werden Probleme angesprochen, die sich um Technologievernetzung und Technologieintegration ranken.

Teil 3 faßt ein paar „Anwendungen" zusammen. Das Spektrum reicht dabei von vernetzten PCs an der Universität bis zum „Mikro-Mainframelink". Es werden einige Probleme bei der Konzeption und Ausführung diskutiert, aber auch konkrete Lösungen sind vorgestellt und Erfahrungen damit weitergegeben.

Teil 4 ergänzt die Fachbeiträge durch eine Vielzahl von „Daten". Einen Schwerpunkt bilden dabei Drucker, die, vor allem wenn sie einer gehobenen Preiskategorie angehören, mit vernetzten PCs sinnvoll genutzt und ausgelastet werden können. Ein einführender und klärender Aufsatz sowie eine Tabelle mit Daten von insgesamt 550 Druckertypen geben eine Fülle von Informationen.

Zwei weitere große Tabellen stellen 360 Personalcomputer (überwiegend 16-Bit-Geräte) und 100 Lokale PC-Netze vor. Wichtige Daten und Besonderheiten sind jeweils angegeben. Die tabellarische Anordnung macht direkte Vergleiche der Leistungsmerkmale möglich.

Dieses aktuelle Lese- und Arbeitsbuch wird allen empfohlen, die sich fundiert über Lokale PC-Netzwerke informieren möchten und über den Stand der Technik, Tendenzen und Normierungen Bescheid wissen müssen.

Die in diesem Buch abgedruckten kleinen Graphiken hat Dr. *Rudolf Wandelt* „ohne Netz" auf einem Handcomputer erzeugt. Noch viel mehr solcher Graphiken, die mathematischen Grundlagen und BASIC-Programme, sind zu finden in

Wandelt, R.: Graphik mit dem PC 1500/1500A
Braunschweig: Vieweg 1987

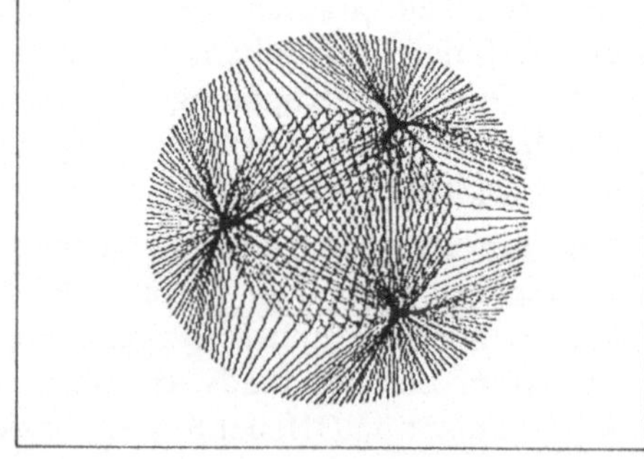

Herausgeber

Dr.-Ing. Dipl.-Phys. *Harald Schumny*
Zorgestraße 10
3300 Braunschweig

Oberregierungsrat und Leiter des Laboratoriums „Meßtechnik und Prozeßdatenerfassung" (Lab. 7.41) an der Physikalisch-Technischen Bundesanstalt (PTB) in Braunschweig.

Deutscher Direktor der Euromicro (European Association for Microprocessing and Microprogramming) sowie Mitherausgeber des Euromicro-Journals und dabei zuständig für „Interfacing, Communications and Standards".

Mitglied des wissenschaftlichen Beirats für den internationalen Informationsdienst „Computer Compacts"; „Editor-in-Chief" des internationalen Journals „Computer Standards & Interfaces", Verlag North-Holland, Amsterdam.

Autoren

Dr. *Dieter Conrads*
Zentralinstitut für Angewandte Mathematik der Kernforschungsanlage Jülich

Christina Ewald
Werbeberatung Mikutta, Kronberg/Taunus

Ingrid Fromm
Siemens AG München

Walter Gora
Lehrstuhl für Rechnerarchitektur und -Verkehrstheorie der Universität Erlangen-Nürnberg

Dr. *Karl Hainer*
Akademischer Oberrat am Mathematischen Seminar der Johann-Wolfgang-Goethe-Universität Frankfurt; Arbeitsgebiete: Numerische Datenverarbeitung, Mikrocomputer im Mathematikunterricht

Dr. rer. pol. *Werner Hürlimann*
Nationalökonom, Betreuung der Finanz- und Liquiditätsplanung bei den schweizerischen PTT-Betrieben (Post- und Fernmeldewesen)

Dr. *Wilhelm Kirchner*
Dipl.-Kaufmann, Versicherungsfachwirt, Abteilungsdirektor bei den PROVINZIAL-Versicherungs-
anstalten der Rheinprovinz

Prof. Dipl.-Oec. *H. Litke*
Wirtschaftsinformatiker, Fachhochschule für Technik und Wirtschaft, Reutlingen

Dr. *Gerhard Renner*
Geschäftsführer der Unternehmensberatung HENMARK Managementsysteme, Köln

Dipl.-Math. *Jürgen Schaumann*
Mathematiker und Systemanalytiker, Witten

Prof. Dr.-Ing. *Gerhard Schnell*
Professor an der FH Frankfurt am Main für Meßtechnik und Elektronik

Dipl.-Ing. *Ekkehard Schumacher*
Leiter Materialwirtschaft und EDV

Dipl.-Inf. *Jürgen Suppan-Borowka*
Wissenschaftlicher Mitarbeiter am Lehrstuhl für Datenkommunikation der RWTH Aachen

Holger Utermark
NOKIA Information Systems, Starnberg

Dipl.-Math. *Wolfgang J. Weber*
M. Sc. (Oxon), Wissenschaftlicher Mitarbeiter am Hochschulrechenzentrum der Johann-Wolfgang-
Goethe-Universität Frankfurt; Arbeitsgebiete: PC-Anwenderberatung, Schulung und Software-
evaluation

Dipl.-Ing. *Peter Welzel*
Studiendirektor am Bildungszentrum für informationsverarbeitende Berufe in Paderborn

Dipl.-Math. *Manfred Wolf*
TELE-CONSULTING, Gäufelden

Fakten

In diesem Buch wird sehr deutlich definiert, was lokale Netze sind und wie sie sich von anderen Formen zur Übertragung digitaler Daten unterscheiden. Danach scheint es eigentlich trivial, daß Systeme für Daten-Nahübertragung (*Short Distance Communication*) nichts zu tun haben mit Weitverkehrssystemen (*Wide Area Networks*, WANs, oder *Long Haule Networks*).

„Irgendwo dazwischen" — um bei anschaulicher Beschreibung zu bleiben: mehr am „kurzen Ende" — gibt es digitale Nebenstellenanlagen mit der Bezeichnung *Private Automatic Branch Exchange* (PBAX); zur Abdeckung größerer Bereiche, z.B. zur Vernetzung mittlerer oder großer Städte, sind Einrichtungen mit der Benennung *Metropolitan Area Network* (MAN) bekannt. Lokale Netze sind bei dieser bildhaft-deskriptiven Einteilung etwa im Zentrum des angegebenen Spektrums zu finden.

Aber wie in anderen technischen Bereichen auch sind die Grenzen fließend, Unterschiede manchmal nur graduell erkennbar oder gar nicht relevant. Viele Erfahrungen wurden nämlich von der klassischen Datenfernübertragung oder den öffentlichen Weitverkehrseinrichtungen übernommen, was einerseits einer gewissen Vereinheitlichung zugute kam, andererseits jedoch so manches Problem hervorgebracht hat. Ein markantes Beispiel für diese Situation ist die so wichtige, doch antiquierte serielle Schnittstelle nach RS-232-C, die aus der Postdefinition V.24 hervorgegangen ist.

Wir haben deshalb den Beitrag von *Peter Welzel* an den Anfang gestellt, um „Grundlagen der Datenkommunikation" als Fundament für folgende Diskussionen verfügbar zu haben. Die Darstellung von Aufgaben und Problemen der Datenfernübertragung und Datenfernverarbeitung ist nicht „LAN-spezifisch", aber durchaus nützlich. Maßgebliche Normungsorganisationen sind vorgestellt, Elemente zur Datenübertragung werden erläutert. Aber auch den rechtlichen Grundlagen wurde Raum eingeräumt.

Im Aufsatz von *Ingrid Fromm* werden dann *Local Area Networks* systematisch aufbereitet, wobei neben Definitionen, Abgrenzungen, Eigenschaften und Einsatzbereichen vor allem Technik, Standards und laufende Standardisierung von LANs im Vordergrund stehen. Hervorzuheben ist noch das Thema LAN-Kopplung und der gegebene Ausblick.

Es folgt ein Beitrag von *Gerhard Schnell*, der sich auf Lokale Netzwerke für PCs konzentriert und das CSMA/CD-Verfahren, Token-Ring und Token-Bus behandelt. Der Token-Ring wird dann in aller Ausführlichkeit von *Dieter Conrads* diskutiert, wobei nicht nur Grundsätzliches zur Token-Ring-Operation, sondern vor allem Funktion und Komponenten des IBM Token-Rings untersucht werden. Betriebssicherheit, Software und „Performance" sind weitere Themen.

Das *Manufacturing Automation Protocol* (MAP) beschließt diesen Teil des LAN-Buches. *Jürgen Suppan-Borowka* diskutiert die Konzeption dieses immer wichtiger werdenden Spezialzweiges der Kommunikation Offener Systeme. Historie und die MAP-Protokollarchitektur sind Schwerpunkte. Schlagwort oder Zukunftstrend? — das ist der Ansatz von *Walter Gora*, aus dem heraus er die Computer-automatisierte Fabrik beschreibt. Das Schlagwort dazu ist CIM (sprich: zim), also *Computer Integrated Manufacturing*.

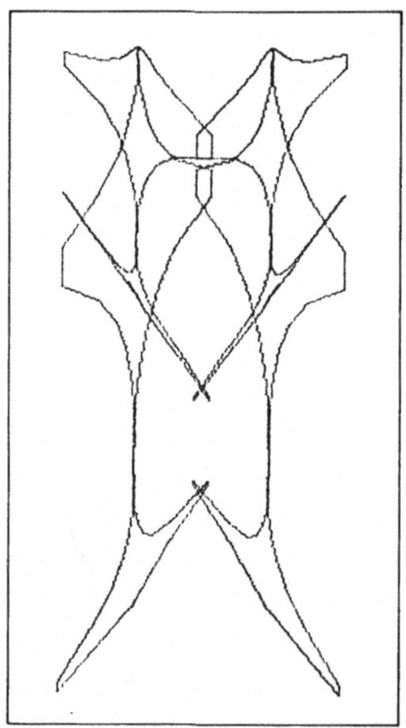 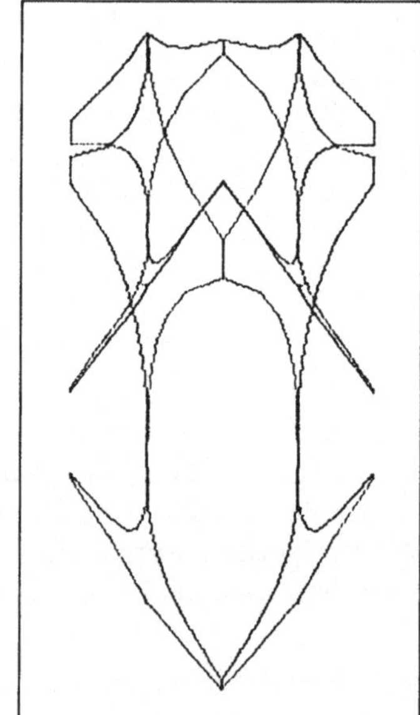

Peter Welzel

Grundlagen der Datenkommunikation

1 Aufgaben der Datenfernübertragung/Datenfernverarbeitung

Datenfernübertragung (*data transmission*), im folgenden mit DFÜ abgekürzt, bedeutet die Übertragung über eine räumliche, nicht begrenzte Entfernung. Merkmale der DFÜ sind:

— Übertragung zwischen unabhängig voneinander betriebenen informationsverarbeitenden Systemen.
— Übertragung der Signale mit annähernd Lichtgeschwindigkeit. Für die Darstellung der Daten stehen nur elektrische bzw. elektromagnetische Signale zur Verfügung.
— Die Datenübertragung ist grundsätzlich zwischen Systemen verschiedener Hersteller und Betreiber möglich.
— Zur Datenübertragung werden auch Medien benutzt, die nicht ausschließlich der Datenübertragung dienen.
— Die Daten liegen in digitaler Form vor.
— Die Daten werden seriell übertragen.

Datenübertragung findet auch innerhalb informationsverarbeitender Systeme statt, z. B. beim Datenaustausch zwischen Prozessor und Speicher in einem EDV-System. Dieses Thema wird aber im folgenden nicht behandelt.

Datenfernverarbeitung (*teleprocessing*), im folgenden mit DFV abgekürzt, bedeutet, daß die Daten nicht an dem Ort verarbeitet werden, an dem sie entstehen oder benötigt werden. Die DFÜ ist eine Voraussetzung für die Datenfernverarbeitung.

Prinzipien der DFÜ finden sich in mehreren Bereichen der Informationsverarbeitung:

a) ,,Klassische" Datenfernübertragung, gekennzeichnet durch:

— Grundsätzlich unbegrenzte Entfernung zwischen den Systemen, die Daten austauschen.
— Benutzung öffentlicher Übertragungseinrichtungen (*public carrier*) aus technisch-wirtschaftlichen und/oder aus rechtlichen Gründen (Nachrichtenmonopol).
— Es werden auch Netze verwendet, die nicht für die DFÜ geschaffen wurden, z. B. das Fernsprechnetz.

— Modulation digitaler Signale.
— Starke internationale und nationale Normung.

b) Anschluß von Peripheriegeräten über Schnittstellen, die für die DFÜ geschaffen wurden. Es werden sowohl Hardware-Schnittstellen wie Software-Schnittstellen (u. a. für die Prozeduren) verwendet, um Daten mit Peripheriegeräten auszutauschen, die sich in räumlicher Nähe befinden. Die Gründe dafür können sein:

— Verwendung erprobter Verfahren beim Austausch von Informationen (Fehlererkennung, Quittierung).
— Verwendung hochintegrierter Bauteile, die für diese Schnittstellen entwickelt wurden.
— Erreichung der Kompatibilität zwischen Geräten verschiedener Hersteller.

c) „Inhouse"-Netze. Gegenüber der „klassischen" DFÜ treten folgende Abweichungen auf:

— Begrenzte Entfernung zwischen den Systemen, z. B. maximal 2 km.
— Keine Verwendung eines öffentlichen Trägers, aber Verwendung von Fernsprechleitungen.
— Keine Modulation der digitalen Signale.
— Keine oder nur firmeninterne Normung.

d) **Lokale Netzwerke** (*Local Area Networks*, LAN). Dieser Bereich kann gekennzeichnet werden durch:

— Begrenzte Entfernung zwischen den Datenstationen.
— Jede Station kann mit jeder Station verkehren, ohne daß dazu Leitungen geschaltet oder vermittelt werden müssen; es besteht zu jeder Zeit zwischen allen Stationen eine physikalische Verbindung.
— Die Datenübertragungsgeschwindigkeit ist, bezogen auf die „klassische" DFÜ, sehr hoch (1 Mbit/s bis 100 Mbit/s).
— Digitale Signale werden nicht bei allen LAN moduliert.
— Verwendung teurer Übertragungsleitung, z. B. Lichtleiterkabel.
— Die Normung ist noch nicht vollständig abgeschlossen.

e) Digitale Übertragungsmethoden für analoge Signale, z. B. bei der Digitalisierung und digitalen Übertragung von Telephongesprächen.

f) Integrierte Dienstleistungsnetze (*Integrated Services Digital Network:* ISDN, *Value Added Network:* VAN) sind Netzwerke, die nicht nur die Kapazitäten für die DFÜ bereitstellen, sondern dem Teilnehmer auch Möglichkeiten zur Einspeisung von Informationen in ein öffentliches Netz geben, allgemein zugängliche Auskunftsysteme schaffen, Möglichkeiten zur Zwischenspeicherung von Daten im Netz haben usw. Dieser Teil der DFÜ und DFV wird sich in den nächsten Jahren stark ausweiten, ein Beispiel dafür ist der Bildschirmtext.

Der Zweck der DFÜ und DFV kann in vier Stichworten zusammengefaßt werden:

— Datenverbund,
— Anwendungsverbund,
— Lastverbund,
— Schaffung ausfallsicherer Systeme.

Datenverbund: Ein gewisser Bestand an Informationen steht mehreren Anwendern, die räumlich weit voneinander entfernt sein können, zur Verfügung. Die Anwender können diese Daten lesen und verändern; dabei soll jedem Anwender zu jedem Zeitpunkt die gleiche, aktuelle Information zur Verfügung stehen, z. B. soll bei einem Buchungsvorgang in einer Bank allen Zweigstellen sofort der neue Kontostand zur Verfügung gestellt sein.

Datenverbund ist besonders wichtig bei Einrichtungen, die nur begrenzt zur Verfügung stehende Güter oder Dienstleistungen an mehreren räumlich entfernten Orten verkaufen, z. B. bei Reisebüros für Platzreservierungen.

Datenverbund kann auch darin bestehen, daß Informationen, die an vielen Orten benötigt werden, dort aber nicht immer verfügbar sind, zentral gespeichert werden und auf Abruf zum Interessenten übertragen werden, z. B. beim Bildschirmtext.

Anwendungsverbund: Bestimmte Computer eignen sich für bestimmte Anwendungen, für andere weniger. So können Computer umfangreiche Programmsysteme zur Verfügung haben, die sich nicht auf andere Computer übertragen lassen, weil deren Speicherkapazität nicht ausreicht. Ebenso ist es möglich, daß ein umfangreiches Programm von einem Anwender nur selten benötigt wird, so daß es nicht sinnvoll ist, dieses Programm zu laden. Es bietet sich an, solche Programme vom Anwendersystem her über DFÜ auf einem anderen System zu aktivieren, die zu verarbeitenden Daten zu übertragen und die Ergebnisse über DFÜ abzurufen.

Lastverbund: Systeme sind unterschiedlich ausgelastet. Ein Ausgleich kann geschaffen werden, wenn Belastungen verteilt werden können. Dies setzt voraus, daß Aufgaben und Daten zwischen Systemen übertragen werden können.

Ausfallsicherheit: Bei vielen Anwendungen, z. B. bei Prozeßdatenverarbeitung oder medizinischer Datenverarbeitung, muß das System praktisch ausfallsicher sein. Die Ausfallsicherheit kann dadurch erhöht werden, daß bei Ausfall eines Systems die Aufgaben auf ein anderes übertragen werden. Bei Zusammenfassung mehrerer Systeme zu einem Netzwerk wird in der Regel nur ein Reservesystem benötigt.

DFÜ und DFV gestatten es, informationsverarbeitende Systeme in der ganzen Welt miteinander zu verbinden. Wir stehen dabei erst am Anfang einer Entwicklung.

2 Probleme der Datenfernverarbeitung und Datenfernübertragung

Die Probleme, die bei der DFÜ und DFV auftreten, sind typisch für komplexe und ausgedehnte Systeme, die sich in der Entwicklung befinden. Sie träten nicht in gleich starkem Maße auf, wenn es sich bei diesen Systemen um abgeschlossene Systeme handelte, die in einem Zuge entworfen und realisiert wurden und die von einer Organisation betrieben werden.

Schon aus wirtschaftlichen Gründen ist es nicht möglich, ausgedehnte Systeme wie das Fernsprechnetz bei der DFÜ zu übergehen und innerhalb weniger Jahre ein völlig neues Netz zu schaffen. Neu hinzukommende Übertragungsarten und Dienstleistungen müssen sich in bereits bestehende Systeme einordnen. Die Probleme der DFÜ und DFV lassen sich in Probleme der Anpassung und Probleme der Zusammenarbeit gliedern.

2.1 Anpassungsprobleme

Anpassungsprobleme entstehen dadurch, daß zwei Entwicklungen, die lange Zeit parallel verlaufen sind, zu einem System zusammengefaßt werden müssen: die Übertragung von Nachrichten und die Verarbeitung von Daten. Dabei treten u. a. folgende Schwierigkeiten auf.

a) Verwendung eines analogen Netzes für digitale Daten
Da bei Einführung der DFÜ das Telephonnetz das einzige weltweit verbreitete und geeignete Übertragungsnetz war, wurde es weitgehend für die DFÜ benutzt. Entworfen für die Übertragung analoger Signale im Frequenzbereich 300–3400 Hz, kann das Telephonnetz für die Übertragung digitaler Daten nur bei Anpassung der Signale verwendet werden. Es sind dazu besondere Einrichtungen, die Modulatoren und Demodulatoren (*Modems*), notwendig.

b) Übertragungsqualität
Die menschliche Sprache hat ein hohes Maß an Redundanz. Damit kann bei ihrer Übertragung ein bestimmtes Maß an Abschwächung und Verzerrung hingenommen werden. Eine ,,Silbenverständlichkeit'' von 70 % gilt im Fernsprechnetz noch als tolerierbar.

Bei Übertragung und Verarbeitung digitaler Daten wird eine ,,unendlich'' hohe Genauigkeit verlangt. Diese kann grundsätzlich wie folgt erreicht werden:

— Eine Verfälschung der digitalen Signale innerhalb gewisser Grenzen führt nicht zu einer Verfälschung des Informationsgehalts.
— Durch mathematische Verfahren ist es möglich, digitale Daten unabhängig von der Art der Nachricht zu überprüfen, wobei eine Verfälschung der Nachricht mit hoher Wahrscheinlichkeit erkannt werden kann.

c) Übertragungsgeschwindigkeiten
EDV-Anlagen verarbeiten Daten mit hoher Geschwindigkeit. Sie lesen und schreiben Daten auf Hintergrundspeicher mit Geschwindigkeiten von Mbit/s. Dagegen ist die DFÜ über das Fernsprechnetz mit einigen tausend bit/s langsam. Um andererseits analoge Telephongespräche digitalisiert zu übertragen, ist es erforderlich, 64 000 bit/s zu übertragen, eine Geschwindigkeit, die viele Übertragungsmedien überfordert.

2.2 Probleme der Zusammenarbeit

Aufbau und Betrieb eines Netzwerks liegen meist in den Händen mehrerer Organisationen. Dabei können u. a. folgende Probleme der Zusammenarbeit auftreten:

a) Privater Bereich/öffentlicher Bereich
In den meisten Ländern ist der Nachrichtenverkehr nicht völlig privat, sondern staatlich oder an bestimmte Organisationen übertragen. Diese Organisationen setzen verbindlich Normen und verpflichten die Teilnehmer, die von ihnen bereitgestellten technischen Einrichtungen zu verwenden. Die Vorschriften sind dabei von Land zu Land sehr unterschiedlich.

b) Privatfirma/Privatfirma
Untereinander kommunizierende EDV-Systeme können von verschiedenen Herstellern stammen und von verschiedenen Anwendern betrieben werden; auch das Netzwerk, das diese Systeme verbindet, kann von mehreren Lieferanten zusammengestellt sein (*multivendor network*).

Damit sich ein funktionierendes System ergibt, ist nicht nur die Anschlußmöglichkeit der Hardware-Komponenten notwendig (Hardware-Kompatibilität, Stecker-Kompatibilität), sondern auch die der Software (Software-Kompatibilität). Deshalb ist eine verbindliche Normung besonders wichtig.

c) Internationale Zusammenarbeit
Die unterschiedliche Struktur der Übertragungsnetze in den einzelnen Ländern erfordert die Definition von Schnittstellen für den internationalen Datenverkehr. Unterschiedliche Vorschriften erlauben den Einsatz von Geräten nur nach Modifizierungen. Bei der Datenübertragung durch Funkverkehr, z. B. der Satellitenübertragung, stehen nur begrenzt Frequenzen zur Verfügung; deshalb muß es internationale Vereinbarungen über die Nutzung der Frequenzen geben. Nationale Vorschriften über nichttechnische Bedingungen des Datenverkehrs, z. B. Datenschutzbestimmungen, können den freien Datenverkehr einschränken.

d) Fehlerbestimmung
Bei Netzwerken mit mehreren Herstellern und vielen Betreibern ist es bei der Fehlersuche schwer, den Verantwortlichen zu finden (*finger point problem*). Nur saubere Definition der Schnittstellenbedingungen zwischen den Komponenten kann dieses Problem lösen. Außerdem müssen Meß- und Prüfmittel vorhanden sein, die die Einhaltung dieser Schnittstellenbedingungen überprüfen.

3 Normung

Normung (*standardization*) ist wegen der Anpassungsprobleme und der internationalen Verflechtung in der DFÜ und DFV besonders wichtig. Zu unterscheiden ist dabei eine Normung, die von „öffentlich-rechtlichen" Institutionen (*standardization bodies*) durchgeführt wird, und einer privatwirtschaftlichen Normung.

Mit der „öffentlich-rechtlichen" Normung befaßt sich eine Reihe von Körperschaften im nationalen und internationalen Bereich. Im folgenden werden einige mit den Arbeitsgebieten, auf denen sie tätig sind, genannt. Zu beachten ist, daß die Normungen der einzelnen Körperschaften oft nicht voneinander unabhängig sind.

CCITT (*Comité Consultatif International Télégraphique et Téléphonique*)
ist eine Unterorganisation der *ITU* (*International Telecommunications Union*), die wiederum eine Sonderorganisation der Vereinten Nationen ist. CCITT gibt als internationale Organisation Empfehlungen (*recommendations*) heraus. Davon sind besonders wichtig die Serien:

V: Datenübertragung über das Telephonnetzwerk (*series V recommendations; data transmission over the telephone networks*). Die V-Serie befaßt sich u. a. mit dem Verhalten von Modems, der Schnittstelle zwischen Modem und Datenendeinrichtung sowie mit den elektrischen Größen von Signalen.

X: Datenübertragung über öffentliche Datennetze (*series X recommendations; data transmission over public data networks*). Die X-Serie befaßt sich auch mit den Schnittstellen zum Paketnetz, mit Prozeduren, die beim Verkehr mit dem Paketnetz eingehalten werden müssen sowie mit Anpaßeinrichtungen an das Paketnetz.

I: Befaßt sich mit ISDN-Schnittstellen und -Funktionen (*series I recommendations*).

CCIRC (*Comité Consultatif International des Radiocommunications*)
befaßt sich mit Normungen über die Funkübertragung von Daten.

ISO (*International Organization for Standardization*)
ist der Zusammenschluß der Normungskörperschaften der einzelnen Staaten. Die Normungen von ISO werden als Internationale Norm (*international standard*) bezeichnet. Sie befassen sich insbesondere mit dem Architekturmodell für die Datenkommunikation (OSI), daneben mit Fragen der Codierung sowie mit Prozeduren der DFÜ.

ANSI (*American National Standards Institute*)
ist die nationale Normungsbehörde der USA, vergleichbar mit dem DIN in Deutschland. Die Themengebiete sind ähnlich wie bei den ISO-Normen. ANSI ist Mitglied von ISO.

DIN (*Deutsches Institut für Normung*)
Mitglied der ISO. Das DIN gibt die DIN-Normen heraus. Eine besondere Rolle spielen dabei DIN 44300 (Begriffe der Informationsverarbeitung), wie auch Normungen direkt für die DFÜ, z. B. DIN 66020 für die V.24-Schnittstelle. Die letztgenannte Norm ist ein Beispiel für eine Norm, die auch von CCITT und EIA vorliegt, wobei in Einzelheiten unterschiedliche Bezeichnungen verwendet werden.

EIA (*Electronic Industries Association*)
Zusammenschluß von Herstellern von elektronischen Geräten in den USA. Normungen liegen besonders auf dem Gebiet der physikalischen Schnittstellen vor, wobei z. B. die Norm RS-232-C der CCITT-Empfehlung V.24 vergleichbar ist.

FTSC (*Federal Telecommunications Standard Committee*)
Körperschaft, die der amerikanischen Bundesregierung zugeordnet ist. Die Normungen befassen sich sowohl mit physikalischen Schnittstellen wie mit Prozeduren der DFÜ.

IEEE (*Institute of Electrical and Electronics Engineers*)
Amerikanische Organisation, die sich unter anderem mit Normungen auf dem Gebiet der lokalen Netzwerke befaßt.

ECMA (*European Computer Manufacturers Association*)
Zusammenschluß europäischer Computerhersteller; befaßt sich mit Normungen auf dem Gebiet der EDV aber auch der Datenkommunikation, z. B. bei lokalen Netzwerken.

Normen, die nicht von öffentlich-rechtlichen Körperschaften geschaffen werden, werden als *De-facto-Normen* oder Industrie-Standards (*de-facto standards*) bezeichnet. Sie entstehen dadurch, daß große Firmen oder Firmenzusammenschlüsse Konzepte für die Zusammenarbeit von Rechnern erarbeiten. Besitzen diese Firmen einen erheblichen Marktanteil, so sehen sich andere Firmen veranlaßt, sich diesen Regeln zu unterwerfen, damit sie sich mit Geräten oder Komponenten an Systeme dieser Firma anschließen können. Aus De-facto-Normen können sich öffentliche Normen entwickeln. Dazu seien zwei Beispiele genannt:

— Die Prozedur HDLC (*High-level Data Link Control*), die unter anderem nach CCITT und nach ISO genormt ist, beruht im wesentlichen auf der von der Firma IBM erarbeiteten Prozedur SDLC (*Syncronous Data Link Control*).
— Das von den Firmen Xerox, Intel und Digital Equipment Corp. entworfene Konzept „Ethernet" für ein lokales Netzwerk ist in seinen grundsätzlichen Aussagen von der ECMA und IEEE als Norm übernommen worden.

4 Das ISO/OSI-Modell der Datenkommunikation

Das ISO/OSI-Modell (*Open Systems Interconnection*), auch als ISO-Architekturmodell bezeichnet, ist keine Norm im technischen Sinne, sondern ein Verbindungsschema zwischen zwei Rechnern, auf Grund dessen Normen entwickelt werden können, welche die in den einzelnen Ebenen des Modells geforderten Funktionen erfüllen können. Das Modell umfaßt sowohl die Datenübertragung wie die Datenverarbeitung. **Bild 1** zeigt den Grundaufbau des Modells. Es orientiert sich an DIN ISO 7498.

Das Modell gliedert sich in Schichten (Ebenen) (*layers, levels*). Zwischen den Partnern einer Datenkommunikation, z. B. zwei Computern, besteht auf jeder Ebene eine Verbindung (*peer-to-peer protocol*). In gleichen Ebenen muß nicht die gleiche Tätigkeit ausgeführt werden, aber die gleiche Art von Tätigkeit. In zwei unterschiedlichen Ebenen besteht keine Verbindung zwischen den Partnern.

Eine tatsächliche physikalische Verbindung besteht nur auf der unteren Ebene (Ebene 1). Übergänge zwischen den einzelnen Ebenen bestehen innerhalb einer Station. In der Sendestation laufen die Daten dabei von der Ebene 7 bis hinab zur Ebene 1; sie werden in der Ebene 1 zur Empfangsstation übertragen; dann laufen sie in der Empfangsstation von der Ebene 1 bis zur Ebene 7.

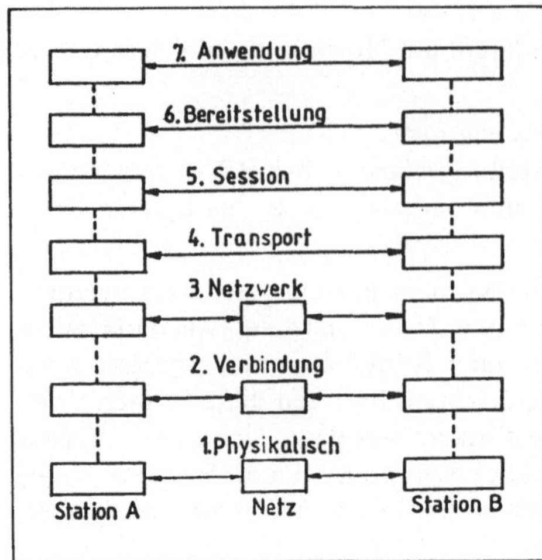

Bild 1

Schichtenmodell der Datenfernübertragung und -verarbeitung nach ISO (gestrichelte Linien geben den Datenweg in der Situation an, durchgezogene Linien die logische Verbindung der Ebene)

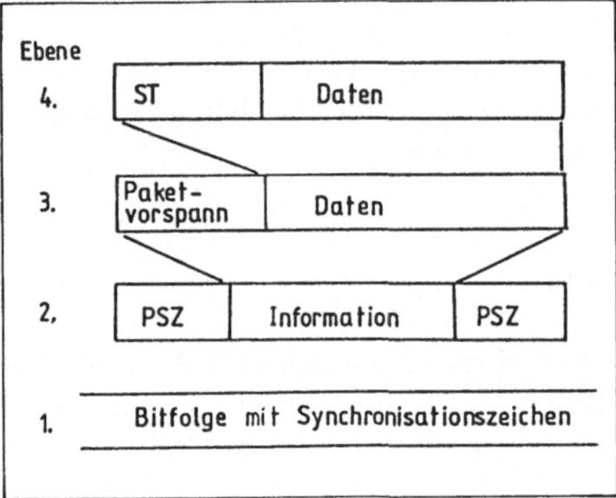

Bild 2

Prinzip des Datenverkehrs im ISO/OSI-Modell (PSZ: Prozedursteuerzeichen, ST: Steuerinformationen für Transportebene)

Bei diesem Informationsfluß führt die niedrigerere Ebene eine Dienstleistung (*service*) für die höhere Ebene aus. Das Prinzip des Datenverkehrs unterhalb der Ebene 5 ist in **Bild 2** dargestellt. In der Sendestation werden in jeder Ebene den Daten weitere Informationen hinzugefügt, die für Übertragung und Bearbeitung notwendig sind. Diese Informationen werden als *Overhead* bezeichnet.

Die niedrigere Ebene geht davon aus, daß die ihr übergebene Information eine Einheit darstellt, ohne daß eine Unterscheidung zwischen Daten und Overhead getroffen wird. Die Ergänzung der Daten durch immer weitere Overhead-Informationen in der Sendestation wird als Daten-Einkleidung (*data encapsulation*) bezeichnet.

In der Ebene 1, der physikalischen Ebene, werden keine Informationen hinzugefügt mit Ausnahme physikalisch notwendiger Zeichen.

Auf der Empfängerseite, wo die Daten von Ebene 1 nach Ebene 7 laufen, findet die Entfernung der Overhead-Informationen statt (*data decapsulation*), so daß auf der Ebene 7 wieder die eigentlichen Daten zur Verfügung stehen.

Als Vorteile des Modells werden gesehen:

- Es handelt sich um ein umfassendes Modell, das alle erforderlichen Funktionen umfaßt. Auch bei technischen Veränderungen ist ein Wechsel des Modells nicht zu erwarten.
- Das Modell ist von allen Firmen anwendbar, da keine technischen Regeln oder Vorschriften gegeben sind.
- Das Modell gliedert sich in Funktionen, macht aber keine Angaben darüber, wie diese Funktionen auszuführen sind. Damit können für die Funktion optimale Mittel (Hardware, Software, Firmware) frei gewählt werden.
- Da Sender und Empfänger nur über die untere Ebene miteinander verbunden sind, ist die Gestaltung der oberen Ebenen den einzelnen Partner überlassen.

Die Funktionen der einzelnen Ebenen und ihre Ausführung werden in [1] im einzelnen erläutert, wobei die Einteilung der Kapitel im wesentlichen der Ebenen-Einteilung folgt. Daher seien hier nur einige Stichworte für die Funktionen angegeben. Einige Ebenen sind unter mehreren Namen bekannt, zuerst wird immer der in DIN ISO 7498 festgelegte Name genannt.

Ebene 1: Bitübertragungsschicht, Physikalische Ebene (*physical layer*). Bildung elektrischer Signale je nach vorhandenem Übertragungsmedium, Steckerbelegung, Steuersignale, Codierungen.

Ebene 2: Sicherungsschicht, Verbindungsebene, Prozedurebene (*link layer*). Leitungsprotokoll, Synchronisierung, Datensicherung, Fehlerbehandlung.

Ebene 3: Vermittlungsschicht, Paketebene, Netzwerkebene (*packet level, network layer*). Transportprotokoll durch das gesamte Netzwerk hindurch, Vermittlung, Paketsteuerung, Wegefindung.

Die drei bisher genannten Ebenen zeichnen sich wie folgt aus:

- Als eigentliche Datenübertragungs-Ebenen sind sie besonders wichtig für die gegenseitige Anpassung unterschiedlicher Stationen.
- Da die Teilnehmer auf diesen drei Ebenen nicht unmittelbar miteinander verkehren, sondern über das Netzwerk mit Netzwerkknoten (siehe Bild 2), müssen diese Ebenen die Gestaltung des Netzwerks berücksichtigten.

Ebene 4: Transport-Schicht, Ende-zu-Ende-Kontrolle, Transport-Kontrolle (*transport layer*). Verantwortung für den Transport der gesamten Datenmenge, nicht einzelner Blöcke oder Pakete, Paketeinteilung, Multiplexen.

Ebene 5: Kommunikationsschicht, Steuerung logischer Verbindungen, Sitzungsebene (*session layer*). Verbindung mit dem Anwenderprozeß, Pufferspeicherverwaltung.

Ebene 6: Darstellungsschicht, Datenbereitstellungsebene (*presentation layer*). Datenformatumsetzungen, Aufbau von Bildschirmen (virtuelle Terminals), Datenkompression, Datenverschlüsselung.

Ebene 7: Verarbeitungsschicht, Anwender-Ebene (*application layer*). Sie wird im allgemeinen vom Benutzer frei definiert. Anpassungen zwischen einzelnen Stationen liegen nur in Ausnahmefällen vor, z. B. bei Verwendung gemeinsamer Datenbanken mit einer gemeinsamen Kommandosprache.

Grundsätzlich sind die Ebenen 4 bis 7 nicht in dem Maße genormt wie die Ebenen 1 bis 3. Ein Beispiel für die Normung der höheren Ebenen ist EHKP (Einheitliche Höhere Kommunikationsprotokolle), die von der öffentlichen Verwaltung vorgeschlagen werden und sich bis Ebene 6 erstrecken. Vom CCITT gibt es ein Normenwerk X.400, das sich mit Mitteilungs-Übermittlungs-Systemen (*Message Handling Systems*, MHS, s. z. B. [2]) befaßt, welches weitgehend die Funktionen der Anwenderebene beschreibt.

5 Elemente bei Systemen der Datenfernübertragung

Obwohl der Aufbau von Systemen der DFÜ und DFV sehr komplex ist und von System zu System verschieden sein kann, lassen sich doch einige Grundelemente bestimmen, die in vielen Systemen vorkommen. Dabei geht es sowohl um die verwendeten Komponenten wie um die Verbindung der Komponenten untereinander. Da die Terminologie der Datenverarbeitung sich anders entwickelt hat als die Terminologie der Nachrichtentechnik, soll die Verbindung von informationsverarbeitenden Systemen zuerst aus der Sicht der Datenverarbeitung, dann aus der Sicht der Nachrichtentechnik betrachtet werden. Im dritten Teil dieses Abschnittes geht es dann um den Aufbau von Netzen.

5.1 Verbindung von informationsverarbeitenden Systemen zu einem Rechnerverbund

Verbindet man Rechner in der Weise miteinander, daß ein Informationsaustausch stattfinden kann, so kann dies auf verschiedene Arten geschehen. Diese sollen unter zwei Gesichtspunkten dargestellt werden.

5.1.1 Struktur des Systems

a) Dicht gekoppelte Systeme (*tightly coupled systems*). Die Rechner verkehren miteinander auf den Wegen, auf denen sie auch mit ihren Speicher- und Peripheriebausteinen verkehren. Dazu besitzen sie meist einen gemeinsamen Adreß- und Datenbus, zwischen den Rechnern befinden sich keine Schnittstellenbausteine (siehe **Bild 3**). Da auf einem Bus-System zu einem Zeitpunkt immer nur ein Zugriff erfolgen kann, behindern sich die Rechner gegenseitig; es muß eine Prioritätensteuerung für die Belegung des Bus-Systems vorhanden sein. Der Datentransport erfolgt meist nicht direkt von Rechner zu Rechner, sondern durch Zugriff in einen gemeinsamen Speicher. Bei dicht gekoppelten Systemen müssen sich die Rechner räumlich nahe sein. Es können nur wenige Rechner miteinander verbunden werden, sonst wäre die gegenseitige Behinderung zu stark.

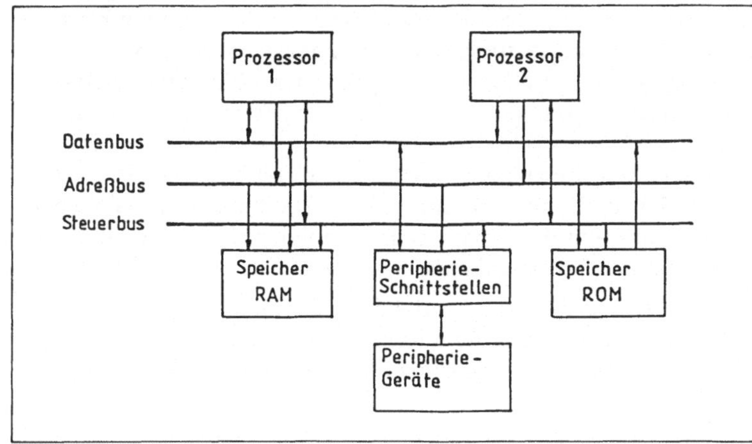

Bild 3

Dicht gekoppeltes System (ROM: Festwertspeicher, RAM: Lese-Schreib-Speicher)

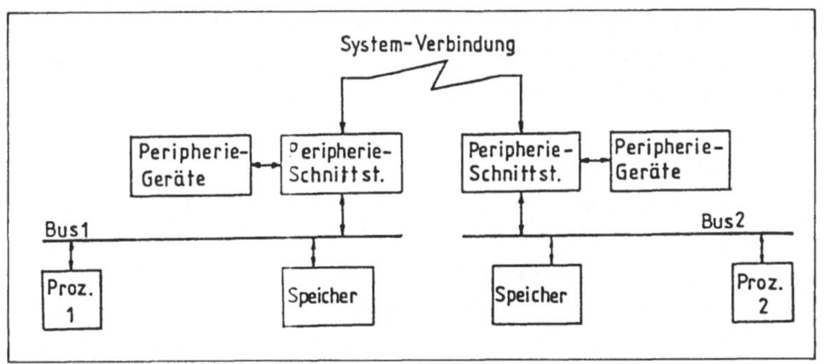

Bild 4

Lose gekoppeltes System

b) Lose gekoppelte Systeme (*loosely coupled systems*). Die Rechner sind nur über Schnittstellen miteinander verbunden. Jeder Rechner verfügt über sein eigenes Bus-System (siehe **Bild 4**). Datenübertragung zwischen den Rechnern wirkt für den Sender wie eine Ausgabeoperation, für den Empfänger wie eine Eingabeoperation. Bei den Systemen der DFÜ handelt es sich immer um lose gekoppelte Systeme.

5.1.2 Art des Informationsaustauschs

a) Gemeinsam benutzter Speicher (*shared memory*). Der gemeinsame Hauptspeicher besitzt zwei oder mehr Zugriffskanäle. Der Informationsaustausch erfolgt über das Einschreiben und Auslesen im gemeinsamen Speicher. Durch getrennte Zugriffskanäle ist die gegenseitige Behinderung nicht so stark wir bei dicht gekoppelten Systemen, sie läßt sich außerdem durch organisatorische Maßnahmen minimieren. Der Vorteil liegt darin, daß Datenübertragungsraten bis zu Mbit/s möglich sind. Nachteile bestehen im erforderlichen kleinen Abstand der Prozessoren und der begrenzten Anzahl der zu verbindenden Prozessoren.

b) Gemeinsam benutzter Extern-Speicher (*shared disk*). Ähnlich wie beim gemeinsam benutzten Speicher erfolgt der Informationsaustausch durch Schreiben und

Lesen in einem Speicher, wobei es sich um einen Externspeicher, meist einen Plattenspeicher, handelt. Diese Systeme sind kostengünstig, besonders dann, wenn sowieso
ein Extern-Speicher notwendig ist. Der Nachteil liegt in der höheren Zugriffszeit
(bei Plattenspeichern im Bereich von über 10 ms). Die Zugriffszeit ist die Zeit, die
von der Anforderung des Lese- oder Schreibvorgangs durch den Rechner bis zum
Lesen oder Schreiben des ersten Zeichens vergeht. Die eigentliche Datenübertragungsrate ist vergleichbar der in Systemen mit gemeinsam benutztem Speicher.
Systeme mit gemeinsam benutztem Externspeicher können sich in der DFV bei
Auskunftssystemen, gemeinsamen Datenbanken usw. finden.

c) Kabelverbindung (*cable*). Die Rechner sind mit einem Zweidraht- oder Vierdraht-
Kabel miteinander verbunden, über das eine bitserielle Übertragung erfolgt. Bit-
serielle Übertragung liegt dann vor, wenn zu einem bestimmten Zeitpunkt nur ein
Bit übertragen wird.

Die Kabelverbindung ist die in der DFÜ übliche Verbindung zweier Rechner. Die
räumliche Entfernung ist dabei praktisch unbegrenzt, für die bitserielle Übertragung
müssen Schnittstellen vorhanden sein. Der Nachteil der Kabelverbindung liegt in der
meist niedrigen Datenübertragungsrate; diese kann stark gesteigert werden, wenn
Lichtwellenleiter an Stelle elektrischer Kabel verwendet werden.

d) Bus-Verbindung (*bus connection*). Die Prozessoren sind über das gemeinsame Bus-
System miteinander verbunden. Diese Systeme wurden bereits unter „dicht gekoppelten Systemen" beschrieben. In diesem Buch wird bei den Lokalen Netzwerken
die Bus-Topologie (*bus topology*) beschrieben. Es liegt dabei aber kein dicht gekoppeltes System vor, da es sich bei der Verbindung nicht um den Prozessor-Bus
handelt; der Anschluß an diesen „Bus" erfolgt über Schnittstellen.

5.2 Aufbau einer Verbindung

Ein Grundelement in jedem System mit DFÜ ist die Nachrichtenstrecke (**Bild 5**). Sie
verbindet zwei *Datenendeinrichtungen* (DEE), diese werden im Englischen als *Data
Terminal Equipment* (DTE) bezeichnet. Die Datenendeinrichtung kann ein Computer
sein, aber auch ein Ein- oder Ausgabegerät, ein Terminal (intelligent oder nicht-
intelligent) oder eine andere Einrichtung. Eine DEE, die Daten abgibt, wird als

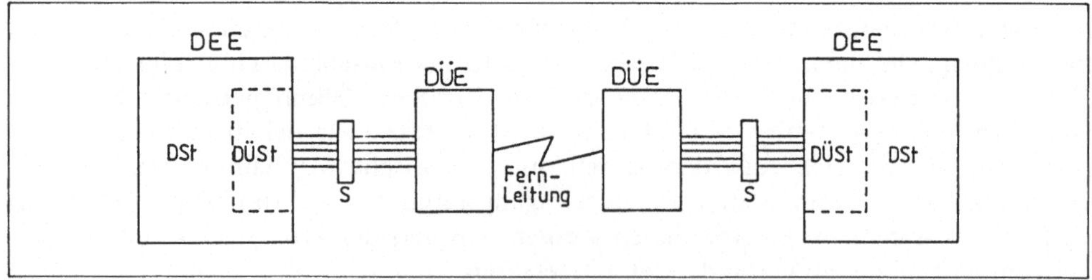

Bild 5

Nachrichtenstrecke (S: Schnittstelle, DEE: Datenendeinrichtung, DÜE: Datenübertragungs-
einrichtung, DÜSt: Datenübertragungssteuerungseinrichtung, DSt: Datenstation)

Datenquelle (*data source*) bezeichnet; eine DEE, welche Daten empfängt, als Datensenke (*data sink, data destination*).

Viele Geräte sind sowohl Datenquelle wie Datensenke. Arbeitet ein Gerät nur als Datenquelle oder Datensenke, bedeutet das nicht, daß es nur als Sender oder Empfänger arbeitet, da neben den Daten auch Steuerzeichen und Quittungszeichen ausgetauscht werden.

Für die DFÜ ist es gleichgültig, auf welche Weise die Daten in einer Datenquelle entstanden sind, etwa durch Eingabe von außen, Berechnung in der DEE, Abruf aus Speichern. Ebenso ist es für die DFÜ nicht von Belang, wie die Daten in der Datensenke weiterverarbeitet werden. Eine DEE kann innerhalb eines Netzwerks nur eine Durchgangsstation sein, so daß die empfangenen Daten auf einem anderen Weg weitergesendet werden. Für die Nachrichtenstrecke handelt es sich trotzdem um eine Datenendeinrichtung.

Intern ist die Datenendeinrichtung meist in die Datenstation und die Datenübertragungssteuereinrichtung gegliedert. Dabei nimmt diese die besonderen Aufgaben wahr, die mit der DFÜ zusammenhängen. Ausführungen der Datenübertragungssteuerungseinrichtung können z. B. sein:

— DFÜ-Controller,
— Front-End-Prozessor,
— Satelliten-Rechner,
— Computer-Port.

Zur Nachrichtenstrecke wird die DEE mit einer genormten Schnittstelle (*interface*) angeschlossen, z. B. V.24 oder X.21. Die DEE muß die Schnittstelle so mit Informationen versorgen, wie es in der Schnittstellendefinition vorgesehen ist; sie muß auf die Informationen von der Schnittstelle richtig reagieren. Da die Daten an der Schnittstelle als Bitstrom anliegen müssen (Ebene 1, Bitübertragungsschicht), werden in der DEE Aufgaben aus allen Schichten des ISO/OSI-Modells wahrgenommen. Dazu gehören:

a) Pufferung (*buffering*)
Diese dient zwei Zielen. Es muß ein Geschwindigkeitsausgleich zwischen der Datenübertragungsgeschwindigkeit und der internen Geschwindigkeit der DEE stattfinden. Meist ist die interne Verarbeitungsgeschwindigkeit der DEE höher, bei Lokalen Netzwerken kann es umgekehrt sein.

Pufferung kann auch wegen der verwendeten Prozedur notwendig sein. So werden bei der Prozedur HDLC die Prüfzeichen daran erkannt, daß es die letzten 16 Bits vor einer Ende-Flag sind. Es müssen also mindestens 24 Bits zwischengespeichert werden (die Ende-Flag umfaßt 8 Bits), um die Information auswerten zu können.

b) Parallel-Serien-Wandlung (*parallel serial conversion*)
An der Schnittstelle werden die Daten zeitlich nacheinander (bitseriell) übertragen. Da innerhalb der DEE eine parallele Verarbeitung stattfindet, muß diese Wandlung, z. B. über Schieberegister, vorgenommen werden.

c) Serien-Parallel-Wandlung (*serial parallel conversion*)
Sie ist beim Empfangen der Daten notwendig und kann ebenfalls über Schieberegister
vorgenommen werden.

d) Fehlerkontrolle (*error detection*)
Sie erfolgt durch Sendung zusätzlicher Informationen, die nach einem bestimmten
mathematischen Verfahren aus den Sendedaten ermittelt werden. Die empfangende
DEE überprüft diese Information und kann Übertragungsfehler feststellen.

e) Zusammenstellung der Nachricht (*formatting*)
Die übertragene Nachricht besteht nicht nur aus den eigentlichen Daten, sondern
auch aus zusätzlichen Informationen zur Steuerung und Kontrolle der Übertragung
(*overhead*). Die DEE muß die zu übertragende Nachricht aus Daten und Overhead
zusammenstellen, beim Empfang Daten und Overhead wieder trennen.

In welcher Weise die Aufgaben der DEE ausgeführt werden, ist von System zu System verschieden, es muß an der Schnittstelle aber das von den Normen definierte
Verhalten vorliegen.

5.3 Netzwerke

Netzwerke (*networks*) der DFÜ und DFV unterscheiden sich von Nachrichten-
strecken durch mehrere Merkmale:

a) Es gibt mehrere Stationen, die Datenquelle oder Datensenke sein können. Bei der
Nachrichtenstrecke gibt es nur zwei Stationen.

b) Das Netzwerk verfügt über eine bestimmte Topologie (*topology*). Es liegen Regeln
vor, wie die Stationen untereinander zu verbinden sind, z. B. in Form eines Ring-
Netzes (*ring net*) oder eines Sternes um eine zentrale Station (*star net*), siehe **Bild 6**.

c) In einem Netzwerk können auch speichernde Elemente vorhanden sein. Die Daten
werden nicht unmittelbar von einer Station aus weitergereicht; sie können in Stationen, die sich zwischen Datenquelle und Datensenke befinden, zwischengespeichert
werden.

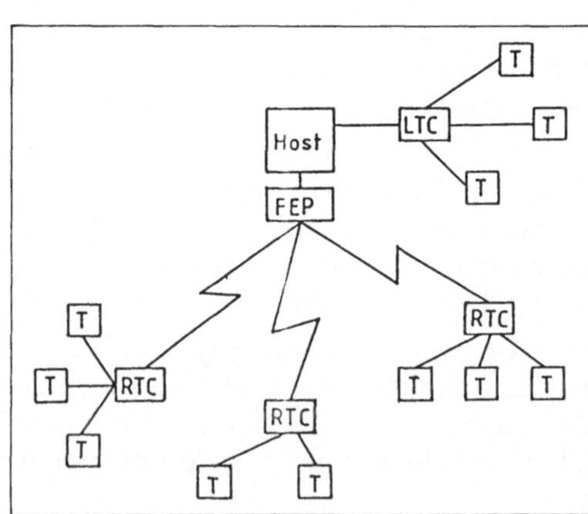

Bild 6

Aufbau eines Netzwerkes (Host: Zentral-
rechner, R: Terminal, FEP: Front End
Processor, LTC: Lokaler Terminal-Controller,
RTC: Entfernter Terminal-Controller)

d) Zwischen zwei Stationen sind oft mehrere Verbindungen möglich (*vermaschtes Netz*). Dies gilt nicht bei allen Topologien, z. B. ist beim Stern-Netz zu jeder Station nur eine Verbindung möglich.

e) Ein Netzwerk kann aus unterschiedlichen Komponenten bestehen, z. B. aus EDV-Anlagen von verschiedenen Herstellern, die als Datenquellen und Datensenken arbeiten. Es muß eine Grundstruktur des Netzwerks vorhanden sein, die die Kompatibilität zwischen den einzelnen Komponenten schafft. Die Grundstruktur kann durch ein Trägermedium gegeben sein, an das sich die einzelnen Komponenten anschließen müssen, dazu kommen immer Regeln über die Zusammenarbeit der Stationen, z. B. über Prozeduren und Geschwindigkeiten. Wechseln diese Regeln innerhalb eines Netzwerks, so sind Übergangseinrichtungen notwendig, z. B. Prozedur-Konverter.

f) Zu einem Netzwerk gehören neben Datenverarbeitungsanlagen und verbindenden Leitungen auch Einrichtungen, die nur der Kommunikation der Benutzer untereinander dienen.

g) Ein Netzwerk kann dem Benutzer nicht nur Leitungen zur Verfügung stellen, sondern auch Dienstleistungen (*services*). Sie können vom Niveau sehr unterschiedlich sein, vom Zuschalten der Leitungen bis zur Bereitstellung von strukturierten Informationen, z. B. beim Bildschirmtext. Netzwerke, die Dienstleistungen zur Verfügung stellen, werden als VAN (*Value Added Network*) bezeichnet.

Netzwerke können eingeteilt werden in:

Offene Netze (*open networks, open systems*). Diese stehen grundsätzlich jedem Anwender zur Verfügung. Der Teilnehmer kann sich direkt anschließen, oder ein Teilnetzwerk, auf das der Teilnehmer Zugriff hat, wird an ein größeres Netzwerk angeschlossen. Das ISO/OSI-Modell bezieht sich auf offene Netze (*Open Systems Interconnection*). Offene Netze werden meist als öffentliche Einrichtung betrieben.

Geschlossene Netze (*closed networks*) zeichnen sich dadurch aus, daß die Gesamtverantwortung in einer Hand liegt und die Netze nicht beliebig erweiterbar sind. Sie sind oft um einen Zentral-Computer (*host*) herum strukturiert. Viele lokale Netzwerke sind geschlossene Netze. Sie beruhen meist auf dem Konzept einer Firma, nicht einer öffentlichen Einrichtung. Auch geschlossene Netze können von mehreren Benutzern genutzt werden: Sie zeichnen sich oft dadurch aus, daß Vereinbarungen auch für die höheren Ebenen (Ebene 4–6) des ISO/OSI-Modells bestehen.

6 Rechtliche Grundlagen

Rechtsvorschriften, die für die DFÜ und DFV besonders wichtig sind, beziehen sich auf das *Nachrichtenmonopol* und den *Datenschutz*. Es können daneben aber noch weitere Rechtsgebiete, auf die hier nicht näher eingegangen sein soll, tangiert werden, z. B.:

– Sicherheitsvorschriften, wie sie bei elektrischen Anlagen immer zu beachten sind, z. B. in Form der VDE-Vorschriften.

— Vorschriften aus dem kaufmännischen und steuerrechtlichen Bereich, z. B. über die Sorgfalt und Fristen beim Archivieren von Daten über geschäftliche Vorgänge.

Der Datenschutz ist in der Bundesrepublik Deutschland durch das Bundes-Datenschutz-Gesetz (BDSG) vom 21.7.77 geregelt. Das Gesetz befaßt sich nur mit dem Schutz von personenbezogenen Daten, also nicht mit Firmendaten o. ä. Das BDSG befaßt sich nicht nur mit der elektronischen Datenverarbeitung. Es dient dem Schutz von Persönlichkeitsrechten, die durch Mißbrauch oder Verfälschung personenbezogener Daten verletzt werden könnten.

Das BDSG räumt dem Bürger das Recht ein, Auskunft über seine personenbezogenen Daten zu bekommen. Diese Auskunft kann er aber nur von einer bestimmten Institution erhalten, d. h. er muß wissen oder vermuten, wo Daten über ihn gespeichert sind. Eine allgemeine Auskunft über alle in der Bundesrepublik über ihn gespeicherten Daten ist nicht vorgesehen, sie wäre auch technisch nur schwer zu verwirklichen.

Das BDSG schützt den Bürger gegen unberechtigte Weitergabe von Daten an andere; sie dürfen nur mit seinem Einverständnis oder in Wahrung berechtigter Interessen weitergegeben werden. Dieser Gesichtspunkt ist bei der Datenfernverarbeitung (Auskunftssysteme o. ä.) besonders zu beachten. Bei bestimmten Voraussetzungen hat der Bürger das Recht, eine Berichtigung, Sperrung oder Löschung der auf ihn bezogenen Daten zu verlangen.

Der Datenschutz wird von Datenschutzbeauftragten überwacht. Neben den Datenschutzbeauftragten von Bund und Ländern ist in allen Betrieben, bei denen mindestens fünf Mitarbeiter automatisiert oder 20 Mitarbeiter personenbezogene Daten nichtautomatisiert bearbeiten, ein Datenschutzbeauftragter einzusetzen, der nicht Leiter des Rechenzentrums sein darf.

Neben dem Datenschutz gilt für die Nachrichtenübertragung auch das Fernmeldegeheimnis.

Aufgabe der Technik ist es, der DFÜ und DFV solche Einrichtungen und Methoden zur Verfügung zu stellen, daß die Anforderungen des Datenschutzes erfüllt werden können. Es muß sichergestellt sein, daß nur berechtigte Personen über DFV Daten lesen, ändern oder löschen können (*Zugangskontrolle*). Weiter dürfen Daten nicht unbeabsichtigt verfälscht oder gelöscht werden können (*Datensicherung, data integrity*). Die Datensicherung wird bei der DFÜ durch Verfahren der Fehlererkennung und Fehlerkorrektur erreicht.

Literatur

[1]   Welzel, P.: Datenfernübertragung. Braunschweig: Vieweg 1986.

[2]   Santo, H.: Message-Handling-Systeme. Braunschweig: Vieweg 1987.

Ingrid Fromm

Local Area Networks (LANs)

Technik, Standards und laufende Standardisierung

1 Definition und Abgrenzung des Begriffs LAN

1.1 LAN-Definition

„Ein *Local Area Network* (LAN) ist ein — auf dem Grundstück eines Anwenders befindliches — Datennetz, in welchem serielle Übertragung zur direkten Datenkommunikation zwischen Datenstationen verwendet wird." Dieser Text wurde von dem für Begriffsdefinitionen zuständigen Komitee ISO/TC97/SC1[1]) *"Information Processing Vocabulary"* erarbeitet und mit zwei Anmerkungen versehen [1]:

(1) Die Kommunikation innerhalb eines LAN unterliegt keinen externen Regulierungen; Kommunikation über die LAN-Grenzen kann jedoch einer gewissen Regulierung unterliegen.
(2) Ein LAN verwendet keine Zwischenspeicher-Techniken.

Diese Definition reicht jedoch zur Abgrenzung von LANs gegenüber anderen Netztypen nicht aus.

1.2 Abgrenzung LAN — MAN — WAN

Vom IEEE (*Institute of Electrical and Electronics Engineers*) wurde — als Grundlage der Standardisierungsarbeiten — *Local Area Network* gegenüber *Metropolitan Area Network* (MAN) und *Wide Area Network* (WAN) wie folgt abgegrenzt [2, 3]:

„LANs sind für mäßige geographische Ausdehnungen (Bürohäuser, Warenhäuser) und MANs für größere Ausdehnungen (mehrere Gebäudeblöcke, Städte) optimiert. Demgegenüber dienen WANs der Vernetzung von Firmen-Niederlassungen in verschiedenen Landesteilen oder als öffentliche Einrichtungen[2]).

---

[1]) ISO: *International Organization for Standardization*; TC: *Technical Committee*; SC: *Sub-Committee*.
[2]) In Deutschland entsprechen WANs öffentlichen Datennetzen wie z. B. Datex-L und Datex-P.

LANs und MANs gemeinsam sind Übertragungskanäle mit mittlerer bis hoher Datenrate. Während LANs darüberhinaus durch kurze Verzögerungszeiten und niedrige Fehlerraten ausgezeichnet sind, können diese Werte bei MANs etwas höher liegen."

Im Sinne dieser Abgrenzung spricht man üblicherweise bei einer Netzausdehnung zwischen 100 Meter und einigen Kilometern von LAN, zwischen 5 und 50 Kilometern von MAN.

Bei dieser Abgrenzung sind allerdings nur die technischen Gesichtspunkte berücksichtigt. Die rechtliche Abgrenzung, z. B. bei grundstücksüberschreitendem Verkehr, unterliegt den Fernmeldeverwaltungen oder Betreibern öffentlicher Netze und ist somit länderabhängig.

1.3 Abgrenzung LAN − PABX

Weder die ISO-Definition noch die IEEE-Festlegungen gestatten eine Unterscheidung zwischen LAN und PABX[3]. Heutige LANs unterscheiden sich jedoch prinzipiell von einer PABX durch die *dezentrale Steuerung* und den *wahlfreien Zugriff (random access)*:[4] In einem LAN sind alle Stationen an *einen* Übertragungskanal mit hoher Datenrate angeschlossen. Die Zuteilung dieses Kanals wird von den Stationen selbst, d. h. dezentral gesteuert. Kurzzeitig kann eine Station über die gesamte Übertragungskapazität verfügen (wahlfreier Zugriff). In Form von adressierten Paketen laufen sämtliche Nachrichten bei allen Stationen vorbei und werden von diesen, entsprechend ihrer Adresse, ausgewählt.

Diese Netztechnik ist besonders gut geeiget für zeitlich unregelmäßigen Informationsaustausch zwischen häufig wechselnden Partnern („Burst"-Verkehr), wie er bei verteilter Datenverarbeitung und "Resource Sharing" auftritt. Im Gegensatz dazu wird der „streamartige" Nachrichtenaustausch innerhalb von Sprachverbindungen (mittlere Dauer 80 s) durch eine zentralgesteuerte PABX auf durchgeschalteten Kanälen ohne Paketierung am besten abgewickelt.

2 LAN-Eigenschaften

2.1 Zugriffsverfahren

Für den Zugriff auf einen gemeinsamen Übertragungskanal wurden verschiedene Methoden entwickelt. Die beiden wichtigsten Verfahren sind **CSMA/CD** und **Token Passing.**

---

[3] Die Bezeichnung PABX wird hier und im folgenden verwendet anstelle des exakteren Begriffs PSN (*Private Switching Network*), der Vermittlungseinrichtung *und* Anschlußleitungen umfaßt. Dieser von der ECMA (*European Computer Manufacturers Association*) geprägte Begriff ist jedoch noch wenig verbreitet.

[4] Aus Sicht der Endgeräte bestehen diese Unterschiede auch dann, wenn es sich um eine verteilte PABX mit internem Bus handelt.

2.1.1 Carrier Sense Multiple Access with Collision Detection (CSMA/CD)

CSMA/CD wird gelegentlich auch als "listen before and while talking" bezeichnet:

Bevor eine Station zu senden beginnt, „horcht" sie, ob bereits eine Übertragung stattfindet (*carrier sense*). Wenn ja, so wartet sie deren Ende ab, anderenfalls beginnt sie zu senden. Zu Beginn des Sendens „hört" die Station auf dem Übertragungs-kanal mit. Stellt sie eine Kollision mit den Daten einer anderen Station fest (*collision detection*), so bricht sie den Sendevorgang ab und wiederholt ihn zu einem späteren, durch Zufallsgenerator bestimmten Zeitpunkt. Die Station prüft so lange auf Kolli-sionen, bis sie sicher sein kann, daß alle anderen Stationen ihr Senden bemerkt haben (*round trip delay time*).

Das Verkehrsverhalten von CSMA/CD ist bei nicht zu starker Kanalauslastung sehr gut. Analytische Untersuchungen ergeben für längere Pakete eine maximale Kanal-auslastung von 99 % [4]. Damit ist — ebenso wie durch Simulationen und Messungen — der Verdacht widerlegt, CSMA/CD-Systeme würden als Folge von Kollisionen bereits bei geringem Verkehrsaufkommen instabil.

Hinsichtlich der Zugriffszeiten hat CSMA/CD den Nachteil, nicht deterministisch zu sein; wegen möglicher Kollisionen kann die Zugriffszeit nicht exakt vorherbestimmt werden. Simulationen haben zwar ergeben, daß bei 50 % Kanalauslastung 90 % der Zugriffe in weniger als 1 ms erfolgen [5], aber bei sehr strengen Realzeitanforderun-gen sind Wahrscheinlichkeitsaussagen nicht ausreichend.

Ein weiteres Charakteristikum von CSMA/CD ist, daß — bei gleicher Ausdehnung — mit Erhöhung der Datenrate die Netzeffektivität abnimmt. Aus diesem Grund wären CSMA/CD-Systeme mit sehr hoher Datenrate unwirtschaftlich.

2.1.2 Token Passing

Bei diesem Verfahren wird die Sendeberechtigung in Form eines definierten Bit-musters, des „Token" (Kennzeichen, Beleg) von Station zu Station weitergegeben. Im Token selbst befindet sich ein Steuerzeichen, welches signalisiert, ob der Token frei oder belegt ist. Der Empfang eines freien Token berechtigt zum Senden eines Nachrichtenpaketes. Da bei vielen sendewilligen Stationen der Tokenumlauf lang dauern, d. h. die Zugriffszeit sehr groß werden kann, wurden Prioritäten eingeführt. Für den Fall, daß ein Token verfälscht wird bzw. verloren geht, wurden „Recovery"-Algorithmen entwickelt, die von jeder Station beherrscht werden müssen und nach kurzer Zeit den ordnungsgemäßen Tokenumlauf wieder herstellen. Wegen dieser Mechanismen und der Prioritätssteuerung ist das Token-Protokoll erheblich kom-plexer als CSMA/CD.

Ein wesentlicher Vorteil des Token-Passing-Verfahrens ist sein deterministisches Verhalten: Aus der Anzahl der Stationen und der maximalen Paketlänge kann eine garantierte maximale Zugriffszeit abgeleitet werden.

Das Token-Verfahren ist überdies für sehr hohe Datenraten geeignet, da die Netz-effektivität nicht wie bei CSMA/CD von der Datenrate abhängt.

2.2 Netzstruktur

LANs werden bevorzugt mit Bus- oder Ringstruktur aufgebaut, was sich im Hinblick auf die dezentralen Steuerungstechniken anbietet.

2.2.1 Busnetz

Ein Busnetz ist dadurch gekennzeichnet, daß zwischen zwei Stationen nur ein Weg existiert und die von einer Station gesendeten Nachrichten quasi gleichzeitig von allen anderen Stationen empfangen werden können. Ein — logischer — Bus kann als Liniennetz (meist als Bus-Topologie bezeichnet) sowie mit Baum- oder Stern-Topologie realisiert werden (**Fig. 1**).

Im Zentrum des Sterns bzw. in der „Wurzel" des Baumes dürfen sich jedoch nur Repeater, Koppler, Stecker und ähnliches, aber keine Datenstationen befinden. Busnetze sind besonders zuverlässig, da sie keine zentralen Einrichtungen haben und der Ausfall einer Station keine Auswirkungen auf das Gesamtsystem hat.

2.2.2 Ringnetz

Ein Ringnetz ist aus getrennten Übertragungsabschnitten zwischen benachbarten Stationen aufgebaut, und jede Station ist mit genau zwei Stationen (Nachbarstationen) direkt verbunden[5]. Die Form eines Ringnetzes kann kreis- oder sternförmig sein

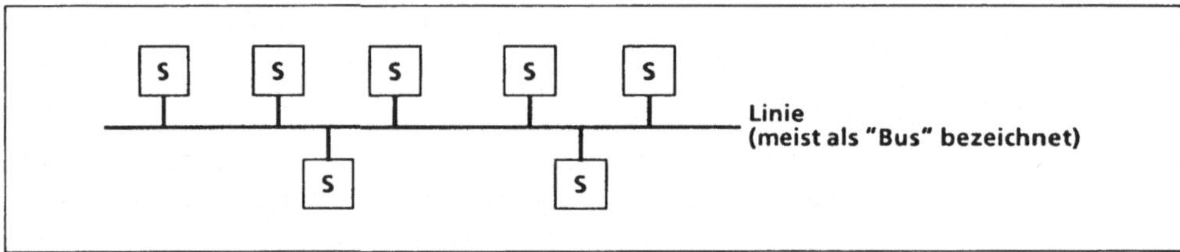

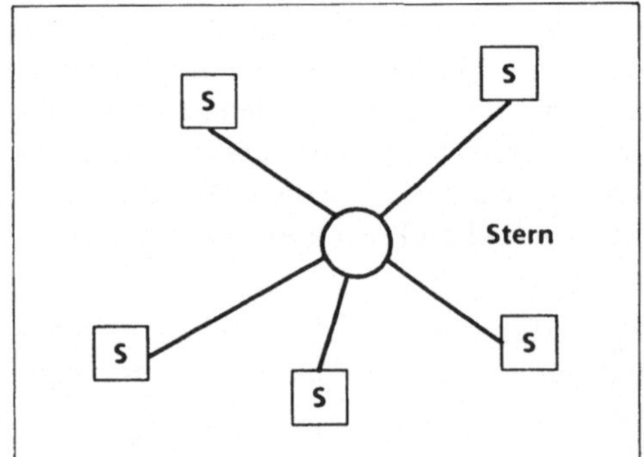

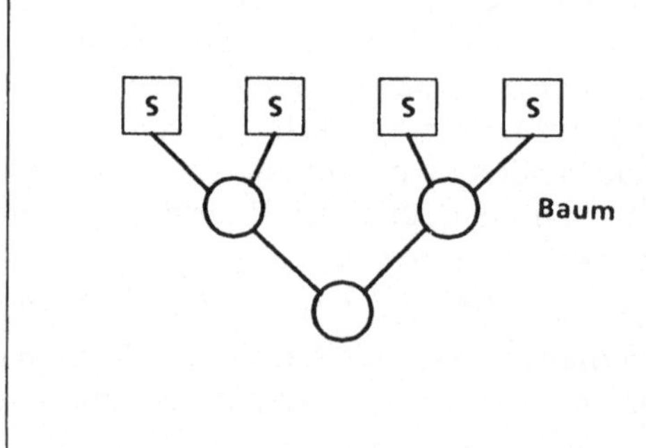

Fig. 1 Busnetz-Topologien; S: Datenstationen

---

[5] Ein logischer Ring kann auch auf einem Busnetz aufgebaut werden, wenn für jede Station die direkten Nachbarn festgelegt sind.

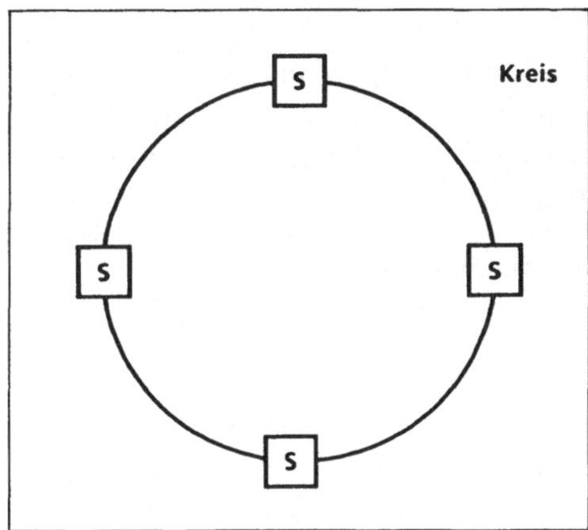

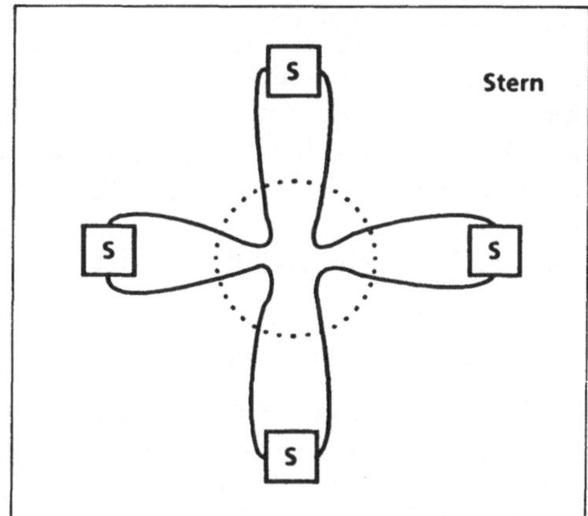

Fig. 2 Ringnetz-Topologien; S: Stationen

(**Fig. 2**). Da alle Nachrichten von jeder Station empfangen und erneut ausgesendet werden, bedeutet der Ausfall einer Station den Ausfall des Gesamtsystems, sofern keine entsprechenden Gegenmaßnahmen getroffen wurden. Die Fehlerlokalisierung ist allerdings in Ringen einfacher als in Busstrukturen.

2.3 Übertragungsmedium

Den hohen Bandbreite-Anforderungen von LANs können verdrillte Leitungen häufig nicht genügen; außerdem spielen bei den geringen Entfernungen die Medienkosten meist eine untergeordnete Rolle. Aus diesen Gründen werden in LANs bevorzugt Koaxialkabel oder Lichtwellenleiter eingesetzt.

2.3.1 Verdrillte Leitungen

Um besonders kostengünstige Anschlüsse zu ermöglichen, wurden LANs mit mäßiger Datenrate (1-4 Mbit/s) für verdrillte Leiterpaare (*twisted pairs*) entwickelt. Bestehende Kabelinstallationen können allerdings nur selten verwendet werden, da zur Erhöhung der Störfestigkeit meist Schirmung notwendig ist.

2.3.2 Koaxialkabel

Als Übertragungsmedium in LANs sind Koaxialkabel derzeit am meisten verbreitet. Neben handelsüblichen, aus der CATV-Technik (Community Antenna Television) bekannten Kabeltypen werden auch Spezialentwicklungen eingesetzt.

2.3.3 Lichtwellenleiter

In zunehmendem Maß finden Lichtwellenleiter (LWL) in LANs Verwendung. Gründe hierfür sind neben der hohen Bandbreite und Störfestigkeit das — gegenüber Koaxialkabel — vereinfachte Verlegen und die galvanische Trennung bei der Verbindung räumlich getrennter Gebäude. Wegen der geringen Entfernungen in LANs sind Multimodefasern (Stufenindex- oder Gradientenfasern) ausreichend, die gegenüber Monomodefasern den Vorteil der einfacheren Lichteinkopplung haben.

2.4 Übertragungsverfahren

Um die hohe Bandbreite der Koaxialkabel auszunützen, wird in einigen LANs Breitbandübertragung anstelle von Basisbandübertragung angewendet.

2.4.1 Basisbandübertragung

Bei der Basisbandübertragung werden die digitalen Signale direkt dem Übertragungsmedium zugeführt; die Signalfolge nimmt den gesamten Frequenzbereich des Mediums in Anspruch.

2.4.2 Breitbandübertragung

Von Breitbandübertragung wird gesprochen, wenn die Ausgangssignale einer Trägerfrequenz aufmoduliert werden. Durch Frequenzmultiplexen können verschiedene Kanäle erzeugt und in diesen mehrere voneinander unabhängige Nachrichten gleichzeitig übertragen werden. Die bessere Bandbreitenausnutzung muß allerdings mit höheren Anschlußkosten erkauft werden: Für jede Station ist zusätzlich ein Modem (Frequenzmodulator und -demodulator) erforderlich. Außerdem wird durch den notwendigen Pegelabgleich die Installation erschwert.

Die lange Zeit hitzig geführte Diskussion *Basisband* oder *Breitband* wurde abgelöst durch ein sinnvolles Nebeneinander. Breitbandsysteme werden vorwiegend dort eingesetzt, wo neben *burst*artigem Datenverkehr auch kontinuierliche Nachrichtenströme (z. B. Videosignale für Fernseh-Überwachung) übertragen werden müssen.

3 LAN-Typen und Einsatzbereiche

Aus den vorangehenden Abschnitten ergeben sich im wesentlichen folgende Abhängigkeiten:

— Die Anforderungen an das Verkehrsverhalten bestimmen die Wahl des Zugriffsverfahrens.
— Aus der geforderten Zuverlässigkeit resultiert die Netzstruktur.
— Datenrate, Ausdehnung und Anschlußkosten beeinflussen die Entscheidung hinsichtlich Medium und Übertragungsverfahren.

Dementsprechend haben sich aus der Fülle der möglichen LANs einige Grundtypen herauskristallisiert, die für unterschiedliche Anwendungen optimiert sind. Sie unterscheiden sich durch Zugriffsmethode und Netzstruktur und können meist mit verschiedenen Medien und Übertragungsverfahren implementiert werden.

3.1 CSMA/CD-Bussysteme

Mit der Entwicklung von CSMA/CD-Bussystemen wurde bereits vor mehr als zehn Jahren begonnen, weshalb diese Systeme heute ausgereift und bereits vielfach erprobt sind.

3.1.1 Technik

CSMA/CD-Bussysteme basieren auf dem bekannten *Ethernet* [6]. Mittels eines einfachen passiven Abzweigs werden die Stationen an das speziell entwickelte Koaxialkabel (*Yellow Cable*) angeschlossen. Die Daten werden nach beiden Seiten übertragen und durch reflexionsfreie Abschlußwiderstände an den Enden vernichtet (**Fig. 3**). Die Sende-/Empfangseinrichtungen (*Transceiver*) übernehmen auch die Kollisionsüberwachung. Wie bei allen LAN-Typen werden die Nachrichten in Paketen übertragen, die Ursprungs- und Zieladresse tragen und von der (bzw. den) adressierten Station(en) gelesen werden (**Fig. 4**). Durch eine vereinbarte Zieladresse werden

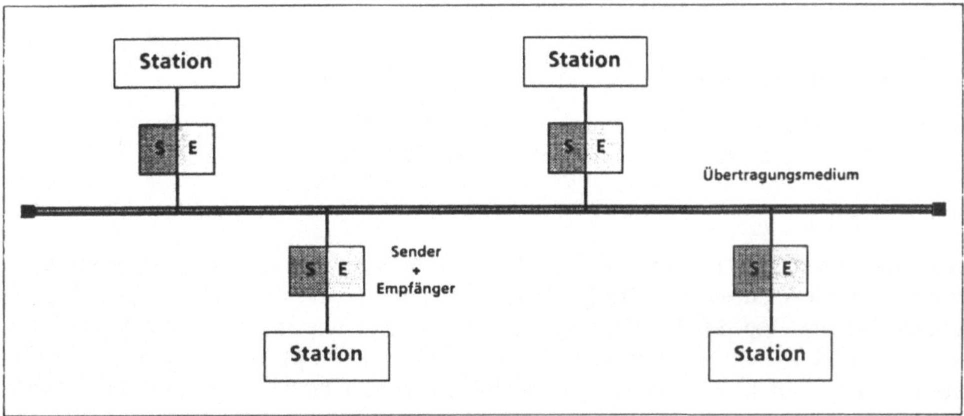

Fig. 3 Schema eines Bussystems

Präambel	Anfangs- be- grenzung	Ziel- adresse	Ursprungs- adresse	Information	Ende- be- grenzung	Frame Check Sequence

Fig. 4 LAN-Paketformat. Je nach LAN-Typ wird zusätzlich Kontrollinformation übertragen

Nachrichten gekennzeichnet, die an alle Stationen gerichtet sind (*Broadcasting*) und von diesen nahezu gleichzeitig empfangen werden. Als Ergänzung zu den Ethernet-ähnlichen Implementierungen wurden in den letzten Jahren CSMA/CD-Bussysteme für andere Medien (verdrillte Paare, RG58-Koaxialkabel, Lichtwellenleiter [7]) sowie Breitbandübertragung entwickelt. Besonders beliebt ist das *Cheapernet* oder *Thin Ethernet*, eine preisgünstige CSMA/CD-Version mit reduzierter Reichweite, welches das flexible RG58-Koaxialkabel verwendet und deshalb wesentlich einfacher zu verlegen ist.

Obwohl die meisten Implementierungen die Originalbitrate von 10 Mbit/s verwenden, gibt es auch solche mit geringerer Geschwindigkeit (z. B. 1 Mbit/s).

3.1.2 Einsatzbereich

Der Einsatzschwerpunkt von CSMA/CD-Systemen liegt im Bürobereich. Die Eigenschaften Einfachheit, Robustheit und leichte Erweiterbarkeit infolge passiver Stationsanschaltung sind bei Bürosystemen besonder vorteilhaft. Auch das CSMA/CD-Verkehrsverhalten ist Büroanwendungen gut angepaßt, wo im Mittel kurze Antwortzeiten gefordert werden, jedoch keine extremen Realzeitanforderungen bestehen. Die Flexibilität hinsichtlich der Übertragungsmedien ermöglicht optimale und kostengünstige Vernetzung von Bürogebäuden. Aus diesen Gründen ist es nicht verwunderlich, daß im Rahmen von TOP (*Technical and Office Protocol*) ein 10 Mbit/s CSMA/CD-Bus als LAN gewählt wurde. TOP ist eine von der Firma Boeing geführte Anwenderinitiative zur Festlegung von Kommunikationsprotokollen für den technisch-wissenschaftlichen Bereich und für das Büro.

3.2 Token-Ringsysteme

Token-Ringsysteme sind im Vergleich zu CSMA/CD-Netzen noch wenig erprobt. Ihre Verbreitung hat erst in den letzten Jahren begonnen.

3.2.1 Technik

Ringstrukturen sind für das „Token Passing"-Protokoll besonders gut geeignet, da durch die physikalische Verknüpfung der Tokenumlauf und Datenumlauf bereits vorgegeben ist (**Fig. 5**). Ein Datenpaket, das ebenso wie in CSMA/CD-Netzen Ursprungs- und Zieladresse enthält (Fig. 4), wird vom Empfänger kopiert, aber erst vom Absender, d. h. nach einem vollen Umlauf, vom Ring entfernt. Durch ein Kennzeichen erfährt der Absender, ob das Paket vom Empfänger entgegengenommen werden konnte, d. h. die Nachrichten werden bereits auf unterster Ebene quittiert.

Zur Erhöhung der Zuverlässigkeit von Ringsystemen (s. 2.2.2) wurden verschiedene Maßnahmen entwickelt: Gegen den Ausfall einer Station schützen passive „Bypass"-Schaltungen, dem Ausfall von Teilstrecken wird meist durch gedoppelte Ringe mit umschaltbarer Übertragungsrichtung, gelegentlich durch Zopfstrukturen begegnet. Deshalb kommt dem Netzwerkmanagement, insbesondere dem Rekonfigurations-Management besondere Bedeutung zu. Ringstrukturen sind für alle Übertragungs-

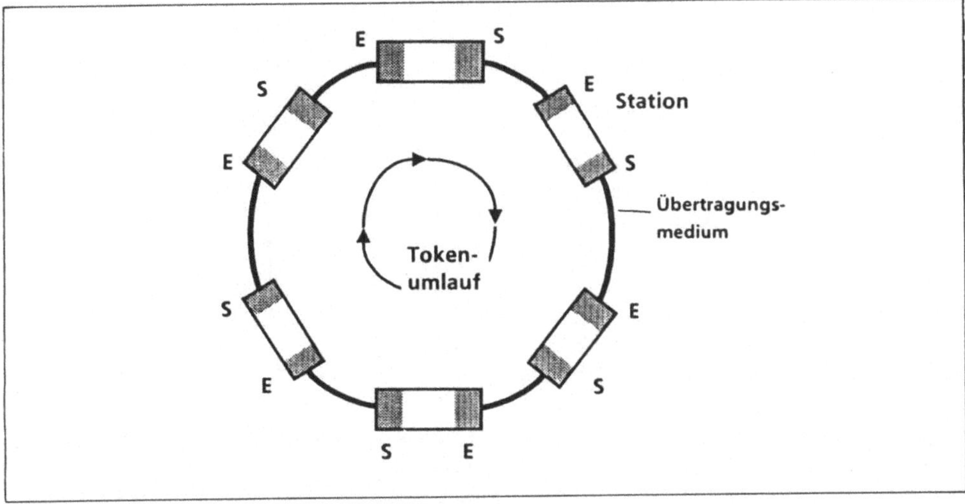

Fig. 5 Schema eines Ringsystems; S: Sender; E: Empfänger

medien und insbesondere für LWL-Einsatz geeignet, da die Punkt-zu-Punkt-Verbindungen an optische Sende-/Empfangsmodule die geringsten Anforderungen hinsichtlich Empfindlichkeit und Dynamik stellen. Da außerdem das Token-Verfahren für hohe Datenraten geeignet ist (s. 2.1.2), bieten sich Token-Ringsysteme für Hochleistungs-LANs an. Der Schwerpunkt heutiger Implementierungen liegt allerdings bei mäßigen Datenraten und Verwendung von verdrillten Leitungen (Beispiel: IBM Token Ring, 4 Mbit/s). Als Netzstruktur wird ein sternförmiger Ring mit einem Ringleitungsverteiler (*Wiring Center*) im Zentrum favorisiert.

3.2.2 Einsatzbereich

Den relativ niedrigen Datenraten entsprechend werden heutige Token-Ringsysteme überwiegend zur PC-Vernetzung oder für „Terminal-Host"-Verbindungen eingesetzt. Den Eigenschaften „deterministisches Protokoll" und „Eignung für sehr hohe Datenraten" wird damit noch nicht Rechnung getragen. Es zeichnen sich jedoch bereits Entwicklungen ab, die den Einsatz von Token-Ringen zur *Mainframe*-Kopplung, als *Backbone*-Netze[6]) oder für sehr schnelle Prozeßsteuer-Systeme erkennen lassen.

3.3 Token-Bussysteme

Die Token-Bus-Entwicklung hat erst nach der Token-Ring-Entwicklung begonnen. Trotzdem liegen bereits einige Implementierungen vor.

---

[6]) Ein „Backbone"-Netz übernimmt als „Rückgrat" einer Netzkonfiguration die Kopplung von weniger leistungsfähigen Netzen.

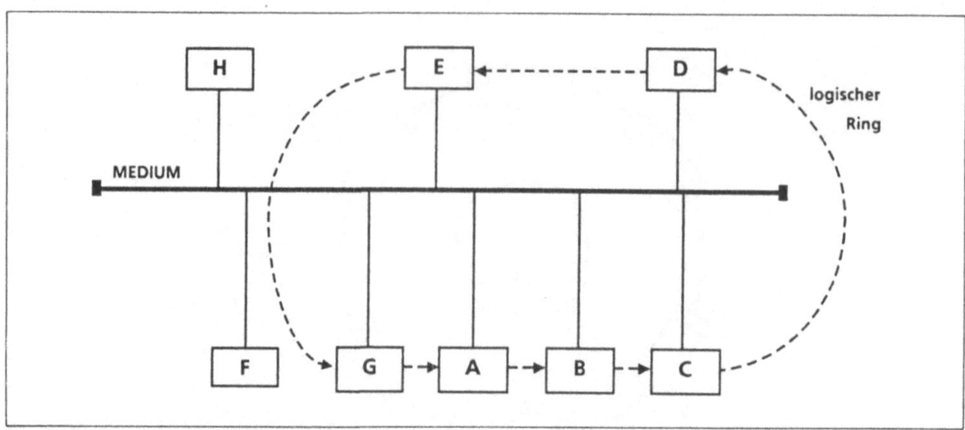

Fig. 6 Schema eines Token-Bussystems. Der Token muß im logischen Ring „umlaufen", d. h., er wird nacheinander an die Stationen A, B, C, D, E, G adressiert

3.3.1 Technik

Soll das für Ringstrukturen entwickelte Token-Verfahren auf einem Bus angewendet werden, so muß ein „logischer Ring" aufgebaut werden (**Fig. 6**).

Hierzu muß jede Station „wissen", welche Station ihr linker bzw. ihr rechter „Nachbar" im logischen Ring ist. Die Tokenweitergabe kann nur mittels adressierter Pakete realisiert werden, weshalb die Token-„Umlaufzeit" lang ist im Vergleich zu Token-Ringsystemen. Um die Token-Umlaufzeit nicht durch Stationen zu belasten, die längere Zeit nicht senden wollen, kann sich eine Station logisch vom Ring entfernen, obwohl sie physikalisch am Bus angeschlossen ist (Stationen F und H in Fig. 6).

Dieser Vorgang erfordert jedoch Maßnahmen, die das Zugriffsprotokoll sehr komplizieren. Andererseits vereint ein Token-Bus die Zuverlässigkeit eines CSMA/CD-Systems (passive Stationsanschaltung) mit dem deterministischen Verhalten eines Token-Rings. Heutige Token-Bus-Implementierungen verwenden überwiegend Breitbandübertragung auf Koaxialkabeln mit Datenraten von 5 und 10 Mbit/s.

3.3.2 Einsatzbereich

Der Einsatz von Token-Bussystemen liegt vor allem dort, wo aus Zuverlässigkeitsgründen passive Stationsanschaltung gefordert wird und außerdem strenge Realzeitanforderungen bestehen, also im Produktionsbereich. Deshalb wurden im Rahmen von MAP (*Manufacturing Automation Protocol*) Token-Bussysteme als LAN ausgewählt [8]. MAP ist ein von der Firma General Motors gestartetes Vorhaben zur Protokollfestlegung für die Prozeß- und Fertigungsautomatisierung. Von MAP und TOP gemeinsam wurde der Verbund von CSMA/CD (10 Mbit/s/Basisband)- und Token (5 und 10 Mbit/s Breitband)-Bussystemen demonstriert.

4 LAN-Standardisierung

LAN-Standardisierung ist die Voraussetzung dafür, daß in einem LAN Geräte unterschiedlicher Hersteller ohne Anpassungs-Einrichtungen angeschlossen werden können.

4.1 Das OSI-Referenzmodell als Grundlage der LAN-Standardisierung

Das „Basis-Referenzmodell für die Kommunikation offener Systeme" [9], das sog. *OSI-Referenzmodell* wurde von der ISO als Rahmen geschaffen für die Einordnung existierender und die Entwicklung neuer Kommunikationsstandards. Dementsprechend ist das Referenzmodell auch die Basis der LAN-Standardisierung.

4.1.1 Grundkonzept

Im OSI-Referenzmodell werden die für Kommunikation zwischen zwei Systemen notwendigen Funktionen auf sieben „Schichten" aufgeteilt, wobei jeweils die Funktionen einer Schicht die Dienste der unterlagerten Schichten voraussetzen. Die Funktionalität eines „Dienstes" wird in den einzelnen Stationen durch „Instanzen" erbracht, die hierzu mit ihren Partner-Instanzen in den anderen Stationen kooperieren. Dazu müssen die Partner-Instanzen Kontrollinformationen austauschen, deren Syntax und Semantik durch „Protokolle" geregelt wird. Aufgabe der ISO-Standardisierung ist die Festlegung der Dienste und Protokolle aller 7 Schichten des Referenzmodells.

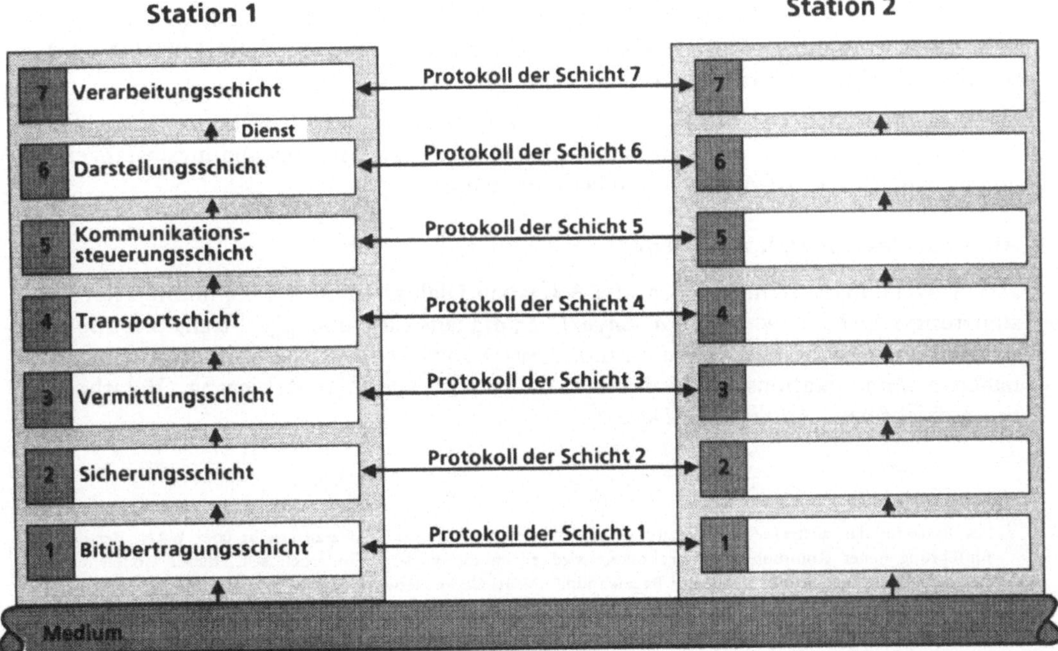

Fig. 7 ISO-Referenzmodell-Grundkonzept

Stationen, welche die OSI-Dienste erbringen, werden als „offen" bezeichnet; mittels der OSI-Protokolle können sie mit allen anderen offenen Stationen Informationen austauschen (**Fig. 7**).

4.1.2 Aufgaben der Funktionsschichten

Innerhalb des Referenzmodells wird zwischen den transportorientierten Funktionen der Schichten 1—4 (Transportsystem) und den anwendungsorientierten Funktionen der Schichten 5—7 (Anwendungssystem) unterschieden.

Aufgaben des Transportsystems

Die „Bitübertragungsschicht" (*Physical Layer*) beinhaltet alle mechanischen, elektrischen, funktionellen und prozeduralen Mittel, die zur reinen Bitübertragung über ein Medium notwendig sind (Beispiele sind Datenrate, Übertragungsverfahren, Stecker). Das Übertragungsmedium selbst ist jedoch nicht Bestandteil dieser Schicht.

Die „Sicherungsschicht" (*Data Link Layer*) liefert eine fehlergesicherte Übertragung auf den einzelnen Teilstrecken des Übertragungsweges. Bitübertragungsfehler werden erkannt und in einigen Fällen bereits in dieser Schicht behoben. Teilen sich mehrere Stationen in ein gemeinsames Übertragungsmedium (Beispiel LAN), so sind die Zugriffsmechanismen (z. B. CSMA/CD, Token Passing) ebenfalls Bestandteil der Schicht 2. Sie werden als Teilschicht 2a mit dem Namen MAC (*Medium Access Control*) bezeichnet.[7]

Die „Vermittlungsschicht" (*Network Layer*) verknüpft die Teilstrecken bzw. Teilnetze zum gesamten Übertragungsweg zwischen zwei Endsystemen. „Routing", d. h. die Bestimmung eines geeigneten Weges zwischen zwei Stationen ist eine wesentliche Funktion dieser Schicht.

Die „Transportschicht" (*Transport Layer*) bietet transparenten Datentransfer zwischen den Teilnehmern der Kommunikation. Sie entlastet die Anwendungsinstanzen von jeglicher Verantwortung für den Datentransport.

Aufgaben des Anwendungssystems[8]

Das Anwendungssystem hat u. a. die Aufgaben Dialogsteuerung (Kommunikationssteuerungsschicht bzw. *Session Layer*), Syntaxauswahl und ggf. -transformation (Darstellungsschicht bzw. *Presentation Layer*) sowie eine Reihe von anwendungsnahen Kommunikationsaufgaben wie z. B. Identifikation, Autorisierung (Verarbeitungsschicht bzw. *Application Layer*).

---

[7] Als Basis für das abstrakte Referenzmodell diente der paketorientierte Datenverkehr über WAN. Bei der Einführung neuer Kommunikationstechniken wird es immer wieder erforderlich sein, dieses Modell den Gegebenheiten anzupassen. Unter der Bezeichnung „Multi-Layer Network Service Provider Model" wird bei der ECMA derzeit an einer Feinstruktur der Schichten 1—3 gearbeitet.

[8] Im Zusammenhang mit Lokalen *Netzen* sind die Funktionen des Anwendungssystems weniger interessant; sie werden deshalb nur kurz behandelt.

4.1.3 Einbettung von LANs in das OSI-Referenzmodell

Die LAN-Funktionalität, d. h. serielle Datenübertragung ohne Zwischenspeicherung, entspricht den OSI-Schichten 1 und 2. Deshalb ist die Standardisierung der LAN-Technologie auf diese Schichten und das Übertragungsmedium beschränkt. Die Kopplung von LANs untereinander und mit anderen Netzen erfordert zusätzlich die Betrachtung der Schichten 3 und 4.

Das Basis-Referenzmodell ist ein abstraktes Modell und macht keine Aussagen hinsichtlich der Implementierung, z. B. der Funktionsverteilung auf Hardwarebausteine. Deshalb wurden von IEEE zusätzlich sog. Implementierungsmodelle entwickelt.

Diese definieren für die verschiedenen LAN-Typen die Lage der Schnittstellen, die ebenfalls Gegenstand der LAN-Standardisierung sind. **Fig. 8** zeigt eine Gegenüberstellung von LAN-Referenzmodell und Implementierungsmodell am Beispiel des CSMA/CD-Bussystems.

4.2 An der LAN-Standardisierung beteiligte Gremien

Der Standardisierungsprozeß für LANs begann bereits im Frühjahr 1980. Heute sind eine ganze Reihe von nationalen und internationalen Gremien und damit viele Experten an der LAN-Standardisierung beteiligt.

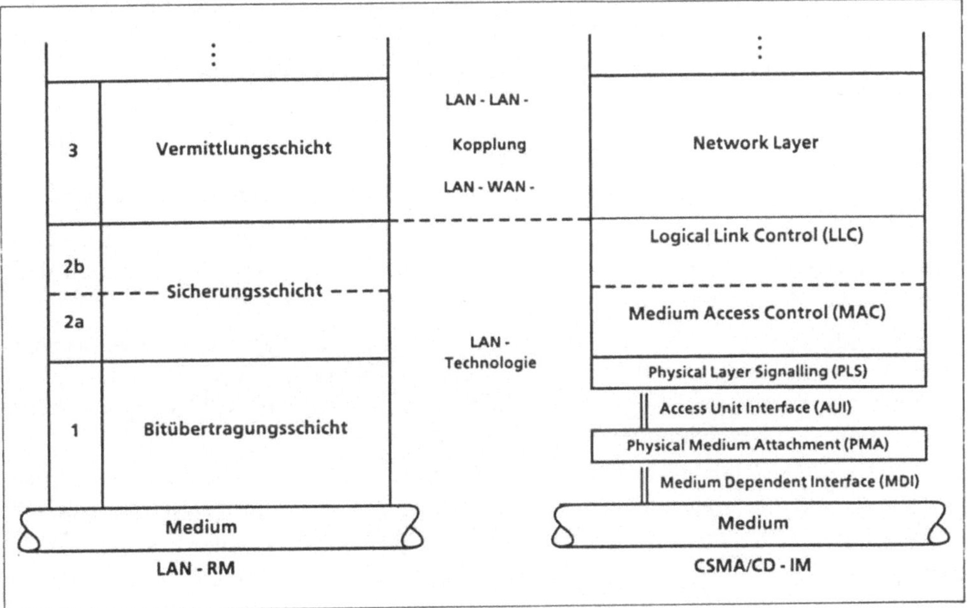

Fig. 8 LAN-Referenzmodell (RM) und -Implementierungsmodell (IM). Beispiel: CSMA/CD-Bussystem

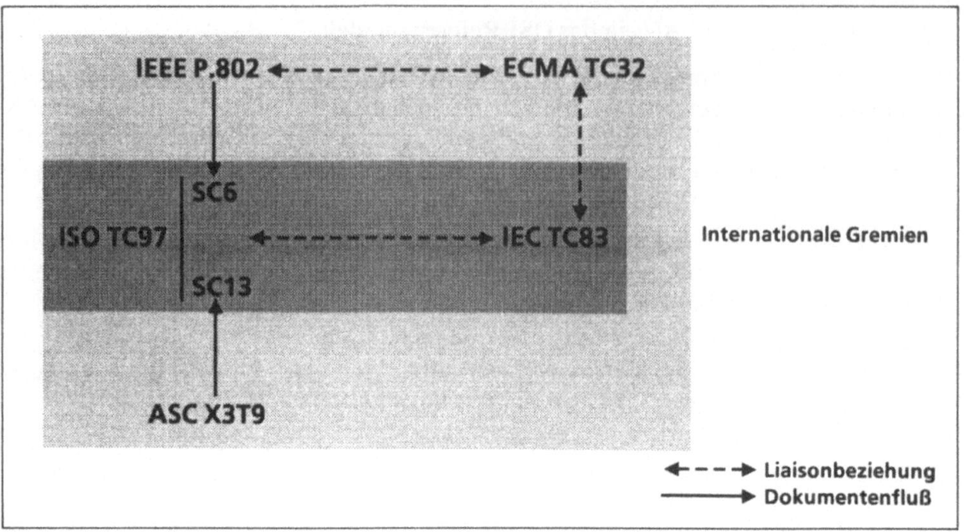

Fig. 9 Übersicht über LAN-Gremien

Fig. 9 gibt eine Übersicht über die *wichtigsten*[9], in der LAN-Standardisierung aktiven Gremien und deren Wechselbeziehungen. Standards, die vom ANSI (*American National Standards Institute*) oder IEEE erarbeitet werden, erreichen durch die Anerkennung von ISO oder IEC den Status eines internationalen Standards. Voraussetzung ist die kritische Durchsicht der jeweiligen Entwürfe von allen nationalen Spiegelgremien.

IEEE P.802
(Institute of Electrical and Electronics Engineers, Project 802, **Schwerpunkt USA)**

Im Februar 1980 wurde vom IEEE die Projektgruppe 802 gegründet mit dem Ziel, „*einen* Standard für einen Transportmechanismus in *Local Area Networks* zu definieren". Die Datenraten sollten im Bereich von 1—20 Mbit/s liegen.

Gegen Ende 1980 war klar, daß mit einem einzigen LAN-Typ nicht alle Anwenderforderungen befriedigt werden können. Der Entscheidung CSMA/CD- *und* Token-Systeme zu spezifizieren, folgte später die Gründung mehrerer unabhängiger Arbeitsgruppen mit den Bezeichnungen 802.1 bis 802.6.

802.1 (*High Level Interface*) und 802.2 (*Logical Link Control*) bearbeiten Themen, die alle Zugriffsmethoden betreffen: Einordnung von LANs in das Referenzmodell, LAN-Kopplung, System-Management, LAN-Sicherungsprotokolle (oberhalb MAC) usw.

---

[9] Eine vollständige Behandlung der LAN-Standardisierung einschließlich aller Prozeßbus-Aktivitäten würde den Rahmen dieses Beitrags sprengen.

802.3 (CSMA/CD), 802.4 (Token Bus) und 802.5 (Token Ring) erarbeiten Standards für die entsprechenden LAN-Typen. 802.6 (MAN) wurde erst vor etwa 3 Jahren gegründet; damit wurde der Arbeitsbereich von P.802 auf *Metropolitan Area Networks* ausgedehnt.

ECMA TC32
(European *Computer Manufacturers Association)*

Um den Standardisierungsprozeß bei IEEE beschleunigen und im Interesse der europäischen Computerhersteller beeinflussen zu können, wurde im November 1981 eine ECMA-LAN-Gruppe gegründet und eine enge Liaison zu IEEE aufgebaut.

Heute untersucht eine *Task Group* von ECMA TC32 *(Communication, Networks and Systems Interconnection)* vor allem die Adaptierbarkeit der IEEE-Standards an europäische Verhältnisse.

ISO/TC97/SC6
(International *Organization for Standardization)*

ISO/TC97/SC6 *(Telecommunications and Information Exchange between Systems)* bearbeitet seit 1983 die IEEE-Standards für die Verabschiedung als entsprechende ISO-Standards; dabei stehen formale Gesichtspunkte im Vordergrund.

Die deutschen Beiträge werden von DIN NI 6 (Deutsches Institut für Normung, Normenausschuß Informationsverarbeitungssysteme), dem Spiegelgremium zu TC97/SC6, verfaßt.

IEC TC83
(International *Electrotechnical Commission)*

Innerhalb des Technischen Komitees 83 *(Information Technology Equipment)* befaßt sich eine Arbeitsgruppe mit dem Thema LAN. Derzeit liegt der Schwerpunkt bei faseroptischen Alternativen für CSMA/CD-Netze. Das deutsche Spiegelgremium zu IEC TC83 ist der Arbeitskreis 715 der Deutschen Elektrotechnischen Kommission (DKE K715).

ASC X3T9
(Accredited Standards Committee, **USA)**

ASC X3T9 *(Input/Output Interfaces)* erarbeitet im Auftrag von ANSI amerikanische Standards für Rechnerschnittstellen. Ein Teil dieser Aufgabe ist die Standardisierung von *Local Area Networks* mit Datenraten über 50 Mbit/s. Diese Hochgeschwindigkeits-LANs sollen künftig auch für interne Rechner-Verbindungen eingesetzt werden.

ISO/TC97/SC13
(International *Organization for Standardization)*

Die von ASC X3T9 entwickelten Spezifikationen für Hochgeschwindigkeits-LANs
werden ISO/TC97/SC13 (*Interconnection of Equipment*) übergeben, zur weiteren
Bearbeitung als internationale Standards.

Durch genaue Abgrenzung der Aufgabenbereiche der verschiedenen Gremien wurde
eine Überschneidung der Arbeitsbereiche und damit Doppelarbeit vermieden. Andererseits gelang es durch das Wechselspiel bzw. Zusammenwirken der verschiedenen
Gruppen (vgl. Liaisonbeziehungen in Fig. 9), den Standardisierungsprozeß hinsichtlich der Relation von Qualität und Zeit zu optimieren. Letzteres ist bei der sich
schnell entwickelnden LAN-Technik von besonderer Bedeutung.

4.3 Verabschiedete LAN-Standards

Die bereits verabschiedeten LAN-Standards sind in **Tabelle 1** zusammengestellt, zu
deren besserem Verständnis die folgenden Erläuterungen dienen sollen.

Alle LAN-Standards enthalten eine Beschreibung der MAC-Schicht (Zugriffsproze-
dur und Paketformat) sowie für mindestens eine Implementierung die Spezifikation
von Bitübertragungsschicht (*Physical Layer*) und gegebenenfalls Medium [10]. So
beschreibt z. B. IEEE 802.3 ein CSMA/CD-Netz, das dem Ethernet entspricht
(s. 3.1.1).

Zwei weitere CSMA/CD-Implementierungen wurden von IEEE standardisiert, eine
davon ist bereits ISO DIS. Zu ihrer Unterscheidung und Charakterisierung wurde
von IEEE 802.3 folgende Systematik entwickelt:

<Datenrate in Mbit/s> <Übertragungsverfahren> <Maximale Segmentlänge/100 m)
                        BASE = Basisband
                        BROAD = Breitband

Damit ergibt sich:

10BASE 5 (Ethernet)	↔ 10 Mbit/s Basisband	500 m Segmentlänge
10BASE 2 (Cheapernet)	↔ 10 Mbit/s Basisband	200 m Segmentlänge
10BROAD 36	↔ 10 Mbit/s Breitband	3600 m Segmentlänge

Aus Tabelle 1 ist ersichtlich, daß alle IEEE-Standards von ISO übernommen sind.
Darüber hinaus hat ISO/TC97/SC6 den britischen Standard für einen „Slotted Ring",
der auf dem bekannten „Cambridge Ring" basiert, als DIS 8802/7 akzeptiert. Bei
diesem Verfahren laufen auf dem Ring leere Minipakete fester Länge um, die von
sendewilligen Stationen gefüllt werden können. Ein wesentlicher Nachteil gegenüber
dem „Token Ring" ist die – bei niedriger Datenrate und/oder mäßiger Ringaus-
dehnung – geringe Paketlänge, deshalb wird diesem Verfahren weniger Bedeutung
beigemessen.

Obwohl alle LAN-Standards den Status eines ISO DIS besitzen, sind für den Übergang zum IS (*International Standard*) Zeitdifferenzen bis zu einem Jahr zu erwarten.

Tabelle 1 Verabschiedete LAN-Standards (Stand vom August 1986)

	CSMA/CD	Token Bus	Token Ring	Slotted Ring
IEEE	IEEE 802.3 (MAC + 10BASE5) IEEE 802.3A (10BASE2) IEEE 802.3B (10BROAD36) IEEE 802.3C (Repeater)	IEEE 802.4 5 oder 10 Mbit/s Einkanal (,,carrierband'') oder Mehrkanal (,,broadband'')	IEEE 802.5 1 oder 4 Mbit/s Basisband	–

ISO	ISO DIS 8802/3[1])
	   (MAC + 10BASE5)
	ISO DIS 8802/3 DAD1[2])
	   (10BASE2)
		ISO DIS 8802/4	ISO DIS 8802/5	ISO DIS 8802/7

ECMA	ECMA 82 (MAC) ECMA 81 } ECMA 80 } ⇔ 10BASE5	ECMA 90[3])	ECMA 89	–

[1]) Draft International Standard
Die IEEE Standards wurden als DP (Draft Proposal) von ISO übernommen. Die erfolgreiche Länderabstimmung führte zum Status eines DIS, der Vorstufe zum IS (International Standard).
[2]) Draft Addendum = Anhang mit dem Status eines DIS
[3]) Dieser ECMA-LAN-Standard weist als einziger technische Unterschiede gegenüber den entsprechenden IEEE- bzw. ISO-Standards auf.
Diese Unterschiede werden entweder in einer Überarbeitung beseitigt, oder ECMA 90 wird Ende 86 zurückgezogen.

So enthält z. B. der Token-Bus-Standard eine Warnung, daß Änderungen zu erwarten sind, und für DIS 8802/7 fehlt sogar der endgültige Text; dagegen wird CSMA/CD voraussichtlich bereits im Oktober 86 zum IS.

Für alle LAN-Technologien gemeinsam wurde von IEEE 802.2 ein Datensicherungs-Protokoll entwickelt, das LLC (*Logical Link Control*) genannt wird und ursprünglich zwei Ausprägungen hatte [11]:

LLC Typ 1, ein sehr einfaches, verbindungsloses, d. h. datagrammorientiertes Protokoll, und **LLC Typ 2**, ein HDLC-ähnliches, verbindungsorientiertes Protokoll, durch welches der verbindungslose MAC-Dienst zu einem verbindungsorientierten Dienst angehoben werden kann.[10] Zusätzlich zu diesen als ISO DIS 8802/2 vorliegenden LLC-Typen wurde von 802.2 ein dritter Typ entwickelt, der speziell auf die Bedürfnisse der Prozeß-Kommunikation zugeschnitten ist. **LLC Typ 3** beinhaltet einen quittierten Datagrammdienst mit der Möglichkeit, sofortige Beantwortung anzufordern. Bei ISO befindet sich diese LLC-Erweiterung als ISO pDAD (*proposed Draft Addendum*) to DIS 8802/2 in der Abstimmung.

4.4 Zukünftige LAN-Standards

Die Weiterentwicklung der LAN-Standards[11] erfolgt in drei Richtungen:

— Ergänzung der bestehenden Standards
— Standards für höhere Datenraten
— Standards für integrierte Sprach/Daten-LANs.

4.4.1 Ergänzung der bestehenden LAN-Standards

In allen IEEE-Gruppen wird an der Verwendung anderer Medien, zum Teil mit anderen Datenraten, gearbeitet, wobei die MAC-Spezifikation, d. h. das Zugriffsverfahren unverändert bleibt.

IEEE 802.3 beispielsweise hat eine CSMA/CD-Version für verdrillte Leitungen (1BASE5, genannt „StarLAN") fertiggestellt, die sich derzeit beim IEEE in der Abstimmung befindet[12].

Damit ein neuer Standardisierungsvorschlag von IEEE 802.3 akzeptiert wird, muß er 5 Kriterien erfüllen: Neben MAC-Kompatibilität, breitem Marktpotential, technischer und wirtschaftlicher Durchführbarkeit muß auch ein Anwendungsbedarf bestehen, der durch keines der bereits standardisierten LANs abgedeckt wird. Ein Vorschlag für ein „optimiertes" CSMA/CD-Breitbandsystem wurde nach langen Diskussionen abgelehnt.

IEEE 802.3, 802.4 und 802.5 beschäftigen sich mit dem Einsatz von Lichtwellenleitern als Alternative zu den elektrischen Netzen.

IEEE 802.4.H, eine Untergruppe von 802.4, diskutiert über aktive und passive Sternkonfigurationen für optische Token-Bussysteme mit den Datenraten 10 Mbit/s und 20 Mbit/s.

Der Entwurf eines FO IRL (*Fiber Optic Inter Repeater Link*) zur optischen Verbindung von Koaxialkabel-Segmenten in CSMA/CD-Netzen wurde fertiggestellt und befindet sich bereits in der Abstimmung [13]. Zu diesem Thema besteht enge Zusammenarbeit zwischen IEEE 802.3 und IEC TC83 WG2 (*Fibre optic connections in LANs*), wo außerdem Einsatz- und Lösungsmöglichkeiten für rein optische CSMA/CD-Netze untersucht werden.

Im Laufe der Diskussionen wurde deutlich daß mehrere Fasertypen notwendig sind, um die Anforderungen der verschiedenen LANs zu erfüllen. Die IEEE-Gruppe zur Beratung in optischen Fragen (IEEE 802.8) hat dem zuständigen IEC-Komitee TC86 (*Fiber Optics*) die Standardisierung von 4 verschiedenen Gradientenfasern vorgeschlagen (50/125 μm, 62,5/125 μm, 85/125 μm und 100/140 μm). Diese IEEE-Gruppe arbeitet außerdem an einer Empfehlung, die es dem Anwender ermöglichen soll, zwischen optischen Versionen von 802.3, 802.4, 802.5 und FDDI (siehe unten) umzuschalten, ohne die LWL-Installation zu ändern.

4.4.2 LAN-Standards für höhere Datenraten

Ausgehend vom IEEE-Token-Ring arbeitet ASC X3T9.5 an einem modifizierten Token-Protokoll für einen optischen Ring mit einer Datenrate von 100 Mbit/s, genannt FDDI (*Fiber Distributed Data Interface*) [14].

Die FDDI-Spezifikation besteht aus 4 Teilen:

— MAC (*Media Access Control*)
   Beschreibung von Paketformat und Zugriffsverfahren; das von IEEE entwickelte LLC-Protokoll soll auch über der FDDI-MAC ablaufen können.
— PHY (*Physical Protocol*)
   Beschreibung der zur Bitübertragung notwendigen Funktionen, soweit sie vom Medium unabhängig sind.
— PMD (*Physical Medium Dependent*)
   Beschreibung der optischen Hardwarekomponenten, d. h. Lichtwellenleiter und Stecker.

— SMT (*Station Management*)

Beschreibung der Management-Funktionen, die in jeder Station ablaufen müssen, um einen funktionierenden Ringbetrieb zu ermöglichen. Dazu gehören Monitor- und „Maintenance"-Funktionen ebenso wie Aktivieren, Initialisieren und Fehlerbehandlung[13].

Der ANSI-Standard für FDDI wird für Ende 1986 (spätestens Anfang 1987) erwartet. Die MAC- und PHY-Spezifikationen sind bereits so stabil, daß sie von ISO/TC97/SC13 als „Draft Proposals" übernommen wurden[14].

FDDI soll vor allem eingesetzt werden:

— zur schnellen Verbindung von Mainframes (Großrechner), Massenspeichern und leistungsfähigen Arbeitsplatzsystemen;
— als „Backbone" für Netze mit geringeren Datenraten, beispielsweise IEEE-LANs.

Bei X3T9 wird noch ein zweites LAN entwickelt, das sog. LDDI (*Local Distributed Data Interface*), ein Koaxialkabel-Bussystem mit CSMA/CP (*Collision Prevention*) und einer Datenrate von 70 Mbit/s. Mit zunehmendem Fortschritt der FDDI-Standardisierung scheint jedoch das Interesse an LDDI abzunehmen.

4.4.3 Standards für integrierte Sprach/Daten-LANs

Eine Erweiterung von FDDI, genannt FDDI-II, weist in die Hauptrichtung der LAN-Weiterentwicklung: In FDDI-II wird das paketorientierte Token-Verfahren mit einem Zeitschlitz-Verfahren kombiniert, um neben „burstartigem" auch „streamartigen" Nachrichtenverkehr (z. B. Sprache oder Bewegtbild) optimal übertragen zu können.

In einer synchronen — aus Zeitschlitzen aufgebauten — Rahmenstruktur wird ein Teil der Schlitze Sprachkanälen zugeordnet, die nach dem Prinzip der Leitungsvermittlung (*circuit switch*) zugeteilt werden. Der Rest des Rahmens wird als *ein* leistungsfähiger Datenkanal betrieben, und der Zugriff auf diesen Datenkanal wird mit dem FDDI-Verfahren gesteuert.

Wird FDDI-II nur im Paketmode betrieben, so entspricht es FDDI, d. h. es wird als „Superset" von FDDI spezifiziert. Die MAC-Spezifikation von FDDI muß für den „Streamverkehr" um eine „ISO-MAC" (ISOCHRONOUS-MAC) erweitert werden. Dieses von ANSI genehmigte Standardisierungs-Projekt wird voraussichtlich zwischen Ende 1987 und Mitte 1988 abgeschlossen.

Fig. 10 gibt ein Beispiel für eine FDDI-II-Konfiguration wieder, das im Rahmen der Standardisierungsaktivitäten entwickelt wurde [14]. Gegenüber FDDI ist der Anwendungsbereich vor allem um PABX-Anschlüsse erweitert.

Berichte aus der Forschung [15, 16] zeigen, daß auch bei uns — zumindest in den Forschungslaboratorien — seit einiger Zeit an derartigen LAN-Lösungen gearbeitet wird.

---

[13] Diese Funktionen sind selbstverständlich für alle LANs von Bedeutung; sie werden auch in den entsprechenden IEEE-Arbeitsgruppen behandelt.
[14] FDDI PHY = ISO DP 9314/1
      FDDI MAC = ISO DP 9314/2

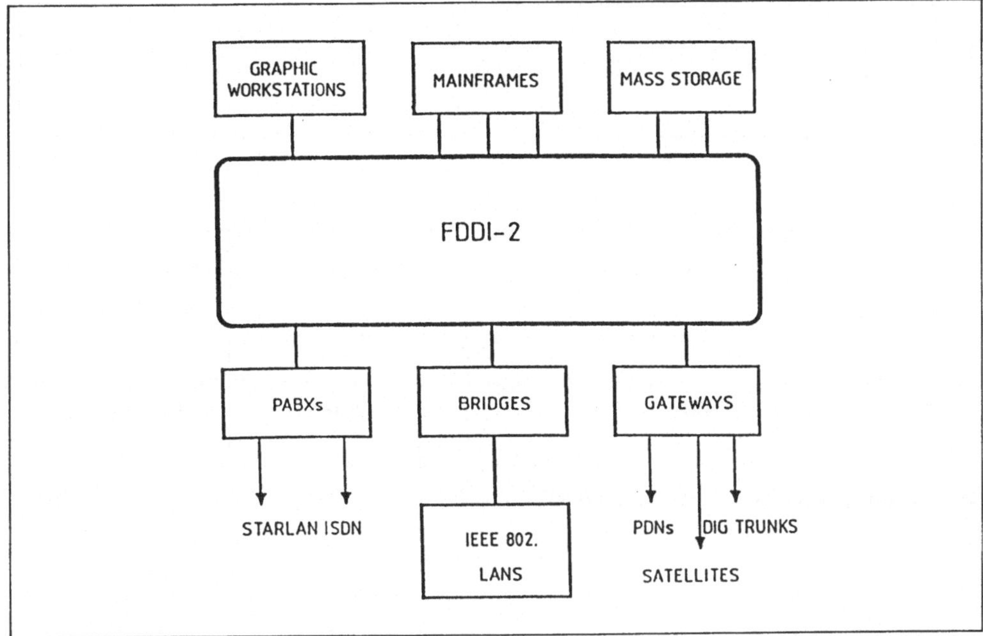

Fig. 10 Beispiel einer FDDI-2-Konfiguration

In jüngster Zeit wurde das Thema integrierter Sprach/Daten-LANs auch von IEEE unter der Bezeichnung IVD-LAN (*Integrated Voice Data-LAN*) aufgegriffen. Im November 1986 soll entschieden werden, ob für dieses Thema eine neue IEEE-Arbeitsgruppe gegründet und der Arbeitsbereich von P.802 entsprechend erweitert wird.

Insgesamt entsteht daher der Eindruck, daß die Zeit der dedizierten Daten-LANs allmählich zu Ende geht.

5 LAN-Kopplung

In den letzten Jahren wurde die Frage nach *dem* besten LAN, ebenso wie die Kontroverse LAN oder PABX, ersetzt durch Diskussionen über die beste Methode zur Kopplung von LANs untereinander und mit PABXs bzw. WANs. Es wird heute allgemein anerkannt, daß die verschiedenen Netz-Typen für unterschiedliche Anwendungsbereiche optimiert sind. Dementsprechend ist mit einem Nebeneinander unterschiedlicher Netze zu rechnen, zwischen denen Übergänge geschaffen werden müssen[15].

---

[15] Für einen Verbund von Hochgeschwindigkeits-„Backbonenetzen", Bus- und Ringsystemen mit unterschiedlichen Technologien und Datenraten, PABXs und „Gateways" in öffentliche Netzen wurde der Begriff *Regional Area Network* (RAN) geprägt [17].

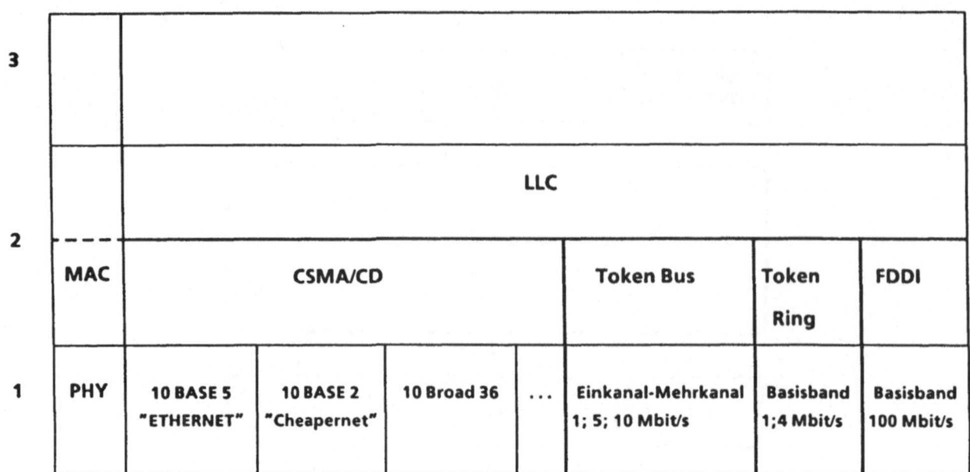

Fig. 11 LAN-Typen im OSI-Referenzmodell

Die Kopplung zweier Netze ist um so einfacher, je größer ihre Gemeinsamkeit hinsichtlich der Kommunikationsprotokolle ist (s. **Fig. 11**). Bestehen die Unterschiede nur in der Bitübertragungsschicht, so kann der Netzübergang bereits in dieser Schicht erfolgen; sind auch die Zugriffsverfahren unterschiedlich, so ist frühestens in der Schicht 2 ein Netzübergang möglich.

5.1 LAN-Kopplung mit Repeater

Zwei LANs, die sich nur in ihren Schicht-1-Charakteristika unterscheiden, können über ein Schicht-1-Relais, d. h. einen „Repeater" gekoppelt werden. Beispiele dafür sind der „Repeaterstandard" IEEE 802.3C zur Kopplung von 10BASE5- und 10BASE2-Segmenten und die FO-IRL-Spezifikation (vgl. 4.3 und 4.4). Eine gemischte optisch-elektrische CSMA/CD-Konfiguration ist in **Fig. 12** dargestellt. Alle Komponenten, einschließlich des noch nicht standardisierten optischen Sterns, werden bereits angeboten [7].

Die Möglichkeiten und Einschränkungen derartiger gemischter Konfigurationen (einschließlich 10BROAD36) zu untersuchen, ist Aufgabe einer neu installierten Untergruppe von IEEE 802.3 mit dem Titel *Systems Topology Considerations*. Über „Repeater" gekoppelte LAN-Segmente sind logisch als *ein* LAN zu betrachten, d. h. die im CSMA/CD-Protokoll festgelegten Beschränkungen hinsichtlich der Ausdehnung (*round trip delay time*) müssen eingehalten werden.

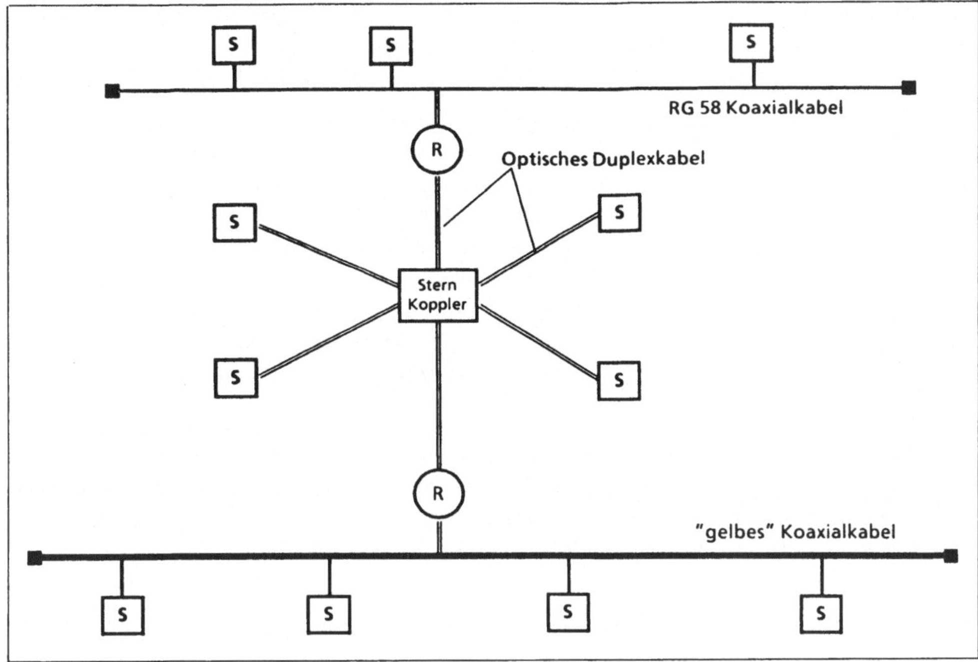

Fig. 12 Beispiel eines optisch-elektrischen CSMA/CD-Netzes. S: Datenstation; R: Repeater

5.2 LAN-Kopplung mit Bridge

Alle MAC-Standards werden mit der Vorgabe entwickelt, daß sie den gleichen MAC-Dienst bieten, über dem das LLC-Protokoll angewendet werden kann. Deshalb ist es möglich, LANs mit unterschiedlichen MAC-Protokollen[16] über eine „Bridge" zu verbinden, wobei das LLC-Protokoll Ende-zu-Ende-Bedeutung hat, d. h. in der „Bridge" nicht bearbeitet wird. Bei der Konzeption einer „Bridge" ist darauf zu achten, daß die MAC-Dienstgüte erhalten bleibt. Einige LAN-Protokollarchitekturen bauen auf der Tatsache auf, daß Reihenfolgevertauschung oder Verdopplung von Paketen in einem LAN nicht auftreten können. Diese Eigenschaften sollten deshalb auch in einem *Bridged Area Network* (BAN) erhalten bleiben.
Bei ECMA, ISO und IEEE wird derzeit über diese Forderung und andere Grundsatzfragen (Verzögerungszeiten, Restfehlerrate) diskutiert. IEEE 802.1 hat bereits einen ersten Entwurf für eine „MAC-Bridge"-Architektur entwickelt und versucht, darüber hinaus die Funktionsweise einer „Bridge" (Entscheidung über Paketweitergabe aufgrund MAC-Adresse) zu standardisieren.

---

[16] Um die Ausdehnungs-Beschränkungen innnerhalb eines Netzes aufzuheben, werden (MAC)-„Bridges" auch zur Kopplung von LANs mit gleichem Zugriffsverfahren (d. h. MAC-Protokoll) eingesetzt. Angeboten werden z. B. „Bridges" für die Kopplung von Basisband- mit Breitband-CSMA/CD-Netzen und zur Verbindung mehrerer Token-Ringe.

Hierbei besteht — wie in den Anfangszeiten der LAN-Standardisierung — ein Interessenkonflikt zwischen CSMA/CD- und Token-Ring-Vertretern:

IBM hat vorgeschlagen, daß jedem Datenpaket „Routing"-Information mitgegeben wird (*Source Routing*), um der „Bridge" die Entscheidung über Paketweitergabe zu ermöglichen. Diese Methode verlangt Änderungen im Paketformat und damit in jeder Station, was bei den vielen CSMA/CD-Installationen zu beträchtlichen Schwierigkeiten führt. Dieser gravierende Nachteil der Methode wird nach Meinung ihrer Verfechter dadurch aufgewogen, daß sie für sehr hohe Geschwindigkeiten (z. B. FDDI) besser geeignet ist als der Gegenvorschlag.

Gegenwärtig scheint jedoch die Mehrheit das von DEC entwickelte Konzept zu favorisieren, das keinerlei Änderungen in den LAN-Stationen erfordert. Es wird als „Hierarchical Routing"- oder „Spanning Tree"-Verfahren bezeichnet:

— Mit Hilfe eines „Bridge-to-Bridge"-Protokolls wird eine logische Baumstruktur aufgebaut, so daß innerhalb eines LAN-Clusters keine Schleifen auftreten.
— Nachdem der logische Baum aufgebaut wurde, „lernen" die „Bridges" die Lage der Datenstationen, so daß Pakete nicht weitergegeben werden, wenn sich Absender und Empfänger auf derselben Seite der Bridge befinden.

5.3 LAN-Kopplung mit Gateway

Sollen LANs miteinander gekoppelt werden, die entweder nicht den standardisierten MAC-Dienst bieten, oder so weit voneinander entfernt sind, daß öffentliche Netze (WANs) dazwischen geschaltet werden müssen, so kann der Übergang *frühestens* in der Vermittlungsschicht (Schicht 3)[17] erfolgen. Man spricht in diesem Fall von einem „Gateway"[18].

Die unterschiedlichen Eigenschaften zwischen LAN und WAN (s. **Tabelle 2**) haben dazu geführt, daß LANs üblicherweise datagrammorientiert, WANs dagegen verbindungsorientiert sind: Im Interesse kurzer Antwortzeiten kann bei LANs ein — eventuell notwendiges — wiederholtes Senden einer Nachricht in Kauf genommen wer-

Tabelle 2 LAN- und WAN-Charakteristika

LAN: Charakteristika	WAN: Charakteristika
□ Hohe Datenraten □ Niedrige Fehlerraten □ Kurze Laufzeit □ Geringe Kabelkosten	□ Niedrige Datenraten □ Hohe Fehlerraten □ Lange Laufzeit □ Hohe Kabelkosten

---

[17] Dies gilt natürlich auch für die Kommunikation zwischen LAN und WAN.
[18] Geschieht die Verknüpfung *genau* in der Schicht 3, so wird manchmal die Bezeichnung „Router" verwendet.

den, da infolge der hohen Datenraten und geringen Entfernungen die Übertragungszeit kurz ist; bei WANs hingegen würde dies eine Verschwendung der teuren Übertragungskapazität bedeuten. Andererseits ist bei WANs die für den Verbindungsaufbau notwendige Zeit zu vernachlässigen gegenüber der Übertragungszeit.

Die Fragen zur LAN-WAN-Kopplung werden bei ECMA, ISO und IEEE seit langem diskutiert und mit unterschiedlichen Lösungsvorschlägen beantwortet:

In einer von der ECMA entwickelten, pragmatischen Lösung wird das LAN als „verteiltes Endsystem" betrachtet, dessen interne Protokollarchitektur — ähnlich wie bei einer DVA — nach außen hin unsichtbar ist. Der Übergang zwischen dem verbindungslosen LAN-Netzdienst und dem verbindungsorientierten WAN-Netzdienst erfolgt in der Transportschicht [18, 19].

Dem gegenüber steht die von ISO und IEEE favorisierte Subnetz (Teilnetz)-Lösung. Sind LAN und WAN Teilnetze des Globalen Netzes, so müssen beide entweder den verbindungslosen oder den verbindungsorientierten Netzdienst erbringen [20]; der LAN-WAN-Übergang ist dann in der Schicht 3 möglich. Ist der gewählte Netzdienst verbindungslos, so benötigt das WAN ein Konvergenzprotokoll, um aus dem verbindungsorientierten Teilnetz-Dienst einen verbindungslosen Netzdienst zu machen, was im wesentlichen eine Einschränkung der Funktionen (*deenhancement*) bedeutet.

Ist der gewählte Dienst verbindungsorientiert, so muß das verbindungslose LAN die zusätzlichen Funktionen (*enhancement*) ebenfalls durch ein Konvergenzprotokoll erbringen. Nach jahrelangen Diskussionen besteht überwiegend Einigkeit darin, daß man das Protokoll der Paketebene von X.25 für diesen Zweck vorsehen wird. Offen ist noch die Frage, ob bei dieser Lösung das verbindungslose LLC1-Protokoll ausreichend ist, oder ob LLC2 vorgeschrieben werden muß, was zum Teil zu einer Verdopplung der Funktionen in den Schichten 2 und 3 führen würde, d. h. zu einer Reduzierung der Performance (Leistung). Für eine weitergehende Erörterung dieser Fragen muß auf entsprechende Literatur verwiesen werden [21, 22, 23].

6 Zusammenfassung und Ausblick

Aus der Fülle der LAN-Möglichkeiten haben sich einige Grundtypen herauskristallisiert, die für unterschiedliche Einsatzbereiche optimiert sind. Implementierungsalternativen hinsichtlich Medium und Datenrate bieten dem Anwender große Flexibilität bei der Netzgestaltung. Als Hochgeschwindigkeits-LANs scheinen sich LWL-Ringsysteme mit Token-Passing durchzusetzen.

Im Mittelpunkt der heutigen LAN-Diskussion stehen die Probleme der Kopplung von LANs untereinander und mit anderen Netztypen. „Repeater"-, „Bridge"- und „Gateway"-Entwicklungen schaffen die Voraussetzungen für einen leistungsfähigen und großflächigen LAN-Verbund.

LAN und PABX sind heute noch zwei unterschiedliche Netzkonzepte, deren Koexistenz allgemein als notwendig erachtet wird. Für die Zukunft zeichnet sich jedoch eine Konvergenz von LAN und PABX ab. Im LAN-Bereich geschieht dies durch die

Kombination von paketorientierten Zugriffsverfahren für „Burstverkehr" mit TDMA-Techniken für den „stream"-artigen Sprachverkehr. Integrierte Sprach/Daten-LANs werden außer dem Anschluß von ISDN-Multifunktionsterminals (einschließlich Sprache) auch den Verbund von PABX-Einheiten ermöglichen. Auch die Einbindung von digitaler Videokommunikation in derartige hybride LANs wird angestrebt.

Literatur

[1] ISO/TC97/SC1 N995: Fourth Working Document on Part 25 „Local Area Networks", Febr. 1986

[2] IEEE 802.85*1.250: Draft IEEE Standard 802.1 (Part A). Overview and Architecture

[3] IEEE 802.86*0.10: Functional Requirements Document

[4] *Thine, Vo-Dai:* Throughput-delay analysis of the non slotted and non persistent CSMA/CD-Protocol. Proc. IFIP FC 6 International indepth symposium on local computer networks (19.—21.4.1982 in Florenz)

[5] *Park, C., Lynch, J.:* Relative Performance of Tokens vs. CSMA/CD. Bericht an die Projektgruppe IEEE 802

[6] *Metcalfe, R. M., Boggs, D. R.:* „Ethernet: Distributed Packet Switching for Local Computer Networks". Communications of the ACM, July 1976

[7] *Lauenstein, J., Moustakas, S.:* Neue Netzkonfigurationen auf Ethernet-Basis auch für das Bürosystem 5800. telcom report 9 (1986) Heft 3, S. 202—208

[8] *Suppan-Borowka, J.:* Die MAP-Konzeption. S. 82 in diesem Buch

[9] ISO 7498: Information processing systems — Open Systems Interconnection — Basis Reference Model

[10] ANSI/IEEE Std. 802.3-1985; ISO/DIS 8802/3: Carrier Sense Multiple Access with collision Detection Access Method and Physical Layer Specifications

ANSI/IEEE Std. 802.4-1985; ISO/DIS 8802/4: Token-Passing Bus Access Method and Physical Layer Specifications

ANSI/IEEE Std. 802.5-1985; ISO/DIS 8802/5: Token Ring Access Method and Physical Layer Specifications

ISO/DIS 8802/7: Slotted Ring Access Method and Physical Layer Specification

ECMA-80: Local Area Networks. CSMA/CD Baseband. Coaxial Cable System

ECMA-81: Local Area Networks. CSMA/CD Baseband. Physical Layer

ECMA-82: Local Area Networks. CSMA/CD Baseband. Link Layer

ECMA-89: Local Area Networks. Token Ring Technique

ECMA-90: Local Area Networks. Token Bus Technique

[11] ANSI/IEEE Std. 802.2-1985; ISO/DIS 8802/2: Logical Link Control

[12] ISO 7498/DAD1: Information Processing Systems — Open Systems Interconnection — Basis Reference Model — Addendum 1: Connectionless-Mode Transmission

[13] *Moustakas, S., Goerne, J.:* IEEE 802.3 Draft Standard for the Fibre Optic Inter Repeater Link: A Technical Description and its Application in Fibre Optic CSMA/CD Active Star LANs. EFOC/LAN 86 Proceedings p. 136—140

[14] *Ross, F. E.:* FDDI-a Tutorial. IEEE Communications Magazine, May 1986 — Vol. 24, No. 5

[15] *Kühn, P. J.:* Netze für den innerbetrieblichen Nachrichten- und Datenverkehr. Telematica, Stuttgart, 18.–21.6.1984, Tagungsband S. 195–212

[16] *Eberspächer, J.:* Optisches Lokales Netz für Sprache und Daten. Telematica, Stuttgart, 18.–21.6.1984, Tagungsband S. 224–233

[17] *Zander, K.:* Ten Theses for User's Requests, Actions and Questions. Computer & Standards 4 (1985) 265–269

[18] ECMA TR 14: Local Area Networks. Layers 1 to 4 Architecture and Protocols

[19] ECMA TR 21: Local Area Networks. Interworking Units for Distributed Systems

[20] ISO DIS 8348: Information Processing Systems — Data Communications — Network Service Definition

[21] *Fromm, I.:* Standardisierung Lokaler Netze (LAN). Informationstechnik it, 28 (1986), Heft 1, S. 30–36

[22] *Sarsby, A.:* Internetworking Standards. Communications International, October 1985, p. 41–54

[23] *Piscitello, D. M., Weissberger, A. J., Stein, S. A., Chapin, L. A.:* Internetworking in an OSI environment. Data Communications, May 1986, p. 118–136

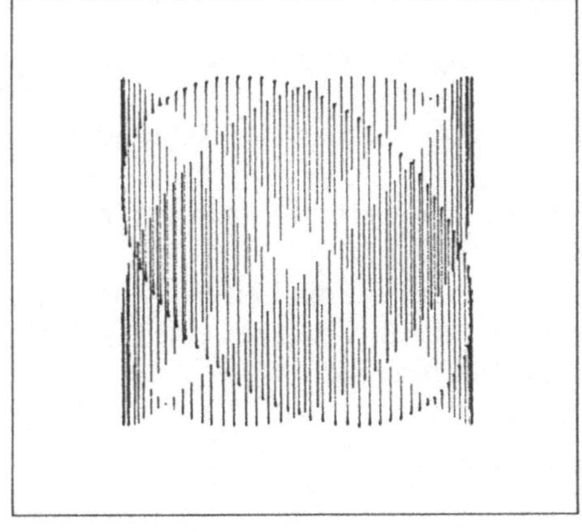

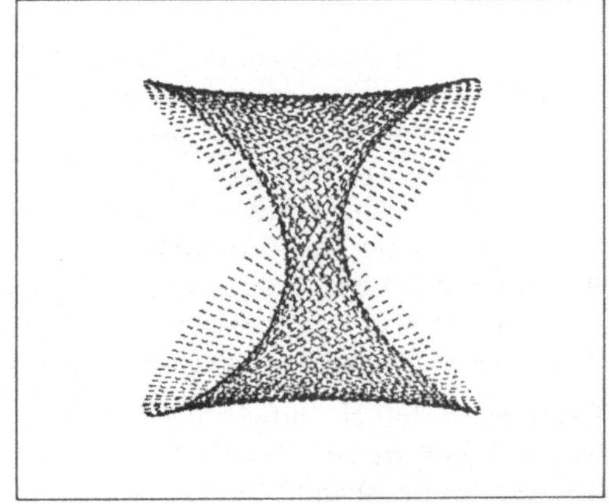

Gerhard Schnell
Lokale Netzwerke für PCs

1 Allgemeines

Ein lokales Netz (LAN, *Local Area Network*) ist ein einadriges Netzwerk, welches viele gleichberechtigte Einzelrechner telefonnetzähnlich seriell miteinander verbindet, und ist zu unterscheiden von einem vieladrigen, parallelen Bussystem, welches meist rechnerintern verläuft. Zweck des Netzes ist einmal, den direkten Datenaustausch zwischen zwei Rechnern zu ermöglichen und zum anderen, teure Peripheriegeräte, wie z. B. Drucker, Festplattenspeicher oder Bandgeräte (*streamer*) mehreren Rechnern zugänglich zu machen.

Um die erwartete starke Entwicklung auf diesem komplexen Gebiet überschaubar zu halten, hat der internationale Normenausschuß ISO ein sogenanntes Siebenschichtenmodell entwickelt, das OSI (*Open Systems Interconnection*), welches **Fig. 1** zeigt. Das amerikanische IEEE-Komitee hat die unteren Schichten des ISO-Modells detaillierter genormt (**Fig. 2**). Die drei verschiedenen Netzstrukturen gemäß IEEE 802.3, 802.4 und 802.5 sind in **Fig. 3** gezeigt.

Dieser neue, sich stürmisch entwickelnde Zweig der μC-Technik hat natürlich neue Begriffe hervorgebracht:

- Einen normalen PC als LAN-Teilnehmer nennt man *Consumer*, oder *Workstation*, oder *Messenger*.
- Der Rechner, über den die normalen Teilnehmer Zugriff auf Drucker, Platte oder Band haben, wird *Server* genannt.
- Die Verbindung zweier selbständiger, getrennter aber gleichartiger Netze erfolgt über eine Brücke (*Bridge*).
- Die Verbindung zweier selbständiger, getrennter und verschiedenartiger Netze erfolgt über ein Tor (*Gateway*).
- Werden die 0 und 1 der Nachricht direkt im TTL-Pegel auf die Leitung gebracht, so spricht man von Basisband-Übertragung; werden die Bits dagegen einer Trägerfrequenz aufmoduliert, so ist dies eine Breitband-Übertragung.

Letztere, technisch aufwendigere Lösung findet Anwendung, wenn sich mehrere Nachrichtensysteme desselben LAN bedienen. Der überwiegende Teil der LANs arbeitet mit Basisband-Übertragung.

Nr.	Bezeichnung	Erläuterungen
7	Verarbeitungsschicht (Application Layer)	stellt die auf dem Netzwerk basierenden Dienste für die Programme des Endanwenders bereit (Datenübertragung, elektronische Post, usw.)
6	Darstellungsschicht (Presentation Layer)	legt die Anwenderdaten-Strukturen fest, wie sie dann zur Kommunikationsschicht gegeben werden (Formatierung, Verschlüsselung)
5	Kommunikationsschicht (Session Layer)	definiert das Interface zwischen Endanwender und Netzwerk, baut die Kommunikationsdialoge auf und managt sie
4	Transportschicht (Transport Layer)	stellt den Datentransport sicher zwischen den Teilnehmern (Fehlererkennung und -behandlung)
3	Vermittlungsschicht (Network Layer)	legt die Wege der Daten und ihr Rangieren zwischen den Netzen fest
2	Sicherungsschicht (Data Link Layer)	legt die Datenformatierung für die Übertragung fest und definiert die Zugriffsart zum Netzwerk (CSMA/CD oder Token). Man unterteilt noch in „Mediumzugriff-Steuerung" und „Logische Ankopplungs-Steuerung"
1	Bitübertragungsschicht (Physical Layer)	definiert die elektrischen und mechanischen Eigenschaften der Leitung, Pegeldefinition

Fig. 1 OSI-Modell (Open Systems Interconnection) der ISO (International Organization for Standardization)

3. Vermittlungsschicht	Netzwerkverwaltung u. Netz/Netz-Verwaltung	IEEE 802.1		
2. Sicherungsschicht	Logische Verknüpfungssteuerung	IEEE 802.2		
	Mediumszugriff-Steuerung	802.3	802.4	802.5
1. Bitübertragungsschicht	elektronischer u. mechanischer Aufbau	CSMA/CD	Token-Bus	Token-Ring

Fig. 2 Die unteren OSI-Schichten und die Norm IEEE 802

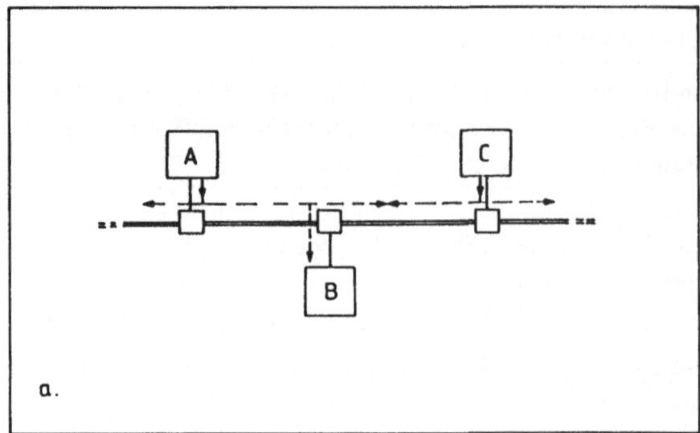
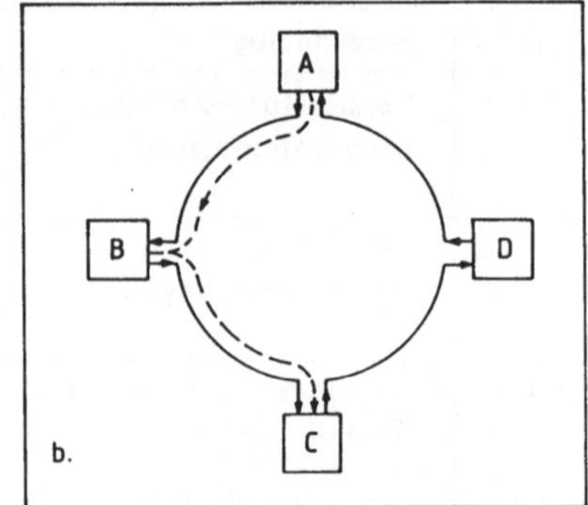
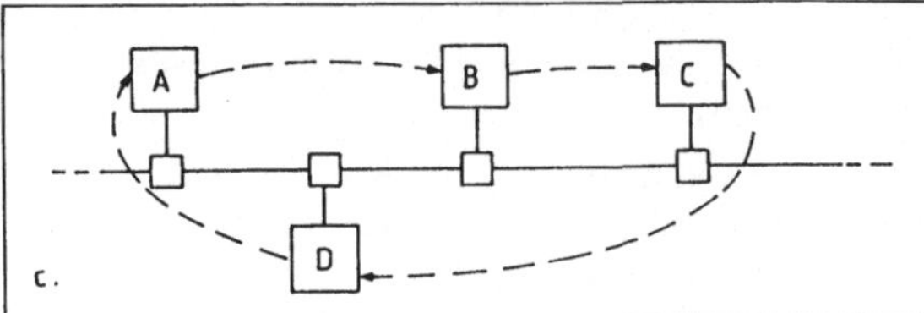

Fig. 3 Die drei LAN-Strukturen
a) CSMA/CD-Bus (IEEE 802.3)
b) Token-Ring (IEEE 802.5)
c) Token-Bus (IEEE 802.4)

Vom Aufbau her unterscheidet man LANs, bei denen der jeweilige PC über eine in ihn integrierte Interfacekarte an das Netz angeschlossen ist (*coprocessor design*), und solche, bei denen ein separates Gerät als Netzwerk-Interface dient und der Rechner über eine genormte Schnittstelle, meist V.24, mit diesem Gerät verbunden ist.

Die Vorteile des *coprocessor design* sind:

- Vergleichsweise niedrigerer finanzieller Aufwand,
- höhere Übertragungsgeschwindigkeit.

Die Vorteile der selbständigen Interface-Geräte sind:

- Vollkommen unabhängig vom PC-Typ,
- keine Netzsoftware belegt den Arbeitsspeicher der PCs.

Bekannte Systeme dieser letzteren Art sind z. B. Net/One (Ungermann Bass) und Planet (Racal Milgo).

Alle hier beschriebenen Verfahren übertragen die Nachricht und den Takt im gleichen Bitstrom. Die Verknüpfung geschieht nach der *Manchester-Codierung*. Diese ist im wesentlichen eine EXOR-Verknüpfung von Nachrichten- und Taktbits [1]. Die Decodierung erfolgt über eine digitale PLL-Schaltung.

Zur Datensicherung wird die CRC-Methode (*Cyclic Redudancy Check*) verwendet. Dabei wird die gesamte Bitfolge eines zu übertragenden Datenpaketes durch eine bestimmte Zahl dividiert, und der Divisionsrest wird den Daten angehängt und mit diesen übertragen. Der Empfänger führt die Division durch dieselbe Zahl durch und muß bei fehlerfreier Übertragung den Rest 0 erhalten [1].

2 Das CSMA/CD-Verfahren

2.1 Funktion

Das CSMA/CD-Verfahren (*Carrier Sense Multiple Access/Collision Detection* IEEE 802.3) arbeitet mit einem Netz mit Busstruktur. Seine Wirkungsweise ist folgende (Fig. 3a):

Teilnehmer A prüft (*Carrier Sense*), ob der Bus frei ist. Wenn ja, sendet Teilnehmer A. Er kann entweder nur einen Teilnehmer (z. B. B) oder mehrere Teilnehmer gleichzeitig (z. B. B und C) adressieren (*Multiple Access*). Der empfangende Teilnehmer quittiert die empfangene Botschaft. Beginnt zufällig Teilnehmer C zu senden, solange A noch sendet, so entsteht eine Kollision. Diese wird von Teilnehmer C entdeckt (*Collision Detection*), und er wiederholt seine Sendung eine angemessene Zeitspanne später. „Angemessene Zeitspanne" kann entweder heißen: sofort (*persistent mode*) oder nach zufallsgesteuerter Wartezeit (*non persistent mode*).

Der wichtigste Vertreter der Netze gemäß IEEE 802.3 ist *Ethernet*. Ethernet beruht auf Spezifikationen, welche von den Firmen DEC, Intel und Xerox entwickelt wurden [2]. Das Format der seriellen Nachricht zeigt **Fig. 4**. Das Netz besteht physikalisch aus 50-Ohm-Koaxialkabel, mit dem bis zu 100 unabhängige Computer (PCs) miteinander verbunden werden können, welche mit einer Übertragungsrate von 10 Mbit/s miteinander kommunizieren können. Es gibt auch vereinfachte Versionen von Ethernet, die dann langsamer sind. Der Pegel entspricht dem bei TTL.

Der besorgte Leser könnte nun fragen, ob eine Übertragungsmethode, bei der Datenkollisionen zum Prinzip gehören, überhaupt wirkungsvoll ist. Dazu eine kleine Rechnung: Wie Fig. 4 zeigt, ist ein Datenpaket minimal 576 bit und maximal 12208 bit lang. Statistische Untersuchungen von Xerox zeigen, daß die mittlere Paketlänge rund 3000 bit beträgt. Bei einer Datenrate von 10 Mbit/s braucht dieses Paket 0,3 ms Übertragungszeit. Die typische Auslastung des Netzes ist 1 %. Kurzzeitig ist die Auslastung natürlich höher, aber nach Xerox auch in der geschäftigsten Sekunde nur 37 %. Im ungünstigsten Fall kommen also auf drei Sendeversuche zwei erfolgreiche

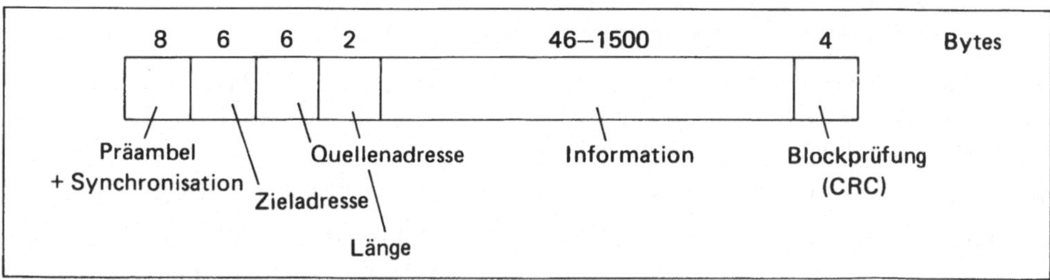

Fig. 4 Datenformat beim Ethernet (IEEE 802.3)

Übermittlungen. D. h.: Bei Hochbetrieb muß ein Sender ein von dreimal 0,3 ms warten, bis er dran kommt; bei Normalbetrieb ist er in 99 % der Fälle beim ersten Versuch erfolgreich.

Interessant sind in diesem Zusammenhang die wirklichen Übermittlungszeiten. Als Beispiel betrachten wir die Übermittlungszeit eines Datenblocks von 1,365 Mbyte von der Festplatte eines IBM PC/AT auf ein Bandgerät (*streamer*) über ein Netz mit 10 Mbit/s (Novell-Software, SK-Platine nach IEEE 802.3) [3]:

Theoretische Netz-Zeit bei 10 Mbit/s: $t = 1,11$ s
Direkt von der Platte zum Band: $t = 1,83$ min
Über das Netz von der Platte zum Band: $t = 5,57$ min

Man erkennt beim Vergleich dieser Zahlen, daß der Engpaß keineswegs im Netz selber, sondern in der Verwaltungsarbeit, sowie im Umwandeln und Prüfen der Daten zu suchen ist.

2.2 Hardware-Interface

Das Interface (Adapterplatine) zwischen Koaxkabel und PC ist seinerseits ein spezieller Rechner mit eigenem μP. Dieses Interface erledigt die Aufgaben der OSI-Schichten 1−5. Für die OSI-Schichten 1 und 2 hat man spezielle ICs entwickelt: Die Netzwerkcontroller und die seriellen Interfaces. Nachfolgend sind einige solche Bausteine aufgeführt:
Controller:

    82586 (Lokaler Kommunikations-Controller, Intel),
    7990 (LAN-Controller für Ethernet, AMD, Mostek),
    8390 (Netzwerk Interface-Controller, National).

Die Controller enthalten die für die OSI-Schicht 2 notwendige Software fest eingespeichert. Sie erledigen die Datenformatierung und -adressierung beim Senden und die entsprechende Empfangsdatenaufbereitung sowie die CRC-Prüfung und die Reaktion auf Datenkollisionen.

Serielle Netzwerk-Interfaces:

    82501 (Ethernet serielles Interface, Intel),
    7991 (Serieller Interface-Adapter, AMD, Mostek),
    8391 (Serielles Netzwerk-Interface, National).

Die seriellen Interfaces für die OSI-Schicht 1 enthalten u. a. den Manchestercodierer und die digitale PLL-Schaltung zur Mancherstercodierung [1]. Auch die Feststellung einer evtl. Datenkollision obliegt ihnen.

Beispiele für die Anwendung dieser Bausteine zeigen **Fig. 5**, **Fig. 6** und **Fig. 7**.

Um auch die Aufgaben der OSI-Schichten 3, 4 und 5 erledigen zu können und dabei den Host-PC (die Interface-Platine beherbergenden PC) möglichst wenig zu belasten, ergänzt man die o. a. Bausteine auf der Interface-Platine mit einem eigenen μC.

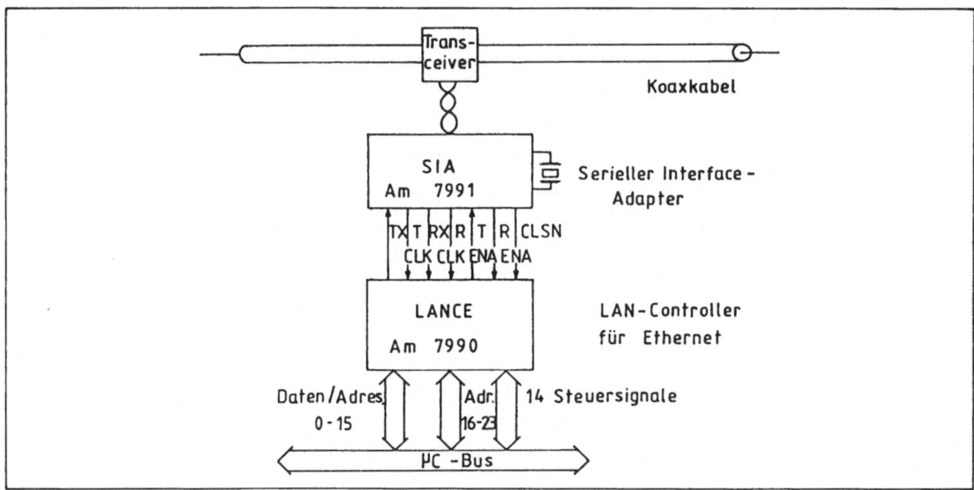

Fig. 5 Ethernet-Interface mit integrierten Bausteinen von AMD [4].

TX: Transmit   RCLK: Receive Clock
TCLK: Transmit Clock   TENA/RENA: Transmit/Receive Enable
RX: Receive   CLSN: Collision

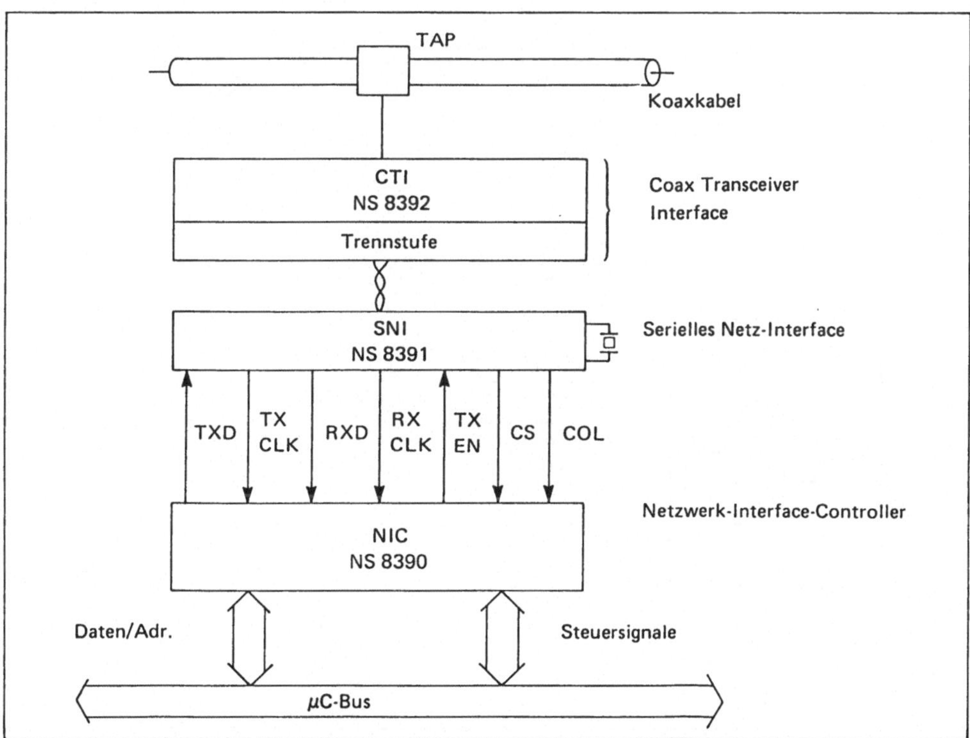

Fig. 6 Ethernet-Interface mit integrierten Bausteinen von National Semiconductor [5]
TAP: Terminal Access Proint COL: Collision CS: Chip Select

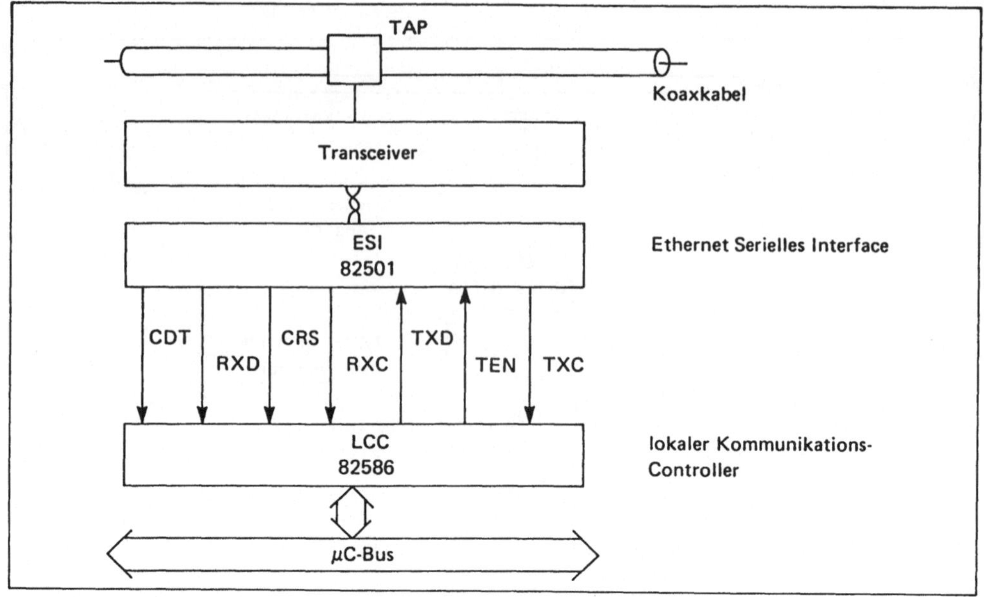

Fig. 7 Ethernet-Interface mit integrierten Bausteinen von Intel [6]
CDT: Collision Detect CRS: Carrier Sense

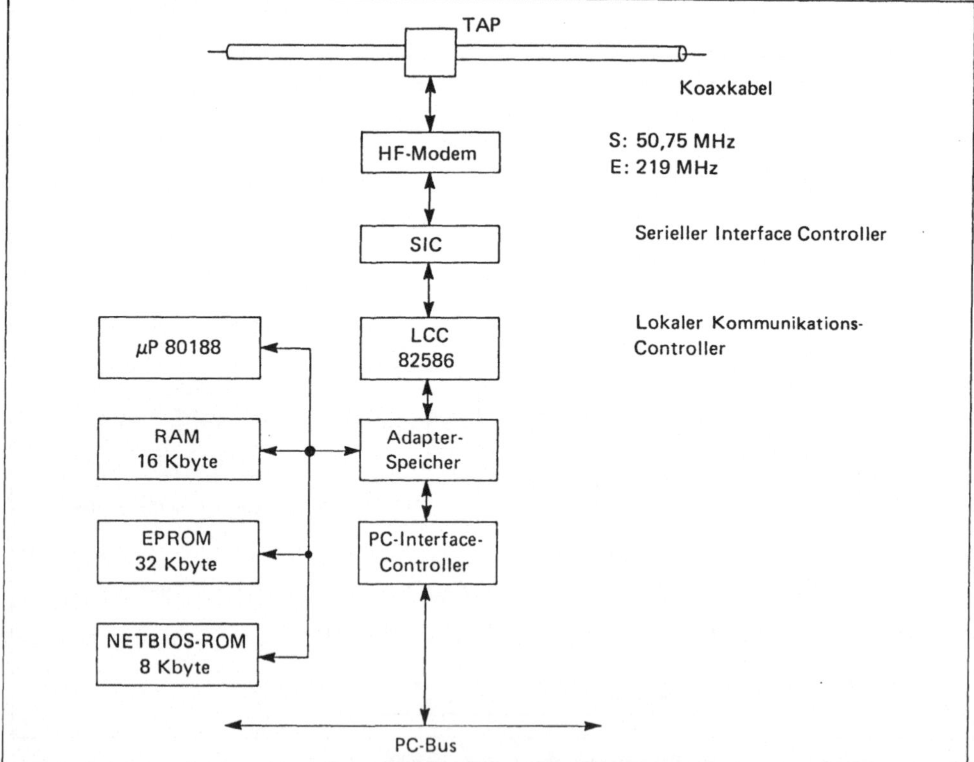

Fig. 8 Intelligentes Ethernet-Interface für Breitband-Übertragung (PC-Net von IBM, [3])

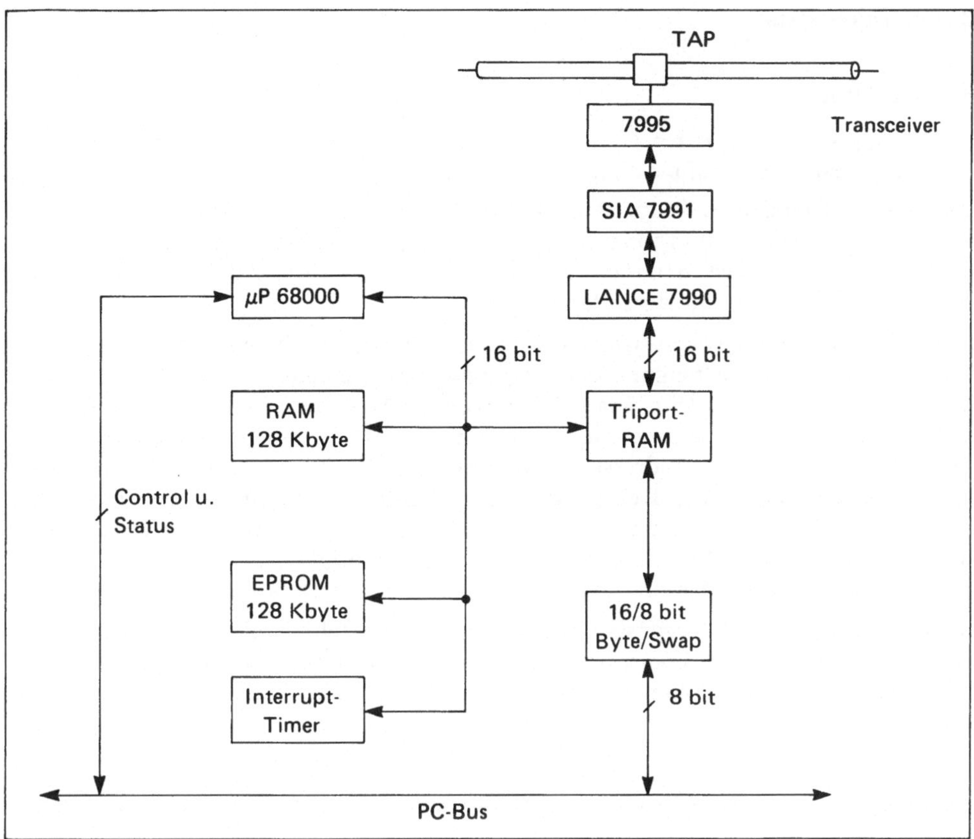

Fig. 9 Intelligentes Ethernet-Interface für Basisband-Übertragung (SK-Net von Schneider u. Koch, [3])

Damit erhält man ein komfortables intelligentes, aber auch komplexes Interface, für das **Fig. 8** und **Fig. 9** zwei Beispiele zeigen. Je größer der Speicherumfang des Interface ist, desto stärker wird der Host-PC entlastet. Insofern darf man in der Schaltung in Fig. 9 die modernere vermuten.

3 Der Token-Ring

3.1 Funktion

Der Token-Ring nach IEEE 802.5 ist eine weitere Möglichkeit, ein lokales Netz zu realisieren. Diese Möglichkeit wurde von IBM aufgegriffen und 1986 auf den Markt gebracht. Die einzelnen Teilnehmer sind dabei ringförmig angeordnet (Fig. 3b). Man findet auch Netzkonfigurationen, bei denen der Ring zu einem Stern „verbogen" ist, er bleibt aber logisch dennoch ein Ring. Die Übertragungsrate beträgt typisch 4 Mbit/s [7], bis zu 40 Mbit/s sollen möglich sein.

Die Arbeitsweise des Token-Rings ist folgende: Ein Token (Zeichen, Bitmuster) wird von Teilnehmer zu Teilnehmer weitergegeben. Solange kein Teilnehmer senden will, ist es ein „Frei"-Token (**Fig. 10a**). Will jetzt z. B. Teilnehmer A senden, so fängt er sich das „Frei"-Token und wandelt es in ein „Belegt"-Token um (**Fig. 10b**). Diesem „Belegt"-Token wird die adressierte Nachricht, z. B. an Teilnehmer C, angehängt. Die Nachricht macht die Runde, bis sie schließlich bei Teilnehmer C ankommt. Teilnehmer C kopiert sie und sendet sie mit einem Quittierungszeichen versehen weiter zu Teilnehmer A. Teilnehmer A prüft die Richtigkeit der Kopie und gibt bei positivem Resultat wieder ein „Frei"-Token auf den Ring.

Man erkennt, daß im Gegensatz zum CSMA/CD-Verfahren hier keine Kollisionen auftreten können. Die Transportzeiten sind hier konstant, was bedeutet, daß im Niedriglastbereich der Token-Ring langsamer ist.

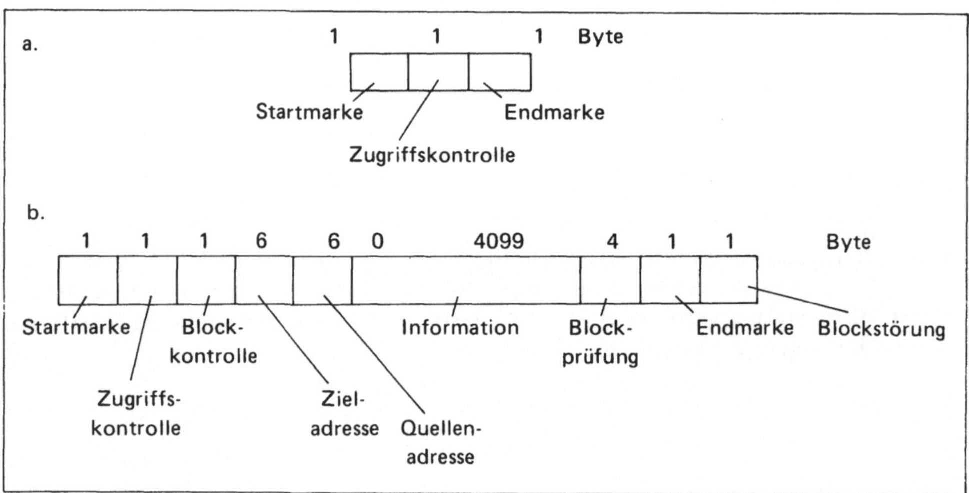

Fig. 10 Datenformate beim Token-Ring
a) „Frei"-Token
b) Datenblock

3.2 Hardware-Interface

Die Kontrolle und Steuerung des oben beschriebenen Datentransports verlangt einige Intelligenz, so daß man eine aufwendige Hardware erwarten darf. Der Baustein-Satz TMS380 von Texas Instruments [7] für den Token-Ring umfaßt 5 Bausteine (**Fig. 11**):

- Das System-Interface SIF 38030 kann mit 8-, 16- und 32-Bit-Mikroprozessoren im Host-Computer kommunizieren. Es hat eine 24-Bit-Adresse. Das SIF wird durch Befehle vom Host-Computer und vom Kommunikationsprozessor CP gesteuert. Es ist ein Baustein mit 100 Anschlüssen.
- Der Kommunikationsprozessor CP 38010 enthält eine komplette 16-Bit-CPU mit 2,75 Kbyte RAM. In diesem RAM werden die gesendeten bzw. zu sendenden Datenblöcke zwischengespeichert. Seine Befehle erhält der CP vom Protokoll-Handler PH 38020. Dieser Baustein enthält in einem 16 Kbyte ROM die Software, die für die Abwicklung des Datentransports gemäß IEEE 802.5, also Token-Ring, erforderlich ist. Der PH ist auch zuständig für die Manchestercodierung und -decodierung, er fängt das ,,Frei''-Token ein, führt die Adreßerkennung durch und erledigt die CRC-Prüfung. Außerdem führt er den Selbsttest durch.

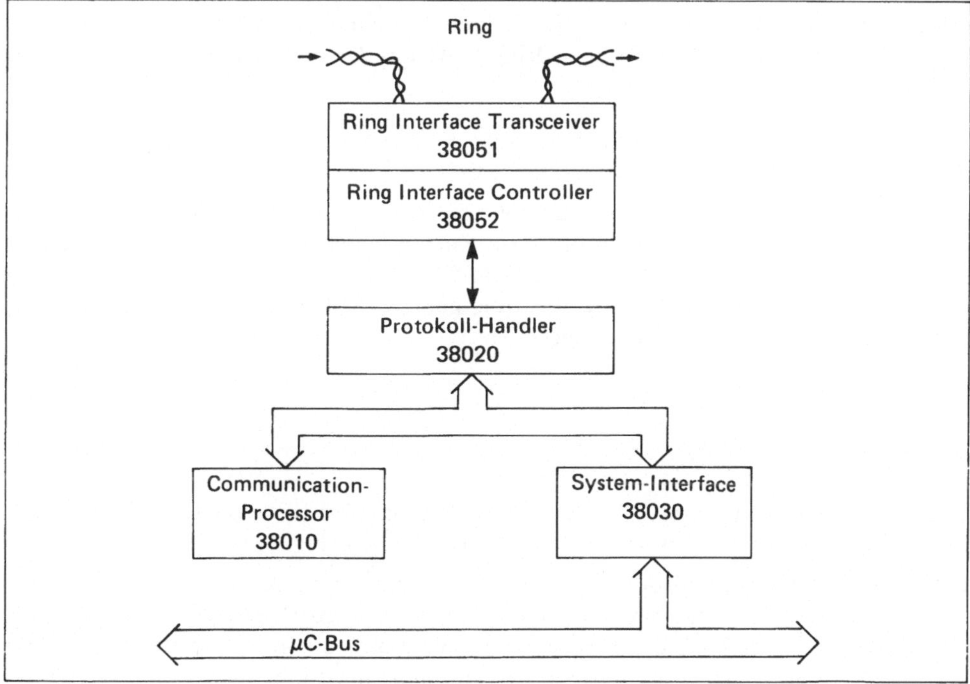

Fig. 11 Token-Ring-Interface mit integrierten Bausteinen von Texas Instruments [7]

- Das Ring-Interface besteht aus zwei Bausteinen: 38051 und 38052. Hier ist die analoge und digitale Schaltung für die Anbindung an die Token-Ringleitung untergebracht. Das Wichtigste ist dabei die sichere Separierung von Daten und Takt mittels PLL-Schaltung (*phase locked loop*). Auch die Überwachung der Leitung auf Störungen findet hier statt.

Diese Bausteine sind für eine Übertragungsrate von 4 Mbit/s ausgelegt.

4 Der Token-Bus

4.1 Funktion

Beim Token-Bus nach IEEE 802.4 verbindet sich die Idee des leicht erweiterbaren Busses mit der Idee der Token-Weitergabe. Man erwartet für den Token-Bus einen verstärkten Einsatz im Bereich der Fertigungsautomatisierung (MAP, *Manufacturing Automation Protocol*).

Die Arbeitsweise des Token-Bus ist folgende (Fig. 3c): Ein Token wird von Teilnehmer zu Teilnehmer weitergegeben. Solange kein Teilnehmer senden will, ist es ein „Frei"-Token. Im Gegensatz zum Token-Ring wird hier die Reihenfolge der Teilnehmer nicht durch die Topologie des Netzes festgelegt, sondern durch eine Hierarchie der Teilnehmeradressen. Man hat also trotz physikalischer Busstruktur einen logischen Ring, bei dem die Teilnehmer nach fallender Adressenpriorität angeordnet sind. In diesem fiktiven Ring läuft das Token-Spiel ab wie beim realen Token-Ring.

4.2 Hardware-Interface

Auch für den Token-Bus gibt es nunmehr einen Bus-Interfacebaustein, den Token-Bus-Controller 68824 von Motorola. Sein Zuständigkeitsbereich umfaßt die beiden Schichten 1 und 2 des OSI-Modells. Der 68824 sorgt also u. a. für die Formatierung der Datenpakete und die Tokenverwaltung gemäß IEEE 802.4. Als höchste Datenübertragungsrate wird 10 Mbit/s angegeben.

5 Die Software

Die Betriebssoftware eines LAN ist mehrschichtig. Der prinzipielle Aufbau sei am Beispiel des OpenNet für PCs von Intel [6] beschrieben (**Fig. 12**).

Die untersten beiden OSI-Schichten 1 und 2 deckt die in den Interface-Bausteinen gespeicherte Software ab, bei Intel NIU (*Personal Network Interface Unit*) genannt. Auf dieser Software baut die Transport-Software auf. Sie umfaßt die Ebenen 3 und 4 des OSI-Modells. Bei Intel wird sie iNA960 genannt. Sie realisiert das Datenübertragungsprotokoll (also CSMA/CD) sowie die Fragmentierung der zu sendenden

OSI-Schicht	PCs	Xenix
7. Verarbeitung	MS-DOS 3.1:	Xenix:
6. Darstellung	MS-NET	X-NET
5. Kommunikation		
4. Transport	iNA 960	iNA 960
3. Vermittlung		
2. Sicherung	NIU	i SBC 552
1. Übertragung	Network-Interface Unit	
	↓	↓
	IBM PC/AT	Multibus

Fig. 12
Der Aufbau der LAN-Software am Beispiel Open Net [6]

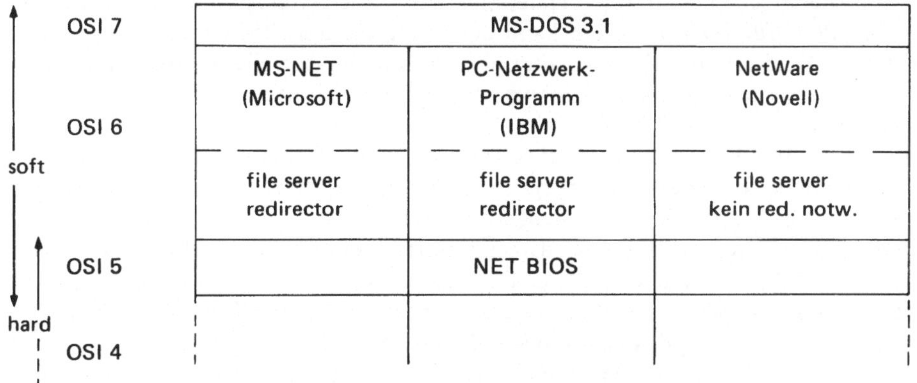

Fig. 13 Die LAN-Anwender-Software am Beispiel MS-DOS 3.1

und die Wiederzusammensetzung der empfangenen Daten. Die Fehlererkennung findet ebenfalls hier statt.

Wichtig ist, daß diese Software eine genau definierte Schnittstelle zu dem übergeordneten, herstellerunabhängigen Programm hat, welches seinerseits die Schichten 5, 6 und 7 des OSI-Modells abdeckt. Ein solches übergeordnetes Programm ist z. B. MS-DOS 3.1 mit seiner Netzwerkerweiterung MS-NET, oder XENIX mit seiner Netzwerkerweiterung X-NET. Gehen wir etwas näher auf die netzwerkfähige Version 3.1 von MS-DOS (Microsoft) ein (**Fig. 13**): An dieses Betriebssystem angepaßt sind z. B. die Netzwerkprogramme

- MS-NET von Microsoft selbst
- PC Network Program von IBM
- Netware /86 und /286 von Novell.

Alle diese Netzwerkprogramme besitzen einen Programmteil *File-server* für die Server-Station. Der *Redirector* ist dagegen die Software des normalen Teilnehmers (genannt *consumer, user messenger, workstation*). Netware von Novell benötigt keinen separaten *Redirector*.

Die Software-Schnittstelle zu der Interface-Platine heißt bei IBM NETBIOS (*Netware Input Output System*). Die Netzwerkprogramme NetWare und MS-NET passen sich dieser Schnittstelle an (*Emulation*).

Was bietet nun ein dergestalt erweitertes Betriebssystem?

- Wichtigster Dienst ist wohl das vollständige Übertragen (Kopieren) einer Datei (*file*) zur Bearbeitung von einem entfernten auf den lokalen Teilnehmer (*remote file transfer*).
- Wünschenswert kann auch der Zugriff der lokalen Teilnehmers auf eine Datei eines entfernten Teilnehmers sein, um damit zu arbeiten, ohne daß diese Datei vollständig übernommen wird (*remote file access*). Dabei kann man den gleichzeitigen Zugriff eines weiteren Teilnehmers auf diese Datei sperren, um Konflikte zu vermeiden (*file locking*). Man kann aber auch mehrere Teilnehmer gleichzeitig mit dieser Datei arbeiten lassen, sorgt aber durch ein spezielles Verfahren (*record locking*) dafür, daß die einzelnen zugreifenden Teilnehmer sich nicht gegenseitig ins Wort fallen.
- Praktisch ist die elektronische Post (*electronic mail*). Dabei können sich alle Teilnehmer wahlweise gezielt Nachrichten zusenden, die direkt auf den Bildschirm eingeblendet oder zunächst zwischengespeichert werden.
- Ein wichtiger Vorteil des LAN ist, daß es gestattet, teure Peripheriegeräte (Drucker, Plotter, Festplattenspeicher, Bandspeicher) allen Teilnehmern zugänglich zu machen. Dies geschieht über den mit „Server" bezeichneten Rechner, der für die Verwaltung der ein- und auslaufenden Daten spezielle Dienstprogramme besitzt (z. B. sorgt der *Print spooler* dafür, daß die einlaufenden Druckaufträge ihrer Reihenfolge nach bearbeitet werden).
- Will man die unbefugte Benutzung eines Datensatzes oder eines Programms verhindern, so kann man den Zugriff über ein Paßwort blockieren.

Neben diesen Diensten kann es weitere, die Arbeit des Anwenders beschleunigende Möglichkeiten des Netzwerkprogramms geben, wie z. B.:

- Zwischenspeichern des Inhaltsverzeichnisses (*directory*) oder bestimmter, häufig abgerufener Dateien der Festplatte im RAM-Speicher des Servers (*directory* bzw. *file caching*);
- Zugriff eines Teilnehmers auf Dateien eines anderen Teilnehmers, der mit einem anderen Betriebssystem arbeitet (*remote job control*); usw.

Alle angebotenen Netzwerkprogramme bieten die vorstehend aufgeführten Dienste mehr oder weniger komplett an. Beachtenswert ist der von einem Netzwerkprogramm beanspruchte Speicherbedarf im RAM eines Teilnehmers. So benötigt z. B. das PC-Netzwerk-Programm von IBM 140 Kbyte im Speicher des normalen Teilnehmers (*user, messenger* usw.), das NetWare-Programm /285 von Novell dagegen nur 40 Kbyte.

6 Marktsituation

Zur Zeit der Niederschrift dieser Zeilen (6.86) fanden wir auf dem deutschen Markt 53 Anbieter für LANs [3]; vermutlich gibt es noch mehr. Das Hauptproblem bei unseren Erhebungen war die unbefriedigende Auskunftsbereitschaft bzw. -fähigkeit vieler Anbieter. Man ist aufgrund dieser Erfahrungen geneigt, dem potentiellen LAN-Anwender zu empfehlen, neben den technischen Daten der Netze besonders die Betreuungsbereitschaft und -fähigkeit der in Frage kommenden Lieferanten zu prüfen.

Die überwiegende Mehrheit der marktgängigen LANs arbeitet mit dem CSMA/CD-Protokoll (IEEE 802.3). Diese Mehrheit wird schwinden durch die gerade anlaufende Einführung der IBM-Version des Token-Ring (IEEE 802.5). Man darf für die Zukunft ein Nebeneinander der beiden Systeme erwarten, wobei den CSMA/CD-Verfahren die z.T. 6jährige Marktpräsenz, dem Token-Ring von IBM die Marktmacht dieser Firma zugute zu halten ist. Keines dieser Systeme ist besser als das andere. Auch bei gleicher Norm sind die Netze der einzelnen Hersteller nicht miteinander kompatibel. Wichtiger als dies ist aber die Frage, ob ein Hersteller geeignete *Gateways* für ein anderes Netz liefern kann, z. B. den Anschluß an einen DEC- oder IBM-Großrechner.

Zum Abschluß betrachten wir den finanziellen Aspekt der Netze. Eine Übersicht zu gewinnen, ist hier nicht einfach, da sich zum einen die Kabel (Koaxkabel, Lichtleiter, verdrillte Leitung), die Hardware (Interface-Platinen verschiedener Intelligenzstufe, Vorschaltgeräte) und die Software (IBM-PC-Net, Novell NetWare u. a.) je nach Hersteller verschiedenartig kombinieren lassen und die Preise in stetem Wandel begriffen sind (nach unten). Um dennoch dem Leser eine erste Orientierung zu bieten, nehmen wir an, es seien drei PCs mit MS-DOS 3.1 mittels Interface-Karten zu vernetzen und fragen nach dem Gesamtpreis dieses Netzes.

Für ein Hochleistungsnetz (SK-Net [3]) mit 10 Mbit/s Übertragungsrate nach dem CSMA/CD-Verfahren mit Hochleistungs-Software (NetWare) hat man DM 15 590,— zu rechnen. Jede Erweiterung kostet DM 3 260,— je PC, wobei NetWare nur einmal pro Netz gekauft werden muß und mit DM 6 900,— bereits in obigem Preis enthalten ist.

Die billigste Kombination, die wir finden und erproben konnten, war LANpac [3]. Dieses Netz arbeitet mit 2 Mbit/s nach dem Token-Ring-Verfahren mit der Standard-Software PC-Net. Dafür hat man DM 3 450,— zu rechnen. Jede Erweiterung kostet DM 1 150,— pro PC, wobei hier die Software pro PC zu bezahlen ist und mit DM 252,— schon in obigem Preis enthalten ist.

Literatur

[1] *Schnell, G. und K. Hoyer:* Mikrocomputer-Interface-Fibel. Braunschweig, Vieweg 1984.

[2] *Crane, R.:* Software Pack and Controller Link DEC Computers in an Ethernet. Electronics, Dec. 1981.

[3] *Jurkoweit, M. und V. U. Nguyen:* Lokale Netze für PCs. Diplomarbeit an der FH Frankfurt am Main, 1986.

[4] *Advanced Micro Devices:* The Am 7990 Family Ethernet Node. Sunnyvale, Calif., 1982.

[5] *National Semiconductor:* IEEE 802.3 Ethernet II/Cheapernet. Local Area Network. 1985.

[6] *Baum, E.:* Netzwerk für Software-Entwicklung. Design und Elektronik, Okt. 1985.

[7] *Texas Instruments:* TMS 380 LAN Adapter Chipset. 1985.

Weitere einschlägige Literatur, auf die im Text kein Bezug genommen wurde:

[8] *Meissner, K.:* Arbeitsplatzrechner im Verbund. München 1985.

[9] *Schricker, P.:* Datenübertragung und Rechnernetze. Stuttgart, 1986.

[10] *Gollub und Ahlers:* Auswahl und Einsatz lokaler Netzwerke. Heidelberg 1985.

[11] *Welzel, P.:* Datenfernübertragung. Braunschweig 1986.

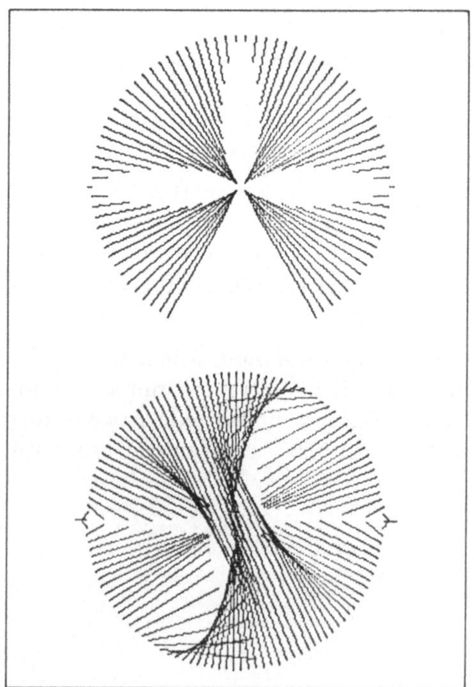

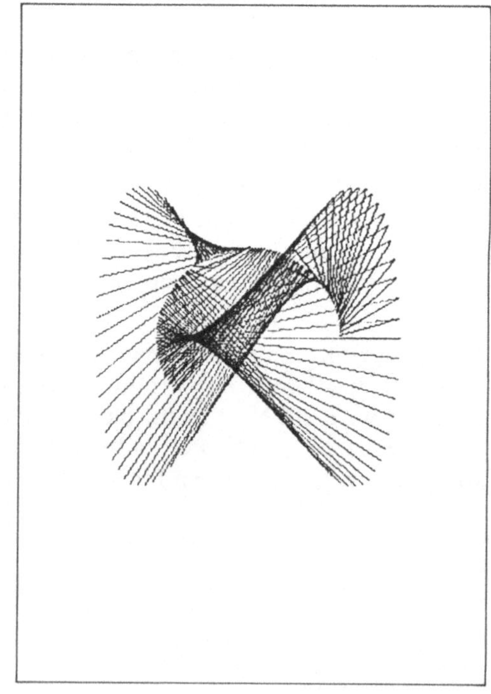

Dieter Conrads

Der Token-Ring

1 Einführung

Aus der kaum überschaubaren Vielfalt von Konzepten für lokale Netze sind inzwischen drei standardisiert worden (vgl. **Fig. 1**): das CSMA/CD-Verfahren (IEEE 802.3), das Token-Bus-Verfahren (IEEE 802.4) und das Token-Ring-Verfahren (IEEE 802.5). Für die Standardisierung der lokalen Netze hat man die zweite Schicht des ISO 7-Schichten-Modells (*Link Layer*) in zwei „Sublayer" aufgespalten, den MAC (*Medium Access Control*)-Sublayer (darin unterscheiden sich die vorgenannten Verfahren) und den darüber liegenden LLC (*Logical Link Control*)-Sublayer (IEEE 802.2), der den Verfahren gemeinsam ist.

Es sollte hier darauf hingewiesen werden, daß das Token-Verfahren keineswegs die einzige Möglichkeit der Zugriffsregelung für lokale Netze mit Ring-Topologie darstellt; es gibt dafür mehrere Alternativen, deren bekannteste der nach dem „Slotted-Ring"-Verfahren arbeitende und auch als kommerzielles Produkt verfügbare *Cambridge Ring* ist [11].

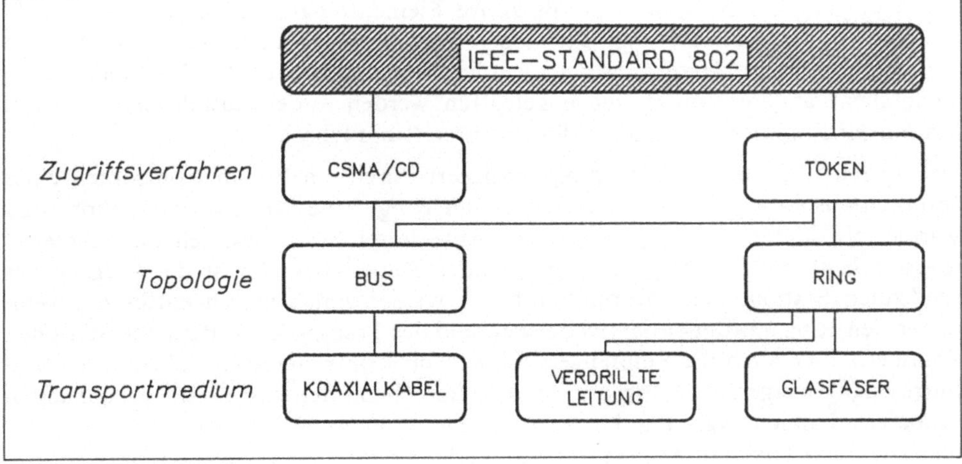

Fig. 1 IEEE-Standard 802

Von den standardisierten lokalen Netzkonzepten ist der Token-Ring das einzige, bei dem die Ankopplung an das Medium nicht passiv erfolgt, sondern jede Station die empfangenen Signale regeneriert und dann weitersendet. Dies kann Nachteile bezüglich der Betriebssicherheit des Netzes haben, hat aber den Vorteil, daß bei geeigneter Auslegung viele Stationen angeschlossen und relativ große geographische Entfernungen überbrückt werden können. Ein weiterer und für die Zukunft besonders wichtiger Vorteil des Token-Rings gegenüber seinen ebenfalls standardisierten Konkurrenten besteht darin, daß sich Ring-Netze im Gegensatz zu Bus-Netzen leicht auf der Basis von Lichtwellenleitern realisieren lassen.

Besondere Bedeutung erhält der Token-Ring dadurch, daß der Marktführer IBM dahintersteht. IBM hat mit dem ‚Zürich-Ring' (eine Experimentalversion des Token-Rings) die Funktionsfähigkeit des Token-Ring-Konzeptes nachgewiesen, war die treibende Kraft bei der Standardisierung dieses Konzeptes und betrachtet nun den Token-Ring als strategisches Produkt, dem eine hervorragende Rolle bei der Neuordnung der Aktivitäten der IBM im Bereich der lokalen Kommunikation zukommt. Überdies hat IBM den Token-Ring zum offenen Produkt erklärt (wie den IBM PC), d. h., die Schnittstellen werden offengelegt, was als Aufforderung an andere Hersteller verstanden werden kann, eigene Produkte zum Anschluß an den IBM Token-Ring zu entwickeln.

2 Grundsätzliches zur Token-Ring-Operation

Wie alle Ringe kann der Token-Ring als eine geschlossene Kette von gerichteten Punkt-zu-Punkt-Verbindungen betrachtet werden; die Stationen sind über einen Datenweg verbunden, der in Basisbandtechnik unidirektional betrieben wird. Jede Station empfängt die auf dem Ring befindliche Information, interpretiert die Kontrollinformation, regeneriert die Signale und leitet sie zur nächsten Station weiter. Die Auslegung der Netzstationen als aktive Elemente hat den Vorteil, daß sowohl hinsichtlich der Zahl der angeschlossenen Stationen wie auch der geographischen Ausdehnung große Netze aufgebaut werden können; sie hat den Nachteil, daß — wenn nicht andere Vorkehrungen getroffen werden — der Ausfall einer einzigen Station zur Funktionsunfähigkeit des gesamten Rings führen kann.

Der Token (die Sendeberechtigung), realisiert durch ein Bit im Kontrollteil eines Informationsblocks, kreist im Normalfall im Ring. Eine sendewillige Station muß warten, bis sie den Token (*free token*) erhält; dessen Status wandelt sie in ‚besetzt' (*busy token*) und überträgt den anstehenden Datenblock. Es ist die Aufgabe der sendenden Station, den Informationsblock wieder vom Ring zu entfernen, wenn dieser den Ring umrundet hat, wobei während des Transports im Ring alle Stationen — insbesondere auch die Empfängerstation — im Kontrollbereich des Informationsblocks dafür vorgesehene Bitpositionen entsprechend den aktuellen Gegebenheiten verändern können (vgl. **Fig. 2**). Anschließend generiert die Absenderstation einen neuen (freien) Token und sendet ihn zur Nachbarstation.

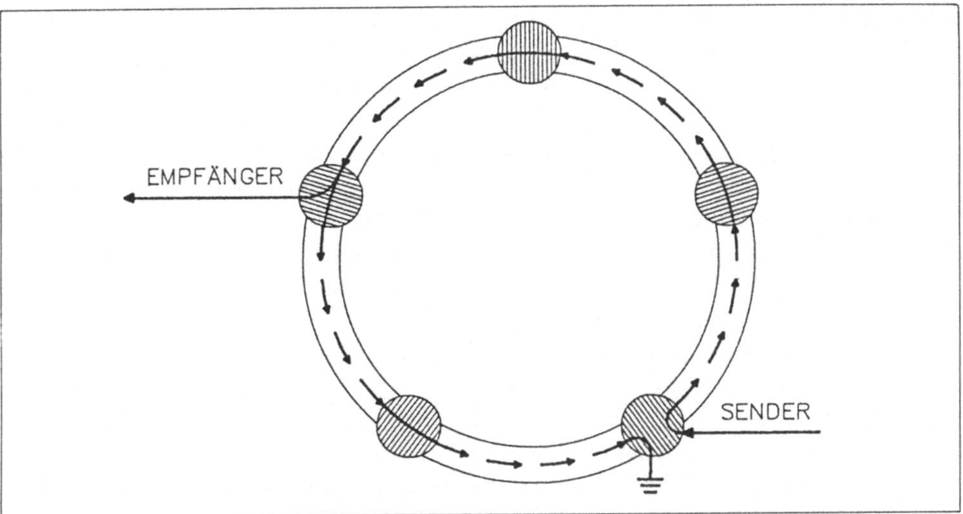

Fig. 2 Datenfluß beim Token-Ring

Da es im Token-Ring eine natürliche Reihenfolge der Stationen gibt, brauchen die Stationen, wenn sie einen Informationsblock senden oder weiterleiten, die Nachbarstation nicht explizit zu adressieren. Dadurch ist die minimale Länge eines Informationsblocks sehr kurz; dies trifft insbesondere zu für den „Token-Frame" (das ist der Informationsblock, der im Ring kreist, wenn keine Nutzinformation zu übertragen ist); seine Länge beträgt gemäß Token-Ring-Standard 24 Bits.

Das Token-Prinzip bietet erhebliche Freiheiten bei der Steuerung des Zugriffs zum Ring, die allerdings nicht alle durch den Standard abgedeckt werden. Diese Freiheiten resultieren im wesentlichen daraus, daß der Besitz des Tokens unterschiedliche Interpretationen zuläßt.

Die eine Extremposition ist dadurch gekennzeichnet, daß der Besitz des Tokens nur zur Übertragung eines einzigen Informationsblocks berechtigt, selbst wenn eine größere Datenmenge zur Übertragung ansteht (ein solches Verfahren wird als *non-exhaustive* bezeichnet). Im anderen Extrem darf eine Station, die im Besitz des Tokens ist, so viele Datenblöcke übertragen, wie sie möchte (diese Verfahrensweise bezeichnet man als *exhaustive*); diese Auslegung ist nicht sehr sinnvoll, da sie den (unerwünschten) Effekt hat, daß jede Station, wenn sie den Token besitzt, das Netz majorisieren, d.h. alle anderen Stationen auf unbegrenzte Zeit vom Netzzugriff ausschließen kann.

Eine mögliche Auslegung zwischen den vorgenannten Extremen könnte darin bestehen, den Token so zu interpretieren, daß er zur Übertragung von n Datenblöcken berechtigt, wobei n eine Variable ist, die individuell für die Teilnehmerstationen festzulegen wäre. Die Auswirkung einer solchen Regelung wäre, daß der verschiedenen Teilnehmerstationen zur Verfügung stehende Anteil der Gesamtbandbreite unabhängig von der Netzbelastung immer in einem bestimmten Verhältnis zueinander steht.

Diese Spielart des Token-Verfahrens ist durch den Standard nicht abgedeckt; die durch den Standard festgelegte Verfahrensweise ist *non-exhaustive*, d. h., der Token berechtigt zur Übertragung eines Datenblocks.

Das Token-Verfahren erlaubt auch die Vergabe von Prioritäten für den Netzzugriff. Die Funktionsweise ist im folgenden Kapitel beschrieben, da die Prioritätsvergabe Bestandteil des Standards ist.

Die Prioritätsvergabe ist ein wichtiges Hilfsmittel zur Steuerung des Datenflusses. Es sollte aber auch darauf hingewiesen werden, daß die Vergabe von Prioritäten auf Anwenderebene eine sehr sorgfältige Netzplanung aufgrund qualitativer und quantitativer Kenntnisse über die zu erwartenden Datenströme voraussetzt, um einerseits den Anwendern mit höherer Priorität einen definierten Vorteil zu verschaffen, andererseits Anwender mit niedriger Priorität nicht auf Dauer vom Netzzugriff auszuschließen.

Seit langem untersucht IBM die Möglichkeit, synchrone Datenströme (hier ist in erster Linie an Sprachübertragung gedacht) über den Token-Ring zu übertragen. Bei der Übertragung eines synchronen Datenstromes muß den kommunizierenden Stationen eine bestimmte Bandbreite garantiert werden (was der normalen Arbeitsweise eines LAN widerspricht), und dies nicht als Mittelwert über eine längere Zeitspanne, sondern unter der Nebenbedingung, daß der Zugriff zum Netz periodisch erfolgt mit nur geringen zulässigen Verzögerungen (durch Zwischenspeicherung des synchronen Datenstromes).

Grundsätzlich ist es möglich, einen zweiten Typ von Netzwerkverkehr (*synchron*) neben dem normalen (*asynchronen*) Verkehr auf einem Token-Ring zu etablieren. Dazu werden ein zweiter Token-Typ, der nur für synchrone Datenübertragungen genutzt werden darf, und eine ausgezeichnete Netzstation (*Synchronous Bandwidth Manager*) eingeführt, die dafür Sorge zu tragen hat, daß in regelmäßigen Abständen ein solcher Token generiert wird. Unter der Voraussetzung, daß die Blocklänge im asynchronen Normalbetrieb auf einen relativ kleinen Wert begrenzt wird (was allerdings negative Folgen für die "Performance" im Normalbetrieb haben kann), ist es dann möglich eine begrenzte Zahl von Sprachkanälen über den Token-Ring zu führen [5].

Unabhängig von der technischen Machbarkeit muß angesichts wohl etablierter Methoden zur Sprachübertragung auf der Basis öffentlicher Technik (Nebenstellenanlagen) allerdings bezweifelt werden, daß die Übertragung von Sprache über ein LAN sinnvoll und durchsetzbar ist.

3 Funktion des IBM Token-Rings

Der IBM Token-Ring entspricht den Standards IEEE 802.2/802.5 und ECMA 89.
Die im Ring transportierten Informationsblöcke werden ‚Frames‘ genannt; sie haben
eine vorgeschriebene Struktur und bestehen aus den Feldern (vgl. **Fig. 3**):

Physical Header   Kontrollinformation der physikalischen Ebene, die der Nutzinformation vorangestellt ist.

Daten   Dieses Feld enthält neben der eigentlichen Nutzinformation auch
Kontrollinformation höherer OSI-Ebenen, die auf der unteren
Ebene wie Daten behandelt werden. Dieses Feld besitzt variable
Länge. Eine für das Funktionieren des Zugriffsverfahrens erforder-
liche Mindestlänge wie beim CSMA/CD-Verfahren gibt es hier
nicht.

Physical Trailer   Kontrollinformation der physikalischen Ebene, die der Nutzinformation nachfolgt.

Die Felder ‚Physical Header‘ und ‚Physical Trailer‘ besitzen eine durch das Token-
Verfahren festgelegte Unterstruktur. Der ‚Physical Header‘ enthält die Felder:

- Trennzeichen (*delimiter*, 1 Byte), das den Anfang eines Informationsblocks mar-
kiert.
- Steuerinformation (2 Bytes):
  - Token-Bit (es kann die Zustände ‚frei‘ oder ‚besetzt‘ haben)
  - Token-Priorität
    Es gibt 7 Prioritätsebenen, die im Zusammenspiel mit den ‚Reservierungsbits‘
    (s. unten) einen bevorrechtigten Zugriff zum Netz sicherstellen; beim IBM
    Token-Ring können verschiedene Prioritäten auf Anwenderebene noch nicht
    genutzt werden.
  - Monitorzähler (dient der Identifikation kreisender Informationsblöcke)

		PHYSICAL HEADER			
DEL	PHYSICAL CONTROL	DESTINATION ADDRESS		SOURCE ADDRESS	
		Ring—No.	Node Address	Ring—No.	Node Address

DATA		PHYSICAL TRAILER		
DATA LINK CONTROL	INFORMATION (Variable Length)	FRAME CHECK SEQUENCE	DEL	MOD

Fig. 3 Format des Token-Ring-Informationsblocks

— Reservierung (Voranmeldung prioritärer Übertragungen)
   Hier kann eine übertragungsbereite Station, während sie innerhalb einer laufenden Übertragung einen Informationsblock weiterleitet, eine Voranmeldung
   unter Angabe ihrer Priorität eintragen. Eine nachfolgende, ebenfalls übertragungsbereite Station darf diese Eintragung nur dann überschreiben, wenn sie
   selbst eine höhere Priorität besitzt.
— ‚Frame Format‘ (bezieht sich auf das Format des Datenfeldes).
- Zieladresse (*destination address*) und Herkunfsadresse (*source address*): je 6
  Bytes, davon 2 Bytes Ringidentifikation und 4 Bytes Knotenadresse.

Der ‚Physical Trailer‘ enthält die folgenden Felder:

- ‚Frame Check Sequence‘ (4 Bytes, wird von der absendenden Station generiert
  und von allen nachfolgenden Stationen überprüft).
- Trennzeichen (*delimiter*, 1 Byte), markiert das Ende eines Informationsblocks.
- Modifikationsfeld (1 Byte), enthält Bitpositionen, die von den Stationen des
  Rings, während der Informationsblock den Ring umrundet, entsprechend dem
  aktuellen Status gesetzt werden:
  — ‚Error Detected‘ (wird von der Station gesetzt, die als erste einen Übertragungs-
     fehler in einem Informationsblock feststellt)
  — ‚Address Recognized‘ (wird von der Zielstation gesetzt und sagt dem Absender,
     daß die adressierte Station existiert und aktiv ist)
  — ‚Frame Copied‘ (sagt dem Absender, daß der Informationsblock von der Ziel-
     station übernommen wurde).

Geschützt durch die ‚Frame Check Sequence‘ sind das zweite Byte der Steuerinformation, die Adreßfelder und das Datenfeld. Das erste Byte der Steuerinformation
und das Modifikationsfeld können nicht geschützt werden, weil darin Informationen
untergebracht sind, die während der Übertragung eines Informationsblocks von
Zwischenstationen verändert werden können und dann zwangsläufig eine Fehlermeldung auslösen würden.

Auf den ersten Blick scheint es erstaunlich, daß man sich beim Token-Ring auf eine
Verfahrensweise eingelassen hat, die es notwendig macht, Teile der Steuerinformation
ungesichert zu lassen, dies um so mehr, als der Token-Ring auch auf Fernsprechleitungen realisiert werden kann, einem Medium, das von Hause aus eine verhältnismäßig hohe Bitfehlerrate aufweist ($\sim 10^{-5}$), die durch Anwendung eines 32-Bit-Prüf-
codes um etwa zehn Größenordnungen verbessert werden kann.

Bei genauerer Untersuchung ist aber festzustellen, daß eine unerkannte Verfälschung
der ungeschützten Felder keine irreversiblen Fehlsteuerungen oder sonstigen kata-
strophalen Folgen für die Funktion des Token-Rings haben kann; mögliche Fehl-
funktionen können durch die eingebauten Überwachungsmechanismen erkannt und
beseitigt werden.

Die zweistufige Auslegung des Adreßfeldes zeigt, daß von vornherein die Möglichkeit geschaffen ist, mehrere Token-Ringe miteinander verbinden zu können. Dies
geschieht durch eine Brücke (*Bridge*); eine Brücke stellt auf der „Link“-Ebene eine

Verbindung zwischen gleichartigen LANs her (unterschiedliche LANs werden durch *Gateways* auf einer höheren Protokollebene verbunden).

Eine Brücke ist Teilnehmerstation in jedem der Ringe, die sie miteinander verbindet, wobei das Token-Zugriffsverfahren in jedem der Ringe unabhängig abläuft. Aus der Sicht des Senders ist auf unterster Ebene die Übertragung eines Informationsblocks abgeschlossen, wenn er von der Station mit Brückenfunktion übernommen worden ist. Diese bemüht sich anschließend um den Zugriff zum Medium im Ring der nächsten Empfängerstation. Eine Ende-zu-Ende-Kontrolle muß auf einer höheren Protokollebene realisiert werden.

Wenn mehrere Brücken ihrerseits über einen Ring verbunden sind, entsteht ein „Backbone-Ring“, d. h. eine Hierarchie von Ringen; es können aber auch vermaschte Netze aufgebaut werden (vgl. **Fig. 4**)

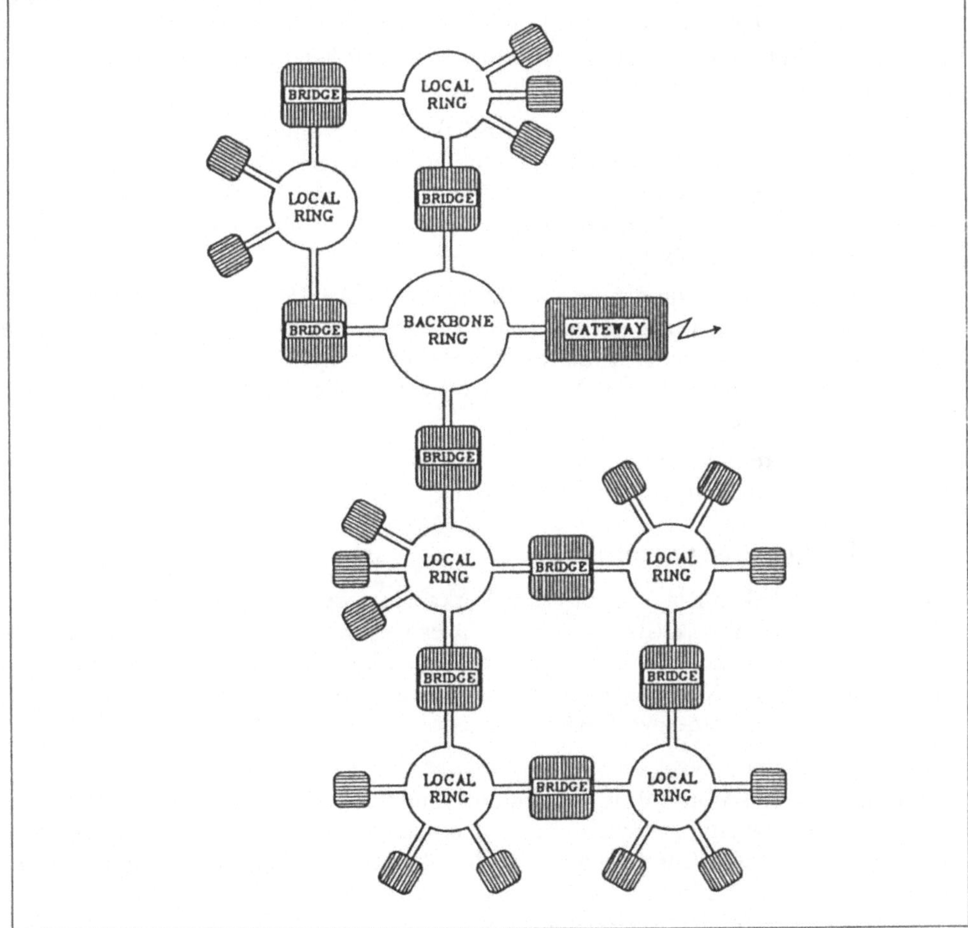

Fig. 4 Möglichkeiten des Zusammenschlusses mehrerer Token-Ringe

4 Komponenten des IBM Token-Rings

IBM hat sich mit dem Token-Ring-Konzept schon seit dem Ende der siebziger Jahre beschäftigt (Zürich-Ring im IBM-Forschungszentrum Zürich). Spätestens seit 1983 ist bekannt, daß IBM Produkte auf Token-Ring-Basis plant. Im September 1984 hat IBM das IBM-Verkabelungssystem angekündigt (das die Basis des Token-Rings bildet) und eine offizielle Absichtserklärung bezüglich des Token-Rings abgegeben). Im Oktober 1985 erfolgte dann die erste Ankündigung von Token-Ring-Produkten (Ringleitungsverteiler, PC-Adapter-Karte). Mit diesen Komponenten kann ein einfacher Token-Ring aufgebaut werden, an den ausschließlich IBM PCs anschließbar sind.

Von der Software-Einbettung her ist der Token-Ring nach dieser Ankündigung funktional dem IBM-PC-Netzwerk (mit dem er auch über einen PC als ,,Gateway" verbunden werden kann) gleichwertig mit leichten Vorteilen für den Token-Ring wegen der sich abzeichnenden Anbindung an die SNA-Welt durch die Unterstützung der LU6.2/APPC-Schnittstelle. Die Verfügbarkeit der Komponenten dieser Ankündigung kann grob mit III/86 angegeben werden.

Im Mai 1986 hat IBM dann u. a. eine Brücke zur Verbindung zweier Token-Ringe angekündigt, dazu Komponenten, die eine Vergrößerung der geographischen Ausdehnung der Ringe gestatten und — besonders wichtig für die Anbindung an die System/370-Welt — die Unterstützung des Token-Rings durch die Kommunikationssteuereinheiten IBM 372x.

Als vorläufig letzte Ankündigung mit Bezug zum Token-Ring sind die Ankündigung eines Token-Ring-Adapters für den IBM-6150-Mikrocomputer (IBM PC-RT), bisher allerdings ohne Aussage über die Software-Einbettung, und die Ankündigung der neuen Terminalsteuereinheit IBM 3174 zu nennen, die ebenfalls Anschlußmöglichkeiten für den Token-Ring bietet.

Die Komponenten dieser letzten Ankündigungen werden teilweise noch in 1986 lieferbar sein, spätestens jedoch bis II/1987.

Beschreibung der Komponenten

Basis des IBM-Token-Rings ist das IBM-Verkabelungssystem. Dieses besteht aus dem Datenkabel des Typs 1 (das ist ein hochwertiges symmetrisch aufgebautes, abgeschirmtes Kabel), dazu gehörenden Konnektoren und weiteren für die Kabelinstallation erforderlichen Komponenten. Dieses System ist von IBM entwickelt worden, die Komponenten werden von IBM selbst jedoch weder produziert noch installiert.

Auf der Basis dieses Verkabelungssystems arbeitet der Token-Ring mit einer Übertragungsrate von 4 Mbps (Mbit pro Sekunde), und es können maximal 260 Stationen an einen Ring angeschlossen werden; die maximale Entfernung zwischen einem Ringleitungsverteiler (wird im folgenden noch näher beschrieben) und einem Endgerät beträgt ca. 300 m, zwischen zwei Ringleitungsverteilern maximal 200 m, wobei diese Maximalwerte nicht unabhängig voneinander sind (genaue Information über die zulässigen Entfernungen bei verschiedenen Netzkonfigurationen ist in [7] zu finden).

Bestandteil — und die eigentliche Überraschung — der Token-Ring-Ankündigung vom Herbst 1985 ist, daß auch sogenannte Datenleitungen des Typs 3 (das sind hochwertige Fernsprechleitungen mit verdrillten Doppeladern und einem Querschnitt von mindestens 0,5 mm²) für den Aufbau eines Token-Rings verwendet werden können, allerdings unter Hinnahme funktionaler Einbußen. Diese bestehen darin, daß ein Ring maximal 72 Stationen haben und die Entfernung vom Ringleitungsverteiler nur 100 m betragen darf.

Ein weiterer Nachteil zeichnet sich für die Zukunft ab: Es steht zu erwarten, daß der Token-Ring in absehbarer Zeit mit erhöhter Leistung (16 Mbps) angeboten werden wird; die Komponenten des Verkabelungssystems und ein Teil der Chips könnten schon heute diese Übertragungsleistung erbringen. Diese Übertragungsleistung wird sich auf der Basis der Fernsprechleitungen nicht realisieren lassen.

Problematisch wegen der davon ausgehenden Störstrahlung kann die Verwendung von Fernsprechleitungen auch dann sein, wenn im gleichen Kabel befindliche Leitungen mit dem öffentlichen Fernsprechnetz verbunden sind.

Um die geographische Ausdehnung eines Token-Rings zu vergrößern, können auf der Verbindungsstrecke zwischen zwei Ringleitungsverteilern (nicht zwischen Ringleitungsverteiler und Endgerät!) Leitungsverstärker eingesetzt werden, wodurch die maximal überbrückbare Entfernung von 200 m auf 750 m steigt.

Noch größere Entfernungen (wiederum nur zwischen Ringleitungsverteilern) können überbrückt werden, wenn Lichtleiterumsetzer zum Einsatz kommen. Bei Einsatz eines Lichtleiterumsetzerpaares vergrößert sich die zulässige Entfernung auf 2000 m, was aber immer noch keine Obergrenze darstellt, da mehrere Paare hintereinandergeschaltet werden können.

Voraussetzung für die Verwendung der Lichtleiterumsetzer ist die Existenz eines Glasfaserkabels, das von IBM im Rahmen des IBM-Verkabelungssystems als Datenleitung Typ 5 bezeichnet wird und die exotische Abmessung 100/140 Mikron besitzt (die Deutsche Bundespost verwendet Kabel der Abmessung 50/125). IBM scheint selbst jedoch Zweifel zu haben, diesen Kabeltyp in Europa durchsetzen zu können (in den USA dürfte es ebenfalls schwierig sein, da auch AT & T Fasern anderer Abmessung verwendet), und bietet deshalb Zubehör auch für diverse andere Glasfasern an und eine Broschüre, die über dieses Zubehör und die Einschränkungen, die die Verwendung anderer Glasfasertypen mit sich bringt, Auskunft gibt [8].

Für die Realisierung des Token-Rings wurde die Stern-Ring-Topologie gewählt, die eine Reihe von Vorteilen hat, auf die im fogenden noch einzugehen sein wird. Gemeint ist damit, daß auf der Basis einer physikalischen Sterntopologie ein Ring geschaltet wird. Das Gerät, das bis zu acht sternförmig herangeführte Verbindungen (2 Doppeladern pro Verbindung) zu einem Ring schaltet, ist der Ringleitungsverteiler (vgl. **Fig. 5**).

Der Ringleitungsverteiler ist ein passiv arbeitendes Gerät. Die Relais werden von den angeschlossenen Adaptern (diese realisieren zusammen mit dem darüber angeschlossenen Endgerät eine Token-Ring-Station) mit Spannung versorgt. Die Auslegung ist derart, daß im spannungsfreien Zustand die Verbindung innerhalb des Ringleitungs-

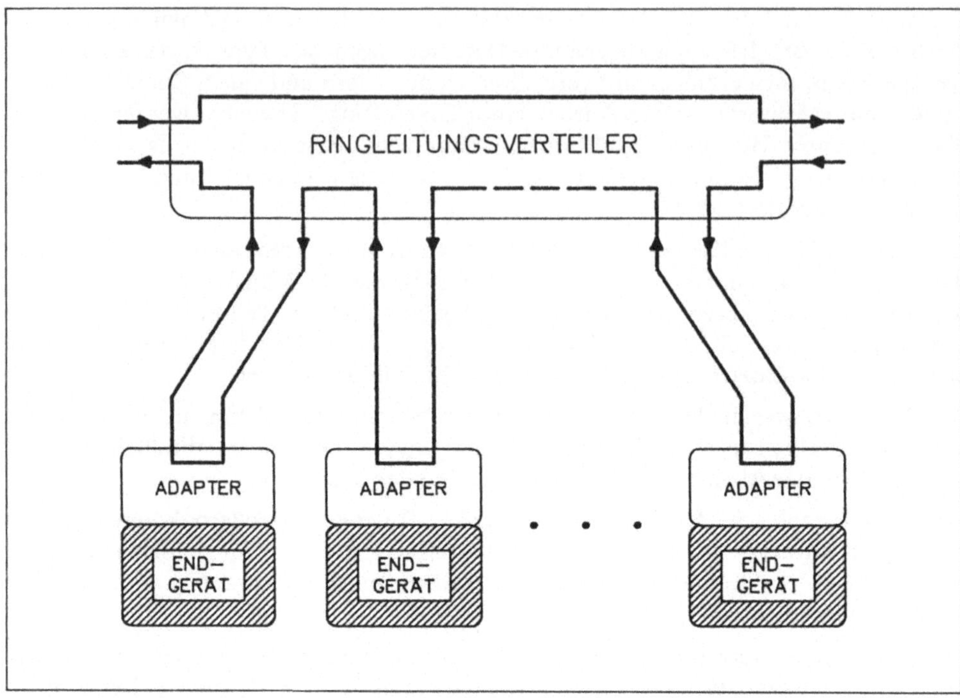

Fig. 5 Stern-Ring-Verbindung über Ringleitungsverteiler (schematische Darstellung)

verteilers kurzgeschlossen ist; dies hat den Vorteil, daß der Ausfall oder das Ab-
schalten eines angeschlossenen Gerätes, aber auch eine Leitungsunterbrechung automatisch zur Abkopplung im Ringleitungsverteiler führt, wobei die am Ring verblei-
benden Stationen ungestört weiter kommunizieren können. Die Struktur der Relais-
verbindungen ist dabei so, daß bei geschalteter Überbrückung im Ringleitungsverteiler die vom Adapter kommenden Verbindungsleitungen ebenfalls kurzgeschlossen
sind (vgl. Fig. 7), wodurch Adapter und Anschlußleitung ohne Beeinträchtigung der
Ringoperationen getestet werden können.

Hier zeigt sich ein weiterer Vorteil der Stern-Ring-Struktur: Während bei einfacher
Ringstruktur der Ausfall mehrerer benachbarter Stationen, die als aktive Elemente
im Normalfall als Signalregeneratoren wirken, zu übertragungstechnischen Problemen
führen kann, weil die Entfernung zwischen den dann benachbarten Stationen gravie-
rend anwächst (bzw. das Eintreten einer solchen Situation durch geeignete Maßnahmen oder Vorschriften verhindert werden muß), ändern sich die zu überbrücken-
den Entfernungen bei der Stern-Ring-Struktur nur unwesentlich.

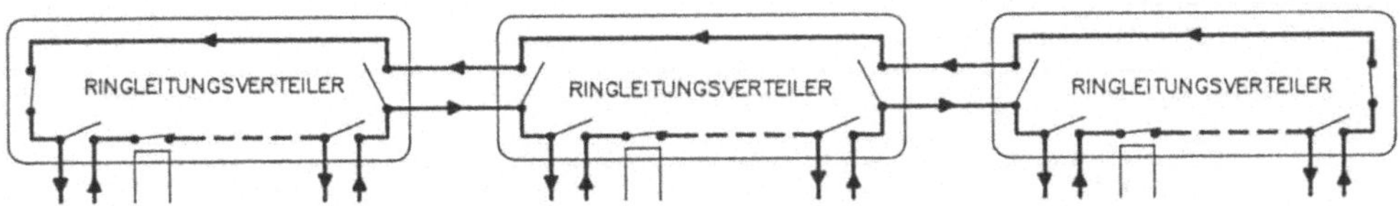

a) Zusammenschaltung mehrerer Ringleitungsverteiler

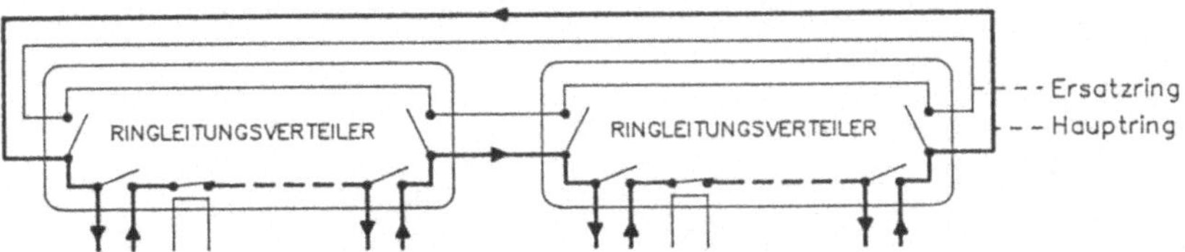

b) Zusammenschaltung mehrerer Ringleitungsverteiler zu einem Ring

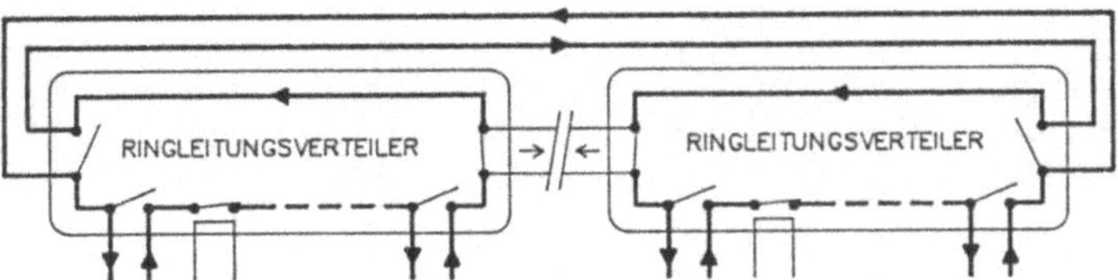

c) Nutzung des Ersatzrings bei einer Kabelunterbrechung zwischen zwei
   Ringleitungsverteilern

Fig. 6 Varianten beim Zusammenschluß mehrerer Ringleitungsverteiler

Es können mehrere Ringleitungsverteiler zusammengeschaltet werden, wobei der im
Innern eines Ringleitungsverteilers geschlossene Ring aufgetrennt wird, wenn ein
Verbindungskabel zu einem weiteren Ringleitungsverteiler eingesteckt wird (vgl.
Fig. 6a). Wenn eine Kette von mehreren Ringleitungsverteilern durch eine zusätzliche Verbindungsleitung zwischen dem ersten und dem letzten Gerät zu einem
geschlossenen Ring verbunden wird (was zum Betrieb nicht erforderlich ist!), entsteht ein Ersatzring (vgl. **Fig. 6b**). Bei einer Kabelunterbrechung zwischen zwei Ringleitungsverteilern entsteht dann durch Ziehen des schadhaften Kabels (dadurch
werden die Ringverbindungen innerhalb der benachbarten Ringleitungsverteiler
hergestellt) ein funktionstüchtiger Ring unter Einbeziehung der Ersatzleitung (vgl.
Fig. 6c), wobei sogar die Reihenfolge der Stationen am Ring unverändert bleibt.

Die Ringleitungsverteiler sind vorgesehen zur Aufstellung in Verteilerräumen des
IBM-Verkabelungssystems. Hierbei kommt der sterntypische Vorteil eines zentralen
Zugriffspunktes zum Tragen, der es außerordentlich erleichtert, fehlerhafte Kom-
ponenten zu identifizieren und zu isolieren.

Die zweite Gruppe von Geräten, die zum Aufbau eines Token-Rings erforderlich ist,
besteht aus den Adaptern, die die Verbindung zwischen den anzuschließenden Geräten und dem Token-Ring herstellen.

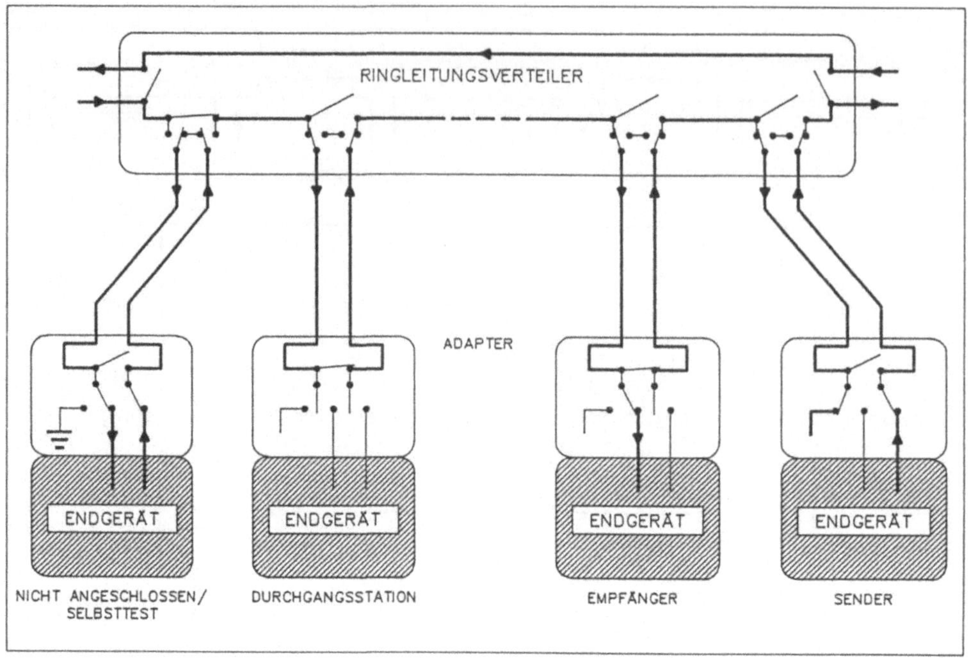

Fig. 7 Schematische Darstellung der Schaltzustände in Ringleitungsverteiler und Adapter

Bisher existieren zwei Adapter, der IBM Token-Ring PC-Adapter und der IBM Token-Ring PC-Adapter II, wobei sich der letztere von dem normalen Adapter durch einen von 8 Kbyte auf 16 Kbyte vergrößerten Speicherbereich (RAM) unterscheidet und vor allem dann zum Einsatz kommen wird, wenn ein PC als Brücke oder „Gateway" erweiterte Netzwerkfunktionen wahrnehmen soll; die Adapter sind in Form von im PC steckbaren Karten realisiert und existieren für den IBM PC, PC-XT, PC-AT, Portable und die IBM Industrie-Computer 7531 und 7532.

Wie bereits erwähnt, wird vom Adapter aus das Überbrückungsrelais im Ringleitungsverteiler gesteuert und damit das Ankoppeln bzw. Abkoppeln des Gerätes bewirkt; auch im Adapter selbst müssen abhängig vom Operationszustand unterschiedliche Datenpfade geschaltet werden; dies ist in **Fig. 7** schematisch dargestellt.

Insgesamt gibt es vier Zustände:

1. Das Gerät ist vom Ring abgekoppelt.
   In diesem Zustand ist es nicht aktiv oder im Selbsttest.
2. Das Gerät ist angekoppelt und wirkt als Durchgangsstation.
   In diesem Zustand wird auf dem Ring befindliche Information verstärkt und weitergeleitet.

3. Das Gerät ist Empfängerstation.
   In diesem Zustand wird die einlaufende Information ausgekoppelt und zum Endgerät übertragen, gleichzeitig aber auch unter Verstärkung im Ring weitergeleitet.
4. Das Gerät fungiert als Sender.
   In diesem Fall wird die vom Endgerät kommende Information auf den Ring übertragen (wenn die Station die Sendeberechtigung besitzt). Da der Informationsinhalt des Rings im allgemeinen kleiner als die Länge eines Informationsblockes sein wird, muß die bereits während des Sendens zum Absender zurücklaufende Information übernommen und vernichtet werden.

Mit Hilfe der bisher beschriebenen Token-Ring-Komponenten können einfache Token-Ringe aufgebaut werden. Der Aufbau komplexer Token-Ring-Netze erfordert den Einsatz von Brücken. Eine Brücke wird realisiert durch einen IBM PC-AT, der über je einen PC-Adapter II Teilnehmerstation in jedem der beiden zu verbindenden Token-Ring-Segmente ist und auf dem das IBM Token-Ring-Netzwerk-Brückenprogramm zum Einsatz kommt. Eine starre Begrenzung für die Anzahl der in einem Netz installierbaren Brücken gibt es nicht; ein Informationstransport kann jedoch nur über maximal 7 Brücken stattfinden.

In einem zusammengesetzten Token-Ring-Netzwerk können Stationen außerhalb des Ringsegmentes der Absenderstation nicht mehr direkt adressiert werden. Es muß deshalb ein „Routing" (Wegfindung) durchgeführt werden. Abweichend von den in Weitverkehrsnetzen (wie SNA oder DECnet) üblichen Methoden wird beim Token-Ring das sogenannte „Source Routing" verwendet; hierbei muß die sendende Station den vollständigen Weg bis zum Empfänger unter expliziter Auflistung aller dazwischenliegenden Brücken beschreiben. Eingetragen wird diese Folge von Adressen im Token-Ring-Frame im Datenfeld direkt hinter dem „Source Address"-Feld.

Es würde hier zu weit führen, die Vorteile und Nachteile des „Source-Routing" im Vergleich zu anderen bekannten Routing-Methoden zu diskutieren. Beim Token-Ring wurde diese Methode gewählt, um die Belastung der Brücke durch Ausführung der Routing-Funktion gering halten und die Brücke billig und in der Ausführung ihrer Aufgaben schnell machen zu können. Im übrigen kommt „Source Routing" nicht nur beim Token-Ring zur Anwendung; die Fa. Network Systems Corporation verwendet diese Methode bereits seit Jahren bei ihrem LAN-Produkt HYPERbus/HYPERchannel-B.

Durch den Einsatz von Brücken können große und komplexe Netze aufgebaut werden, insbesondere auch vermaschte Netze, die sich dadurch auszeichnen, daß zwischen zwei Stationen mehrere Pfade existieren können. Management und Betrieb solcher Netze sind erheblich aufwendiger als bei einfachen lokalen Netzen mit reiner Topologie (wie Ring, Stern, Bus, Baum).

Die Existenz mehrerer alternativer Pfade zwischen zwei Netzknoten kann die Verbindungssicherheit im Netz erhöhen, weil bei Unterbrechung einer Verbindung durch Ausfall von Netzkomponenten u. U. über einen alternativen Pfad weiter kommuniziert werden kann; dies geht allerdings nur dann, wenn – wie beim IBM Token-Ring – eine *alternate path facility*, d. h. die Möglichkeit, einen alternativen Pfad zu definieren, existiert.

Eine andere im Token-Ring etablierte Funktion, nämlich die „Broadcast"-(Nachricht-an-alle-) Funktion führt in zusammengesetzten Netzen ebenfalls zu erhöhtem Aufwand, der daraus ersichtlich ist, daß diese Funktion dort in drei Varianten angeboten wird:

Broadcast to this Ring	Die Nachricht wird nur im lokalen Ring verbreitet, d. h. nicht über Brücken weitergeleitet.
General Broadcast	Die Nachricht wird über alle Brücken weitergeleitet, was den unerwünschten Nebeneffekt hat, daß Stationen, zu denen mehrere Pfade existieren, die Nachricht mehrfach zugestellt bekommen.
Limited Broadcast	Die Nachricht wird nur über ausgewählte Brücken weitergeleitet; dadurch können Untermengen der Menge aller Netzteilnehmer angesprochen werden; insbesondere können die Brücken so ausgewählt werden, daß ein Mehrfachempfang der Nachricht verhindert wird.

Die neuen IBM 372x Kommunikationssteuereinheiten (betrieben unter dem Softwareprodukt ACF/NCP realiseren diese im Zusammenspiel mit einer Host-Zugriffsmethode (VTAM) einen Hauptknoten in einem SNA-Netzwerk) sind in Zukunft mit einer sogenannten Token-Ring-Anschlußbasis ausgestattet. Diese kann mit ‚Token-Ring-Anschlüssen' bestückt werden, die eine Token-Ring-Station realisieren. Jeder Token-Ring-Anschluß ist mit einem Mikroprozessor ausgestattet, der die Funktionen einer Token-Ring-Station realisiert, d. h., Daten mit 4 Mbps sendet und empfängt und die Operation gemäß Token-Ring Protokoll steuert.

Eine voll ausgebaute 3725 Steuereinheit kann mit bis zu 4 (mit Ergänzungseinheit 3726 bis zu 8) Token-Ring-Anschlüssen ausgestattet werden, eine 3720 Steuereinheit mit bis zu 2 Token-Ring-Anschlüssen.

Weiterhin können jetzt auch Terminalsteuereinheiten des Typs IBM 3174 mit Token-Ring-Anschlüssen ausgerüstet werden.

Auf diesem Wege erhalten am Token-Ring angeschlossene PCs, die als 3270 Terminal betrieben werden, einen sehr schnellen Zugriff zur Terminalsteuereinheit und damit zum Host.

Eine Steuereinheit 3174 kann über Token-Ring aber auch mit einer weiteren Terminalsteuereinheit 3174 oder mit einer Kommunikationssteuereinheit 372x verbunden werden.

5 Betriebssicherheit

Dem Anliegen der Funktionssicherheit ist nicht nur theoretisch, sondern auch unter betrieblichen Gesichtspunkten sehr viel Aufmerksamkeit geschenkt worden mit dem Erfolg, daß — obgleich die Ringtopologie in dieser Hinsicht nicht die besten Voraussetzungen mitbringt — der Token-Ring, wie er heute existiert, im Vergleich zu anderen LAN-Konzepten sehr gut dasteht.

In diesem Zusammenhang ist zunächst auf die bereits erwähnten strukturellen Vorkehrungen hinzuweisen (Wahl der Stern-Ring-Topologie, Auslegung des Ringleitungsverteilers). Diese werden ergänzt durch Maßnahmen im operationalen und funktionalen Bereich, die teilweise bereits auf Chip-Ebene realisiert bzw. unterstützt werden.

Mit der IBM Token-Ring-Adapterkarte werden Diagnose-Routinen geliefert (auf Diskette), mit deren Hilfe Adapter und Anschlußleitung getestet werden können. Nach dem Einschalten des PC werden die Adapterfunktionen getestet; anschließend findet der Ring-Einfügetest statt. Dazu werden Testmuster über die im Ringleitungsverteiler mit der Empfangsleitung kurzgeschlossenen Sendeleitung (vgl. Fig. 7) geschickt. Erst wenn die Testmuster korrekt empfangen wurden (d. h. Adapter und Anschlußleitung funktionsfähig sind), wird die Station durch Aktivierung des Relais im Ringleitungsverteiler in den Ring eingefügt.

Der Netzüberwachung unter funktionalen Aspekten dienen die Überwachung des Tokens (Token-Monitor-Funktion) und die Unterstützung der Netzwerkmanagement-Funktionen.

Zur Überwachung der Ringfunktionen (insbesondere des Token) gibt es eine ausgezeichnete Station, die die Aufgabe des ,,aktiven Monitors'' übernimmt. Grundsätzlich sind alle Adapter am Ring gleich aufgebaut und gleichwertig, einer jedoch übernimmt die Rolle des aktiven Monitors, und zwar zunächst derjenige, der bei Inbetriebnahme des Rings zuerst aktiv wurde. Alle anderen Adapter überwachen als ,,passive Monitore'' das Funktionieren des aktiven Monitors und stehen in Bereitschaft, dessen Funktion zu übernehmen; somit wird das Prinzip der verteilten Kontrolle trotz der ausgezeichneten Station nicht durchbrochen.

Die Aufgaben des aktiven Monitors sind:

- Erzeugen des Ringtaktes,
- Überwachung des Token, d. h. Erzeugung eines neuen Token, falls der Token verlorengeht, Verhinderung mehrerer Token,
- Unterbinden permanent kreisender Informationsblöcke,
- Verhindern mehrerer aktiver Monitore.

Die Aufgabe der passiven Monitore ist:

- Überwachung des aktiven Monitors.
  Dazu gehört auch die Festlegung einer Prozedur zur eindeutigen Bestimmung eines neuen aktiven Monitors, wenn der (bisherige) aktive Monitor ausgefallen ist. Die Funktion des aktiven Monitors übernimmt derjenige passive Monitor mit der höchsten Adresse.

Neben diesen Monitorfunktionen gibt es im Kontext der Netzüberwachung weitere wichtige Funktionen. Dazu gehört auch eine Prozedur, mit deren Hilfe jede aktive Station am Ring die Adresse der bezogen auf die Übertragungsrichtung vorangehenden aktiven Station ermitteln kann. Diese Information wird benötigt, um eine ausgefallene Station identifizieren und evtl. isolieren zu können. Dazu sendet eine

Station, die keine Signale mehr empfängt (es können auch mehrere Stationen sein)
eine „Beacon"-Nachricht (ein Warn- oder Leitsignal) mit der Adresse der ihr vorangehenden Station (von der sie Signale empfangen müßte).

Weitere Funktionen der Netzüberwachung gehören in den Bereich des Netzwerk-
managements und werden durch das Programmprodukt „Token-Ring-Netzwerk-
Manager" abgedeckt. Der Netzwerk-Manager

- führt eine kontinuierliche Fehlerüberwachung durch und gibt im Fehlerfall Hinweise auf Fehlerursache und mögliche Korrekturmaßnahmen;
- zeigt intermittierende Fehler an (dies ist eine sehr wichtige Funktion, da intermittierende Fehler häufig den Totalausfall einer Komponente ankündigen, auf
  Benutzerebene in der Regel aber nicht feststellbar sind, solange Wiederholungen
  von Operationen noch erfolgreich sind);
- hält Statusinformation und Information über Netzwerkfehler zur späteren Ab-
  frage bereit;
- unterstützt den Bediener (etwa Entfernen einer Station vom Ring auf Anweisung,
  Bereitstellung von Information über den Zustand bestimmter Stationen oder über
  Netzwerk-Zustände etc.);
- unterstützt symbolische Adressierung der Netzstationen.

Diese Funktionen sind Softwarefunktionen höherer Ebenen, müssen aber durch
Bereitstellung entsprechender Informationen (Statusinformation, Fehlerzähler usw.)
auf unterster Ebene unterstützt werden. Dies sei am Beispiel der Behandlung von
Übertragungsfehlern erläutert.

Für jeden Informationsblock wird in der Sendestation die „Frame Check Sequence"
generiert, die nicht nur von der Empfängerstation überprüft wird, sondern von allen
Stationen am Ring. Eine Station, die einen Fehler entdeckt, überprüft das „Error
Detected"-Bit. Falls dieses Bit noch nicht gesetzt ist, wird es von dieser Station gesetzt und der entsprechende Fehlerzähler inkrementiert; falls das Bit bereits gesetzt
ist, so bedeutet dies, daß der Fehler schon vorher aufgetreten und registriert worden
ist, und die Station unternimmt nichts. Somit ist sichergestellt, daß ein Fehler nur
einmal registriert wird, und zwar an der Stelle, wo er entstanden ist.

Für die Zähler können auch Grenzwerte vorgegeben werden, bei deren Überschreiten
eine Benachrichtigung ans Netzwerkmanagement erfolgt.

Die Gesamtheit dieser Zähler gibt Auskunft über die Fehlerhäufigkeiten in den einzelnen Ringabschnitten.

Der IBM Token-Ring-Netzwerk-Manager funktioniert bisher nur auf einem einfachen
Token-Ring; für ein aus mehreren Token-Ringen zusammengesetztes Netzwerk
existieren die entsprechenden Management-Funktionen (noch) nicht. Noch weiter
von einer Realisierung entfernt ist die Lösung des Management-Problems für komplexe Netze, bei denen lokale Token-Ring-Netzwerke selbst wieder Bestandteil
größerer SNA-Netze sind. Es ist aber IBM wie auch anderen Firmen, die sich ernst-
haft mit Computer-Netzen befassen, klar, daß komplexe Netze ohne die Bereitstellung umfassender Werkzeuge für deren Management kaum sinnvoll und verant-

wortbar zu betreiben sind und daß die Entwicklung solcher Werkzeuge deshalb mit Nachdruck vorangetrieben werden muß.

Es ist bereits am Anfang gesagt worden, daß IBM im Bereich der Netzüberwachung und des Netzwerkmanagements sehr viel getan hat, was insbesondere den Betrieb größerer Token-Ringe erleichtern wird. Allerdings geht die IBM-Realisierung des Token-Rings gerade in diesem Bereich über den Standard IEEE 802.5 hinaus. Das kann zu Problemen führen, wenn später einmal Komponenten zur Verfügung stehen, die genau den Standard repräsentieren (oder eine andere Übermenge realisieren) und zusammen mit IBM-Komponenten in einem Ring arbeiten sollen.

Dieses Problem trifft für den Token-Ring Chip-Set TSM 380 von Texas Instruments nicht zu. Beide Firmen (IBM und Texas Instruments) versichern, daß der TI-Chip-Set auf der physikalischen Ebene und auf der „Medium Access"-Schicht (d. h. der unteren Teilebene der „Link"-Ebene) zur IBM-Realisierung funktional voll kompatibel ist, obgleich er mit dem IBM-Chip-Set vom Aufbau her nicht identisch ist.

6 Software

Software-Produkte sind bereits mehrfach angesprochen worden (z. B. Brückenprogramm, Netzwerk-Manager); im folgenden sollen nun vorrangig die Software-Schnittstellen für Applikationen beschrieben werden, über die Benutzer eines PCs, der Teilnehmerstation in einem Token-Ring ist, mit anderen PCs oder auch anderen über Token-Ring zugänglichen Systemen kommunizieren können. Die Schnittstellen und Standards sind in **Fig. 8** dargestellt.

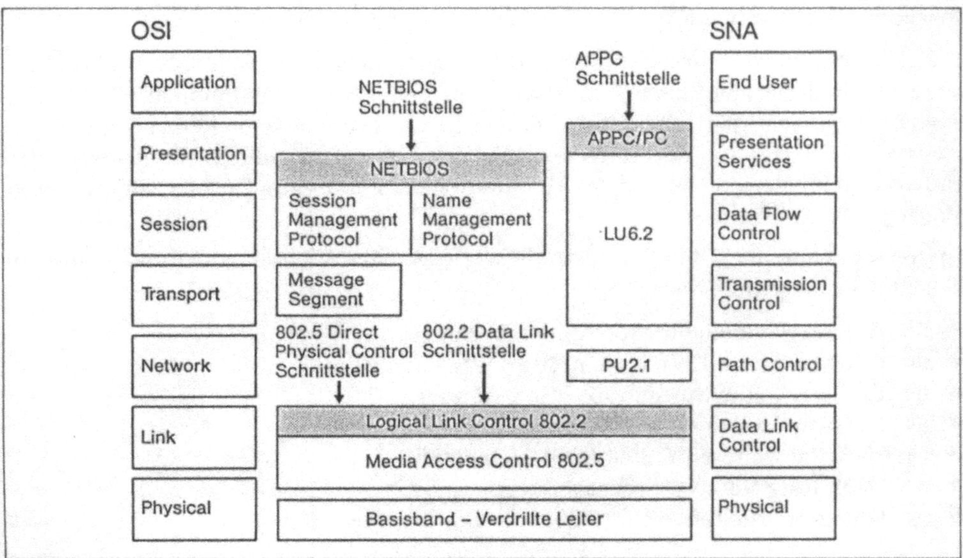

Fig. 8 Software-Schnittstellen und Standards (Quelle: IBM)

Unterstützt wird die vom PC-Netzwerk her bereits bekannte NETBIOS (*Network Basic Input/Output System*)-Schnittstelle, so daß Applikationen, welche diese Schnittstelle benutzen, auch mit dem Token-Ring implementiert werden können.

Langfristig wichtiger ist die LU6.2/APPC-Schnittstelle, die SNA-konform ist. Es würde zu weit führen, hier die IBM-Netzwerkarchitektur (SNA) beschreiben zu wollen; es sollen deshalb nur die erwähnten Begriffe kurz erläutert werden.

Physical Units (PUs) und *Logical Units* (LUs) sind Elemente eines SNA-Netzwerks.

Eine „Physical Unit" beschreibt eine physikalische Komponente; solche sind beispielsweise Terminals oder Rechner. Eine „Physical Unit" des Typs 2.1 (PU2.1) kennzeichnet einen Rechner mit beschränkter Leistungsfähigkeit, der *peer-to-peer*, d. h. als gleichberechtigter Partner mit anderen Rechnern kommunizieren kann, aber keine besonderen Netzwerk-Funktionen in einem SNA-Netz wahrnimmt. In diese Kategorie sind kleinere Bürosysteme und im vorliegenden Fall die IBM PCs eingeordnet.

Eine „Logical Unit" ist ein Kommunikationskanal, über den Anwendungen Kommunikationsdienstleistungen in Anspruch nehmen können. Der Typ einer „Logical Unit" charakterisiert die Fähigkeiten eines solchen Kanals; LU6.2 bezeichnet die Architektur (d. h. in produktunabhängiger Weise) eines universellen Kanals, der eine gleichberechtigte Kommunikation zwischen Applikationen in verschiedenen Systemen ermöglicht.

APPC (*Advanced Program-to-Program Communication*) ist eine Bezeichnung für das durch die LU6.2-Protokolle mögliche Konzept für eine gleichberechtigte Kommunikation auf Anwendungsebene und wird meistens synonym mit LU6.2 verwendet. Es sollte darauf hingewiesen werden, daß die wichtigsten IBM-Produkte im Bereich der Bürokommunikation auf der LU6.2/APPC-Schnittstelle basieren.

Lu6.2/APPC ist eine SNA-Schnittstelle, die den Rang eines Industriestandards besitzt. Die Realisierung dieser Schnittstelle auf dem PC für Kommunikation über den Token-Ring macht den Token-Ring mit den daran angeschlossenen PCs zu einem Teil eines SNA-Netzes. Mit der Unterstützung des Token-Rings durch die Kommunikationssteuereinheiten 372x hat der PC damit einen direkten und sehr leistungsfähigen Zugang zur SNA-Welt.

Insgesamt kann der IBM PC (bzw. PC-AT) in einer Vielfalt von Funktionen am Token-Ring eingesetzt werden:

- als „Gateway" zu einem IBM Serie/1 Rechner
- als „Gateway" zum IBM System/370
- als „Gateway" zum System/36
- als „Gateway" zu einem PC-Netzwerk
- als Brücke zu weiteren Token-Ring-Segmenten
- als Token-Ring-Netzwerk-Manager
- als „Server" (Druckserver, Dateiserver etc.) für andere PCs

- als Terminalserver, der für andere im 3270-Emulationsmode arbeitende PCs die Verbindung zu einem „Host" herstellt (diese Funktion wird in Zukunft überflüssig sein, wenn die Gegebenheiten es zulassen, daß die neue Terminalsteuereinheit IBM 3174 direkt an einen Token-Ring angeschlossen wird)
- und auch als Benutzerendgerät, das als intelligentes Gerät eigenständig arbeitet oder im Terminalemulationsmode mit einem Host verbunden ist.

Diese Aufstellung belegt, daß der Token-Ring in erster Linie gedacht ist, intelligente Arbeitsstationen (und dies werden in Zukunft nicht nur die diversen IBM PCs sein) miteinander und in sehr vielfältiger Weise und für diverse Anwendungen mit der Außenwelt zu verbinden.

7 Performance des Token-Rings

Es sollen hier nur einige qualitative Aussagen zur „Performance" des Token-Rings — auch im Vergleich zu den anderen LAN-Konzepten — gemacht werden; eine ausführliche Behandlung des Themas ist z. B. in [2] zu finden.

Anders als beim CSMA/CD-Verfahren ist das Verhalten beim Token-Ring (wie auch beim Token-Bus) bezogen auf das Zugriffsverfahren deterministisch. Das Verhalten bleibt auch in Überlastungssituationen stabil, d. h., es gibt keine kritische Belastungsgrenze, bei deren Überschreiten der effektive Durchsatz an Nutzdaten zurückgeht.

Die meisten „Performance"-Untersuchungen basieren auf der Annahme, daß die angebotene Last ein Poisson-Prozeß ist, d. h. die Last ist dadurch charakterisiert, daß viele Stationen mit jeweils geringen Anforderungen diese Last erzeugen (wie es z. B. für Terminalnetze typisch ist, aber nicht unbedingt für Rechnernetze).

Bezüglich des durch das Zugriffsverfahren erzeugten „Overhead" ist diese Annahme für das CSMA/CD-Verfahren besonders ungünstig, da dadurch die Wahrscheinlichkeit von Kollisionen maximiert wird; sie ist besonders günstig für das Token-Verfahren, weil die Wahrscheinlichkeit, daß der Token (unnützerweise) an nicht sendebereite Stationen gegeben wird, klein wird.

Beim anderen Extrem der Lastverteilung, bei der die Gesamtlast im Netz durch eine einzelne Punkt-zu-Punkt-Verbindung erzeugt wird, ist die Situation umgekehrt: Hier erzeugt das CSMA/CD-Verfahren praktisch keinen „Overhead", und die volle Übertragungsgeschwindigkeit des Netzes ist ohne Einschränkung durch das Zugriffsverfahren effektiv nutzbar; beim Token-Verfahren erzeugt diese Last den maximalen „Overhead", da der Token für jede Nutzübertragung den gesamten Ring umrunden muß; der „Overhead" bleibt aber auch in diesem Fall beschränkt und ist bei bekannten Netzdaten exakt berechenbar: er liegt bei realistischen Annahmen bezüglich der Netzkonfiguration im Bereich weniger Prozentpunkte.

Beachtenswert ist auch, daß das Token-Verfahren bei unterschiedlichen Netzwerkauslegungen anwendbar ist. Beim CSMA/CD-Verfahren gibt es einen kritischen Zusammenhang zwischen der maximalen Signallaufzeit (und damit der physischen Netzausdehnung), der Paketlänge und der Übertragungsgeschwindigkeit, der dazu führt, daß eine minimale Paketlänge und eine maximale Distanz vorgegeben sind und höhere Übertragungsgeschwindigkeiten in zunehmend geringerem Umfang in höhere Nutzleistung umgesetzt werden können.

In dieser Hinsicht ist das Token-Verfahren wesentlich unkritischer: Es gibt keine minimale Paketlänge und auch keine enge Grenze bezüglich der Netzausdehnung, und das Verfahren verkraftet eine sehr deutliche Steigerung der Übertragungsgeschwindigkeit, ohne daß der durch das Zugriffsverfahren bedingte „Overhead" unverhältnismäßig ansteigt. Die Eignung des Verfahrens für ein breites Spektrum von Netzwerkparametern wird auch durch die FDDI (*Fiber Distributed Data Interface*)-Aktivitäten (*American National Standards Committee* (ANSC) C3T9.5) untermauert, wo das Token-Ring-Verfahren bei einer Übertragungsgeschwindigkeit von 100 Mbps und einer Netzausdehnung von 20 km zum Einsatz kommen soll.

Die obigen Aussagen sind generelle Aussagen, die sich vom gewählten Zugriffsverfahren ableiten lassen und Gültigkeit in einfachen Netzen besitzen. In zusammengesetzten Netzen überlagern sich diese Charakteristika mit anderen Effekten. Sicher ist, daß „Gateways" und auch Brücken im allgemeinen die volle Übertragungsleistung eines LAN nicht übermitteln können. Sie können deshalb sehr leicht zu einem Flaschenhals werden, wenn die Verkehrslast derart ist, daß in einem Segment nur ein geringer Anteil an lokalem Verkehr vorhanden ist, d. h. der größere Teil des Datenstromes über eine Brücke oder einen „Gateway" geführt werden muß.

In großen und komplexen Netzen ist es in der Praxis nahezu unmöglich, die Belastung einzelner Segmente auch nur annähernd vorherzusagen, da die Last in einem Segment zu erheblichen Teilen durch Datenströme verursacht werden kann, die weder ihren Ausgang noch ihren Endpunkt in diesem Segment haben (die also über „Gateways" oder Brücken zu- und abfließen). Dies unterstreicht die Bedeutung eines Zugriffsverfahrens, das sich unter allen Umständen stabil verhält, und da hier ein einzelnes Segment angesprochen ist, gelten hierfür die obigen grundsätzlichen Aussagen.

Unabhängig von den bisherigen Betrachtungen ist die Feststellung, daß die für eine einzelne Punkt-zu-Punkt-Verbindung über ein lokales Netz beobachtbaren effektiven Datenraten in der Regel deutlich bis drastisch unterhalb der nominellen Übertragungsleistung des Netzes liegen. Dieser Effekt tritt auch bei unbelastetem Netz auf (kann durch eine hohe Netzbelastung natürlich noch verstärkt werden) und hat seine Ursache in dem beträchtlichen „Overhead", den die Netzsoftware vor allem auf den oberen Ebenen erzeugt, aber auch in der begrenzten Geschwindigkeit, mit der Daten von und zu einem Sekundärspeicher (Platte) transportiert werden können.

Zusammenfassend: Das CSMA/CD-Verfahren ist gut geeignet für gering belastete Netze, bei höheren Netzbelastungen aber kritisch wegen der verfahrensinhärenten Instabilität in Überlastsituationen. Das Token-Ring-Verfahren ist in jeder Hinsicht unkritisch: Es arbeitet bei niedriger Last mit mäßigem „Overhead" und bleibt auch in Überlastsituationen stabil. Das Token-Bus-Verfahren verhält sich ähnlich wie das Token-Ring-Verfahren, ist aber generell mit einem höheren „Overhead" behaftet, da auf einem physischen Bus durch explizite Adressierung ein logischer Ring erzeugt wird.

8 Perspektiven

Noch besitzen LANs auf CSMA/CD-Basis einen Entwicklungsvorsprung vor Token-Ring-LANs, der aber schwinden wird; danach werden CSMA/CD-LANs vermutlich nur in unkritischen Einsatzumgebungen eine gewisse Bedeutung behalten. Die eindeutig besseren Perspektiven besitzt der Token-Ring, zum einen, weil der Marktführer IBM, der bereits in vielen Bereichen der Datenverarbeitung und -kommunikation als ordnungspolitischer Faktor in Erscheinung getreten ist, dahintersteht, zum anderen aber auch aufgrund der konzeptionellen Überlegenheit. Diese resultiert aus dem unkritischen Lastverhalten, das dem Betreiber die vorbereitenden Planungsarbeiten erleichtert, und aus dem technischen Entwicklungspotential. Auch IBM — obgleich erst vor kurzem mit ersten Ankündigungen zum Token-Ring an die Öffentlichkeit getreten — unterläßt es selten, bei der Vorstellung des Token-Rings darauf hinzuweisen, daß das Token-Ring-Verfahren aufgrund der aktiven Netzknoten in besonderer Weise geeignet ist, auf der Basis von Lichtwellenleitern realisiert zu werden.

Literatur

[1] *Bederman, S.:* Source Routing. Data Communication, Februar 1986, S. 127—128.

[2] *Bux, W.:* Performance issues in local-area networks. IBM Systems Journal, Vol. 23, No. 4, 1984, S. 351—374.

[3] *Conrads, D.:* IEEE 802.5 Token-Ring. In ‚Serielle Bus-Systeme‘, VDE-Verlag 1986.

[4] *Dixon, R. C., Strole, N. C., Markov, J. D.:* A token-ring network for local data communications. IBM Systems Journal, Vol. 22, Nos. 1/2, 1983, S. 47—62.

[5] *Dixon, R. C.:* Synchronous Data. Data Communications, Februar 1986, S. 131—135.

[6] Elektronik Notizen: Chipsatz erleichtert Entwurf eines Token-Ring-LANs. Elektronik 25, Dezember 1985, S. 13—14.

[7] IBM Token-Ring Network: Introduction and Planning Guide. IBM Form GA27-3677-0, Oktober 1985.

[8] IBM Token-Ring Network Optical Fiber Options. IBM Form GA27-3747.

[9] *Joshi, S.:* FDDI: Übergreifendes Datennetzkonzept. Elektronik 25, Dezember 1985, S. 67—72.

[10] *Mier, E. E.:* Question: How open is IBM's much-touted token ring? Data Communications, Jan. 1986, S. 47—52.

[11] *Stallings, W.:* Local Networks. Computing Surveys, Vol. 16, No. 1, März 1984, S. 3—41.

Jürgen Suppan-Borowka

Die MAP-Konzeption

1 Historie

In den Jahren von 1980 bis 1983 entwickelte eine kleine Gruppe von Fachleuten um *Mike Kaminski* herum bei General Motors das MAP-Konzept. Basierend auf den damals führenden Token-Bus-Komponenten von Concord Data Systems (CDS) wurde auf der National Computing Conference NCC 1984 eine erste Testinstallation vorgeführt. Mit Allen Bradley, DEC, Gould, HP, IBM und Motorola waren die auf dem amerikanischen Markt wichtigsten Hersteller von Automatisierungsprodukten mit von der Partie.

Basierend auf einer Übergangsarchitektur mit Prototyp-Stationsanschlüssen wurde ein Breitbandnetz auf Token-Bus-Basis mit einer nur teilweise ausgefüllten ISO-OSI-Protokollarchitektur vorgestellt. Das primäre Ziel war der Nachweis, daß es möglich ist, Daten zwischen den in sich leistungsfähigen Welten verschiedener Hersteller auszutauschen. Die Präsentation auf der NCC war ein voller Erfolg. Nach der NCC wurde die bis dahin vorliegende Version 1 der MAP-Spezifikation überarbeitet. In schneller Folge entstanden die Versionen 2.0 und 2.1. Letztere wurde zur Gewährleistung eines stabilen Zustands für zwei Jahre bis 1987 eingefroren.

Im Laufe der weiteren Entwicklung bildeten sich in den USA MAP-Benutzer und Hersteller-Gruppen. Weitere große Anwender sprangen auf den fahrenden Zug auf (speziell: Ford und General Electric). General Electric gründete zusammen mit Ungermann-Bass eine eigene Tochtergesellschaft zur Schaffung MAP-kompatibler Token-Bus-Produkte (INI). Damit war nicht nur MAP zum internationalen Defacto-Standard geworden, auch der Token-Bus – ansonsten stiefmütterlich behandelt – hatte einen großen Sprung nach vorne getan. In Europa werden die MAP-Aktivitäten von der „European MAP User Group" (EMUG) koordiniert. Auf Herstellerseite begleitet vor allem die Siemens AG die MAP-Entwicklung seit der NCC-Präsentation (mit kritischem Abstand). Bei einigen Großanwendern – vor allem aus dem Automobilbereich – laufen die ersten Testinstallationen.

Ein wichtiger Meilenstein in der MAP-Entwicklung war die Autofact-Messe im November 1985 in Detroit. Das Ziel der „Autofact" war höher gesteckt als auf der NCC 1984. In Detroit sollte die Arbeitsfähigkeit des MAP-Konzeptes auf der Basis bereits existierender Produkt-Prototypen nach der gültigen Spezifikation 2.1 vor-

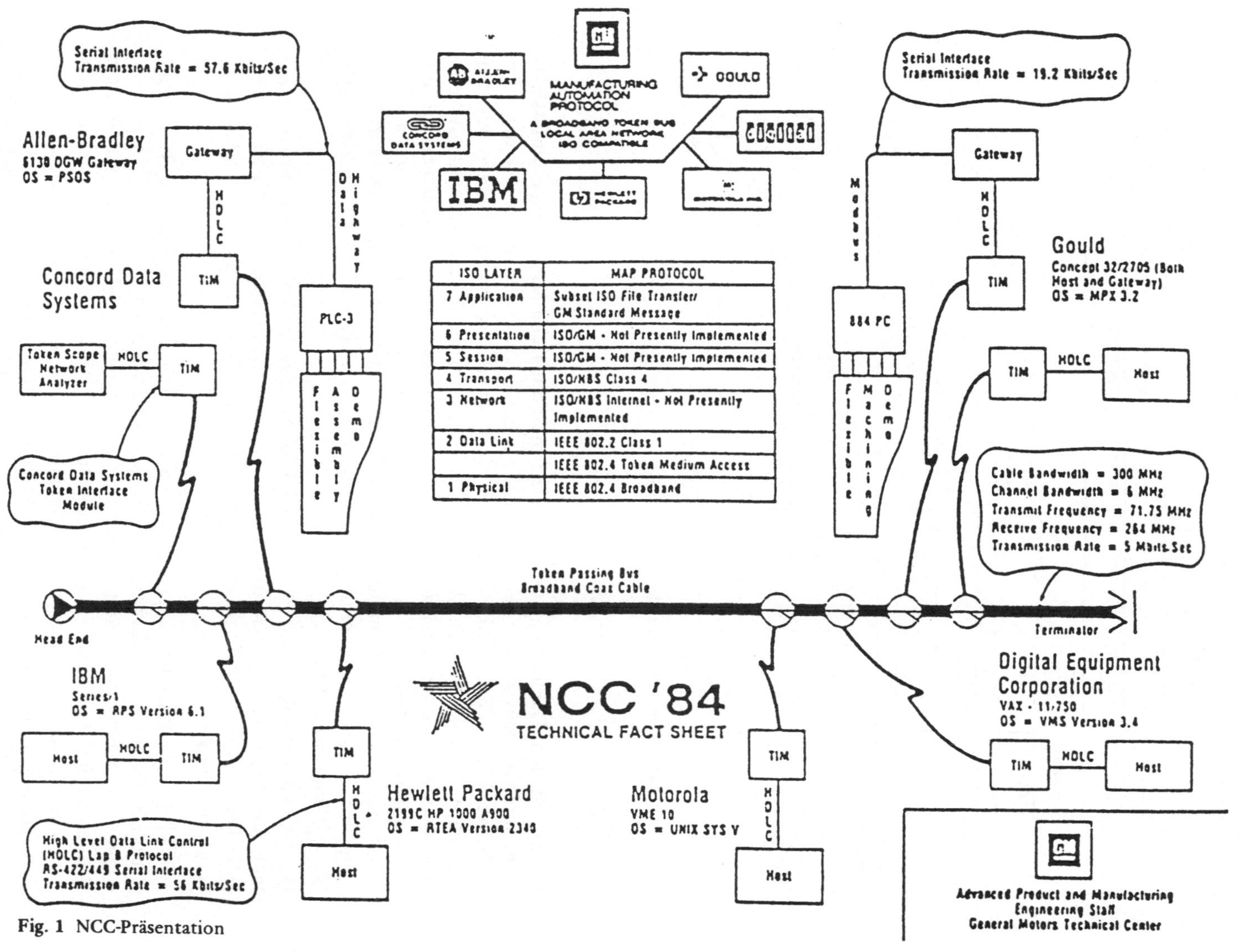

Fig. 1 NCC-Präsentation

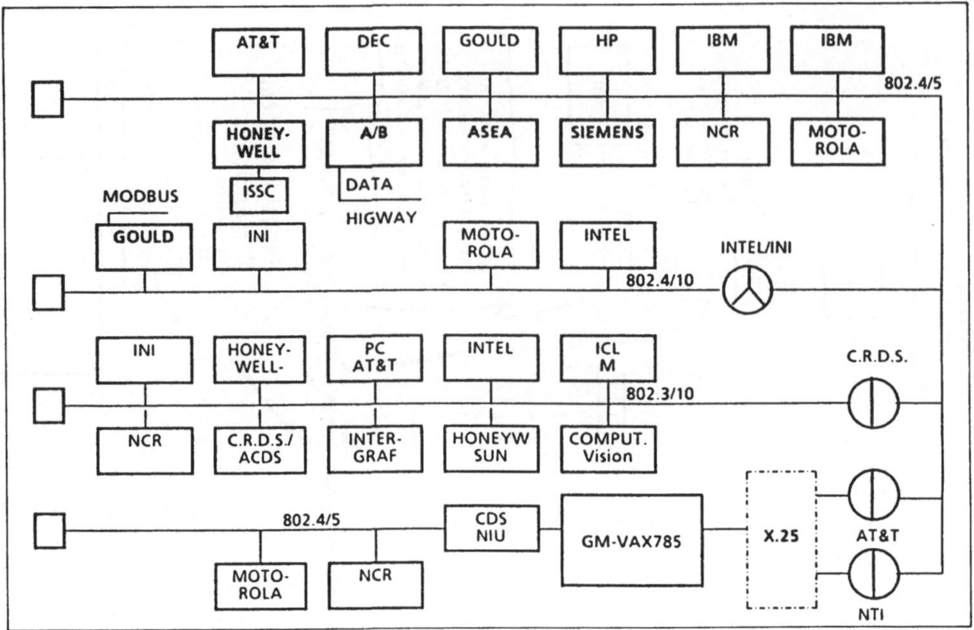

Fig. 2 Autofact-Architektur (Quelle: Siemens AG)

geführt werden. Darüber hinaus sollte die Einbindung von MAP in eine umfassende Kommunikationswelt über entsprechende „Gateways" präsentiert werden. Ein wichtiger Faktor dieser Einbindung ist die Kommunikation mit Netzen aus dem Bereich der Bürokommunikation. Hier hatte sich seit der NCC eine Parallel-Arbeitsgruppe zu MAP unter dem Namen TOP (*Technical and Office Protocols*) entwickelt. Im Rahmen von TOP wird unter der Federführung von Boeing in enger Zusammenarbeit mit MAP eine Kommunikationsarchitektur für CSMA/CD-Netze entwickelt (vergleiche auch die Empfehlungen der europäischen SPAG-Gruppe im *Guide to the Use of Standards*, GUS).

Die „Autofact" zeigte, daß in MAP und TOP Ansätze für die Konzeptionierung umfassender Kommunikationslösungen liegen, die fast alle Bereiche eines Unternehmens abdecken. Folgende Punkte müssen hinsichtlich der Beurteilung der „Autofact" berücksichtigt werden:

— MAP und TOP wurden über ein „Gateway" auf der Schicht 7 gekoppelt, konzeptionell ist jedoch ein „Router" auf der Schicht 3 vorgesehen.
— Die Breitbandkomponenten verschiedener Hersteller sind zur Zeit nur bedingt miteinander einsetzbar. Auf der „Autofact" wurden innerhalb eines Netzsegments jeweils nur Breitbandkomponenten eines Herstellers eingesetzt. „Offene Kommunikation" ist damit noch nicht Stand der Technik.

– Die auf der Schicht 7 angebotene Funktionalität war für die „Autofact" improvi-
  siert, das heißt: die vorgeführte Kommunikation war größtenteils eine für die
  Messe geschaffene Einzellösung.
– Nach dem MAP-Entwicklungsplan (siehe unten) werden integrierte „Controller"-
  Boards mit der MAP-Protokoll-Hierarchie und voller Funktionalität nicht vor
  1987 verfügbar sein.
– Die Interoperabilität der existierenden MAP-Produkte und die Bestätigung der
  Einhaltung der Spezifikation 2.1 muß erst noch nachgewiesen werden (s. u.: Test
  und Validierung).

2 MAP-Protokollarchitektur

Die MAP-Spezifikation 2.1 basiert auf dem ISO-Referenzmodell für offene Systeme
und den entsprechenden Protokollen. Der durch die ISO vorgegebene Rahmen gestattet die Ausgestaltung vielfältiger Protokoll-Alternativen für völlig unterschiedliche Anwendungen. Zur Spezifikation eines normgerechten Kommunikationssystems ist es deshalb notwendig, eine auf den projektierten Anwendungsbereich zu-

ISO-Layer	Aufgabe	MAP-Spezifikation
Anwender-Programm (Netzwerk-Nutzer)	–	MMFS/EIA 1393 A/RS-511
Layer 7: Application	Dienstschnittstelle für den Anwender	ISO-CASE-Subset ISO-FTAM-Subset MAP-Messaging MAP-Directory-Dienste MAP-Netzwerk-Management
Layer 6: Presentation	Anpassung/Umwandlung von Formaten, Kodierung usw.	Null
Layer 5: Session	Synchronisation und Verwaltung von Verbindungen	ISO-Session-Kern
Layer 4: Transport	Zuverlässige Ende-zu-Ende-Verbindungen	ISO-Transportklasse 4
Layer 3: Network	Protokollanpassung zwischen verschiedenen Netzen, Routing	CLNS inactive subset
Layer 2: Data Link	Fehlerentdeckung, Transfer zwischen topologisch benachbarten Knoten, Medienzugang	IEEE 802.2 LLC Typ 1 IEEE 802.4 Token-Bus
Layer 1: Physikal	Kodierung und bitserielle Übertragung von Paketen	IEEE 802.4 Token-Bus-Breitband

Fig. 3 MAP und ISO

geschnittene Protokollarchitektur zusammenzustellen. Diese Zusammenstellung erfordert die Entscheidung zwischen bestehenden Protokollalternativen und ihren Optionen. Unter diesem Gesichtswinkel stellt die MAP-Spezifikation 2.1 eine für Fertigungsumgebungen geeignete Protokollhierarchie aus Standardprotokollen zusammen.

MAP basiert auf einem Breitbandsystem mit einer Übertragungsrate von 10 Mbps (Millionen bit pro Sekunde) in einem 12 MHz Frequenzbereich. Drei 12 MHz Frequenzkanäle stehen alternativ zur Auswahl, d. h. theoretisch können drei separate MAP-Netze auf einem Breitbandnetz gefahren werden. Wichtig ist der Aspekt, daß mit der Wählbarkeit der Frequenzbereiche eine Überlappung mit anderen Netzen, die parallel auf dem Breitbandsystem betrieben werden, vermieden werden kann. Voraussetzung für die Realisierung der Frequenzwahl sind frequenzagile Modems und *Head-End-Remodulatoren*. Das Breitbandsystem entspricht der IEEE-802.4-Norm für den Token-Bus. Durch den Einsatz eines Breitbandsystems wird

— die Überbrückung großer Entfernungen ermöglicht,
— die parallele Übertragung mehrerer Informationsströme auf einem Medium unterstützt (Integration),
— die Anpassung des Netzes an die geographischen Gegebenheiten durch Standard-Breitband-Komponenten möglich,
— von vorn herein jede Beschränkung der Übertragungskapazität vermieden.

Gleichzeitig können vorhandene Anwendungen integriert werden. Beispiele hierfür sind Video-Systeme und ältere Punkt-zu-Punkt- oder Multipunkt-Breitbandsysteme (zum Beispiel 3M). Es ist zu beachten, daß die Entscheidung für Breitband bis zu einem gewissen Grad unabhängig von MAP gesehen werden muß. Insbesondere unter Wirtschaftlichkeitsaspekten ist die Integrierbarkeit verschiedener Anwendungen in einem Breitbandsystem wichtig (Breitband muß in Fertigungsumgebungen mit einem Stellenwert vergleichbar der Telefonverkabelung in Büroumgebungen gesehen werden).

Als Medienzugangsverfahren wird das Token-Bus-Protokoll entsprechend der Norm IEEE 802.4 eingesetzt. Das Token-Bus-Protokoll gestattet den konfliktfreien, deterministischen Zugang zum Medium. Zusätzlich bietet es Prioritäten und „Immediate Response" als Option. Innerhalb der MAP-Spezifikation 2.1 werden jedoch diese Optionen nicht genutzt. Zusammen mit der Breitbandtechnologie, der vorliegenden Bus-Topologie und der passiven Stationsankopplung wird somit ein Höchstmaß an Sicherheit für eine fehlerfreie und garantierte Übertragung erreicht. Das eingesetzte LLC-Protokoll ist verbindungslos und arbeitet mit einem Minimum an „Overhead" (1 Byte pro zu übertragender Nachricht).

Zur Verdeutlichung der Entscheidungsgrundlagen für den Token-Bus werden die Eigenschaften der wichtigsten, miteinander konkurrierenden Medienzugangsverfahren in **Fig. 4** bis **Fig. 6** einander gegenüber gestellt.

Die auf der Netzwerkschicht eingesetzten Protokolle sind in MAP noch nicht endgültig spezifiziert. Es wird aber eine eindeutige Absichtserklärung für ein verbindungsloses Internet-CLNS-Protokoll angegeben. Wichtig ist, daß in der Kombination aus

<table>
<tr><td valign="top">

Token-Bus

→ deterministischer Zugang
→ stabil bei hohen Lasten
→ faires Protokoll
→ Prioritäten-Option
→ passive Stationskopplung
→ Breitbandversion
　 genormt
→ empfindlich gegen un-
　 symmetrische Verkehrs-
　 lasten

</td><td valign="top">

Token-Ring

→ deterministischer Zugang
→ leistungsfähiger als Token-
　 Bus
→ stabil bei hohen Lasten
→ faires Protokoll
→ Prioritäten-Option
→ aktive Kopplung
　 Gefahr der Netz-
　 unterbrechung
→ keine Breitbandversion
　 genormt

</td><td valign="top">

CSMA/CD

→ stochastischer Zugang
　 keine Übertragungs-
　 garantie
→ effizient bei niedrigen
　 Lasten
→ keine Prioritäten-Option
→ passive Kopplung
→ begrenzte Entfernungen
　 auf Koaxialkabel
→ Breitbandversion
　 existiert

</td></tr>
</table>

Bild 4 Eigenschaften des
Token-Bus-Verfahrens

Bild 5 Eigenschaften des
Token-Ring-Verfahrens

Bild 6 Eigenschaften des
CSMA/CD-Verfahrens

Netzwerk- und LLC-Protokollen ein verbindungsloser Dienst aufgebaut wird. Damit stehen auf diesen Schichten keine Dienste für Flußkontrolle, Reihenfolgeerhaltung und Segmentierung bereit.

Mit dieser Auslegung der LLC- und Netzwerkschicht wird auf der Transportschicht ein Transportprotokoll der Klasse 4 erforderlich, dessen wesentliche Eigenschaften neben umfangreichen Fehlerentdeckungs- und Behebungsfähigkeiten die Verbindungsorientiertheit mit Diensten für Flußkontrolle, Segmentierung und Reihenfolgeerhaltung sind. Die Flußkontrolle ist in einer heterogenen Umgebung, wie sie durch MAP realisiert wird, notwendig, um Geräte mit unterschiedlichem Durchsatzvermögen und Hardwareaufbau effizient aneinander anzupassen.

Beispiel: Eine PDP11-Leitstation sendet ein Programm oder eine längere Nachricht in mehreren Teilnachrichten an eine speicherprogramierbare Steuerung, die diese Teilnachrichten nicht mit derselben Geschwindigkeit verarbeiten kann und die nur über einen kleinen Empfangspuffer für wenige Teilnachrichten verfügt. Der Nachteil eines Transport-Protokolls der Klasse 4 liegt in der aufwendigen Einstellprozedur der vorhandenen Protokollparameter (Zeitgrenzen für Wiederholung einer Übertragung usw.), der Erhöhung der Netzlast durch protokollspezifischen Datenaustausch und in der Reduzierung der Durchsatzleistung.

Die Transportschicht stellt der „Session"-Schicht eine einheitliche Dienstschnittstelle zur Verfügung, die von der Realisierung der unteren drei Schichten unabhängig ist. Damit bleibt für die Zukunft die Möglichkeit erhalten, Alternativsysteme auf den unteren Ebenen einzusetzen, ohne die oberen Protokollschichten (5—7) verändern zu müssen.

Die Schichten 5 bis 7 einer Protokollarchitektur legen die für den Anwender angebotene Funktionalität fest. MAP konzentriert sich hier im wesentlichen auf den File-Transfer (FTAM: *File Transfer Access and Management*), den CASE-Kern und

Zusatzfunktionen für die Übertragung von Befehlen und Programmen für CNC-Maschinen, Roboter und ähnliche Geräte. Letzteres wird unter der Bezeichnung MMFS (*Manufacturing Message Format Standard*) geführt. Dieser Standard wird zur Zeit in der EIA unter dem Namen 1393A weiterentwickelt und wird unter der Bezeichnung RS-511 voraussichtlich 1987 verabschiedet werden (seit Juni 1986 existiert der EIA 1393A, Draft V als *Draft International Standard*). Für den Anwender ist die durch RS-511 bereitgestellte Funktionalität wesentlich, da sie für ihn die Anbindung des MAP-Netzes an seine Anwendungsprozesse ermöglicht.

Beispiel: In einer existierenden Anwendung kommuniziert eine Leitstation mit einer Reihe von speicherprogrammierbaren Steuerungen. Die Kommunikation ist in die vorhandene Softwarelösung auf der Leitstation und in den SPS eingebunden. Diese Einbindung muß durch MAP-Funktionsaufrufe ersetzt werden. Der zeitliche Aufwand und die Komplexität dieses Ersetzungsprozesses hängen im wesentlichen von der Güte und der Leistungsfähigkeit der MAP-Funktionen an dieser Stelle ab. In diesem Zusammenhang muß noch einmal betont werden, daß MAP keine Lösung darstellt, sondern ein Hilfsmittel zur Schaffung einer Lösung. Die MAP-Funktionsschnittstellen wie zum Beispiel MMFS/EIA 1393A müssen in die bestehenden Anwendungen eingebunden werden. Dies erfordert die Entwicklung von Anpassungssoftware.

Für die Beurteilung der Ausgestaltung der oberen Schichten ist wichtig, die Bedeutung einer leeren „Presentation"-Schicht einzuschätzen. Auf der „Presentation"-Schicht erfolgt normalerweise die Anpassung der zwischen den einzelnen Stationen unterschiedlichen Dateiformate, Codierungskonventionen usw.. Für die Ausgestaltung eines offenen Systems ist die Schicht 6 somit sehr wichtig. Auf Grund der noch andauernden Normung auf dieser Schicht wird diese jedoch häufig leer gelassen. Dies hat zur Folge, daß zwischen den miteinander kommunizierenden Stationen ein Minimalkonsens über benutzte Formate und Codierungen herrschen muß. Im Fall von MAP beinhaltet dieser Minimalkonsens u. a. die Übertragung von ASCII-Files

---

MMFS/EIA 1393 A

— spezielle Syntax zum Datentransfer zwischen CNC-Maschinen, Robotern usw.

Funktion	Beschreibung
cycle start	Aktivierung oder Beendigung des aktuellen Maschinenzyklus
part	Identifikation einzelner Werkstücke
axis offset	Achsenmanipulation
lift	Anheben eines bestimmten Geräts

Fig. 7 Beispiele für EIA 1393A-Befehle

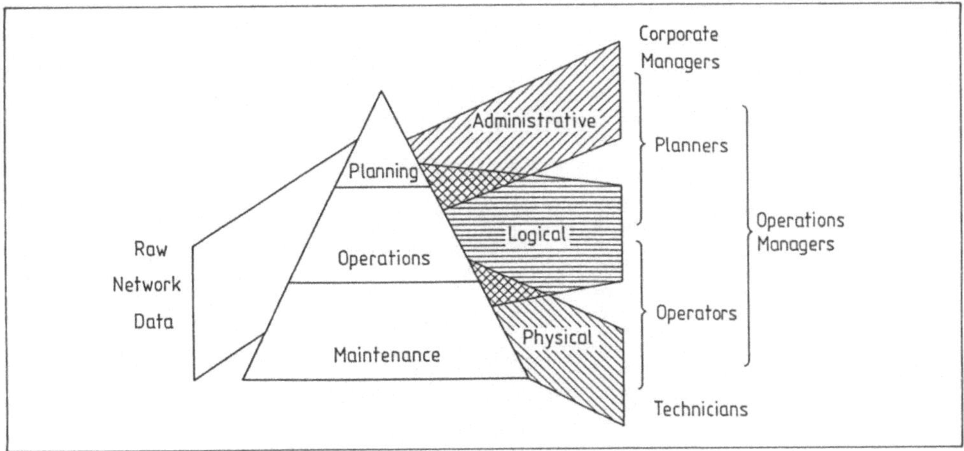

Fig. 8 Nutzung der anfallenden Information im Management

und die im Rahmen von MMFS getroffenen Festlegungen. MMFS/1393A besitzt eine eindeutige Syntax und Codierung für die zu übertragenden Befehle und Programme und benötigt demzufolge keine „Presentation"-Protokolle. In der für 1987 zu erwartenden MAP-Spezifikation 3.0 wird die Präsentations-Schicht ausgefüllt sein.

Der Betrieb eines Kommunikationssystems mit einer derartig komplexen Protokollarchitektur setzt ein leistungsfähiges Netzwerk-Management voraus. Bestandteile des Management sind die Überwachung und Gestaltung der Netz-Konfiguration, die Überwachung und Steuerung des Netzzustands und die Kontrolle und Behebung von Fehlersituationen. Für diese Zwecke müssen umfangreiche Daten gesammelt und aufbereitet werden. Diese Daten betreffen jede Protokollschicht auf jeder Station. Bedauerlicherweise ist die Normung bezüglich dieser Dienste noch wenig ausgereift. MAP definiert deshalb ein eigenes Management-Konzept, das die Schichten 3 bis 7 abdeckt. Eine Beurteilung der Nutzbarkeit ist erst nach geeigneten Praxis-Tests möglich. Die Güte des Netzwerk-Management sollte ein Entscheidungskriterium für den Kauf eines Kommunikationsproduktes sein.

Zur Unterstützung des Anwenders und zur Vermeidung von Adressierungsfehlern werden Kommunikationspartner in Netzen in der Regel über umgangssprachliche, aber innerhalb des Netzes eindeutige Namen identifiziert. Über diese Namen können die realen Adressen der kommunizierenden Prozesse („Presentation + Session + Transport + Network-SAP-Adressen") ermittelt werden. Die Funktionalität zur Umsetzung von Namen in Adressen wird von den sogenannten „directory services" realisiert. Diese basieren auf einer Datenbank mit einer entsprechend geeigneten Umsetzungstabelle, die von allen am Netz angeschlossenen Stationen abgefragt werden kann.

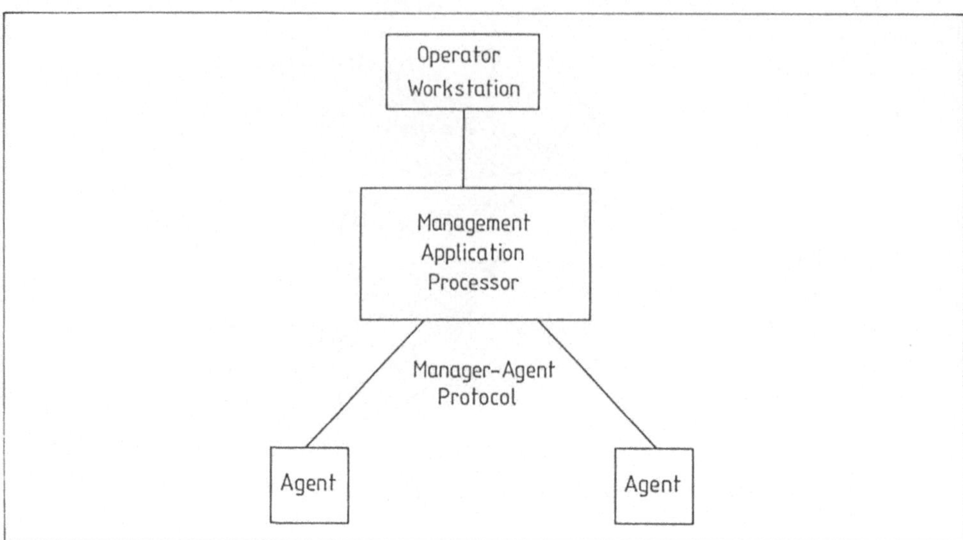

Fig. 9 Netzwerk-Management-Architektur

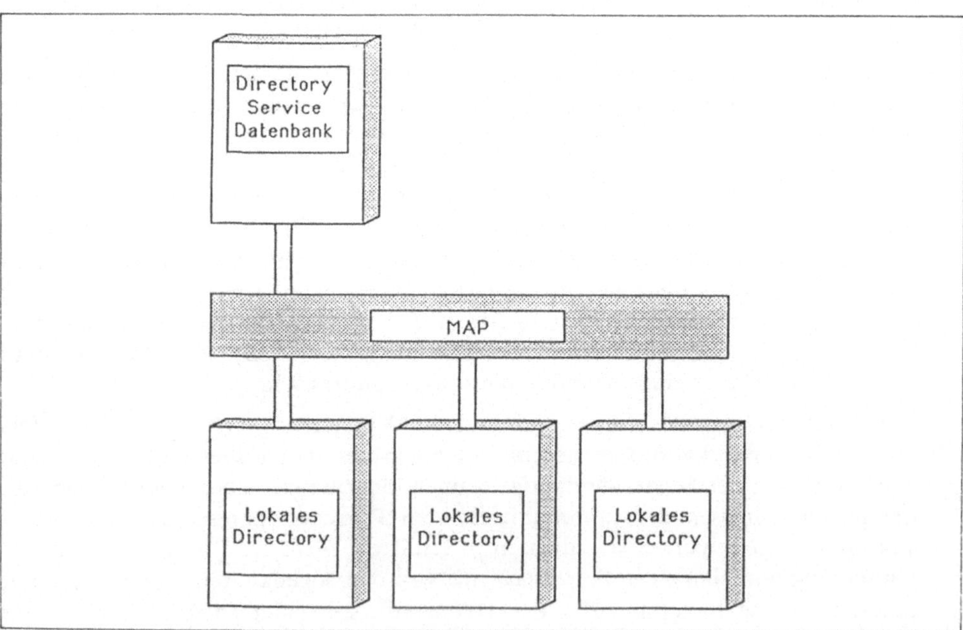

Fig. 10 Directory-Services

Um zu vermeiden, daß für jeden Aufbau einer Verbindung zwischen Kommunikationspartnern zuvor eine Verbindung zur „Directory-Service"-Datenbank aufgebaut wird, verwaltet jede Station ein stationslokales „Directory". Dieses enthält die am häufigsten von dieser Station angesprochenen Kommunikationspartner. Die Informationen in der zentralen „Directory"-Datenbank können nur von einer autorisierten Person, dem „Directory"-Manager, verändert werden.

3 Gestaltungs- und Architekturelemente

MAP gestattet den Aufbau komplexer Kommunikationsinfrastrukturen mit Hilfe der Architekturkomponenten:

— *Breitband,*
— *Bridges,*
— *Router,*
— *Gateways.*

Breitband-Komponenten wie Abzweigungen, Verstärker und „Equalizer" ermöglichen auf der physikalischen Ebene eine Strukturierung der Netze und eine Anpassung an die örtlichen Gegebenheiten. Eine „Bridge" verbindet Subnetze mit identischen LLC-Protokollen aber gegebenenfalls nicht physikalisch identischen Segmenten auf dem LLC-Layer, ein „Router" verbindet Netze mit unterschiedlichen LLC-Protokollen auf dem Netzwerklayer, und ein „Gateway" verbindet Netze mit unterschiedlichen Protokollstrukturen auf der kleinsten gemeinsamen Schicht.

Innerhalb des MAP-Konzepts hat der „Router" eine zentrale Stellung. Er gestattet die Verbindung von ISO-OSI-kompatiblen Netzen mit minimalem Aufwand unter Umwandlung und Bearbeitung von Adressen und Paketlängen mit der Möglichkeit der Zwischenspeicherung von Paketen. Die über „Router" verbundenen Teilnetze einer MAP-Kommunikationsstruktur bilden den Kern des Kommunikationssystems. Dieser Kern kann über „Gateways" verlassen werden. „Gateways" arbeiten erheblich ineffizienter als MAP-„Router", sind komplexer strukturiert und im wesentlichen zur Kommunikation mit der Außenwelt (öffentliche Netze) oder speziellen Teilnetzen gedacht. Aus der Sicht der Anwendung sind sie wichtig, um bestehende Kommunikationslösungen zu integrieren.

Mit Hilfe der beschriebenen Architekturkomponenten können komplexe Kommunikationsstrukturen aufgebaut werden. Dabei stehen aus der Sicht von MAP folgende Konzeptionen im Vordergrund:

— das Zellenkonzept,
— Kommunikation mit Büro-Datennetzen,
— Zugang zu öffentlichen Netzen,
— Nebenstellenanlagen.

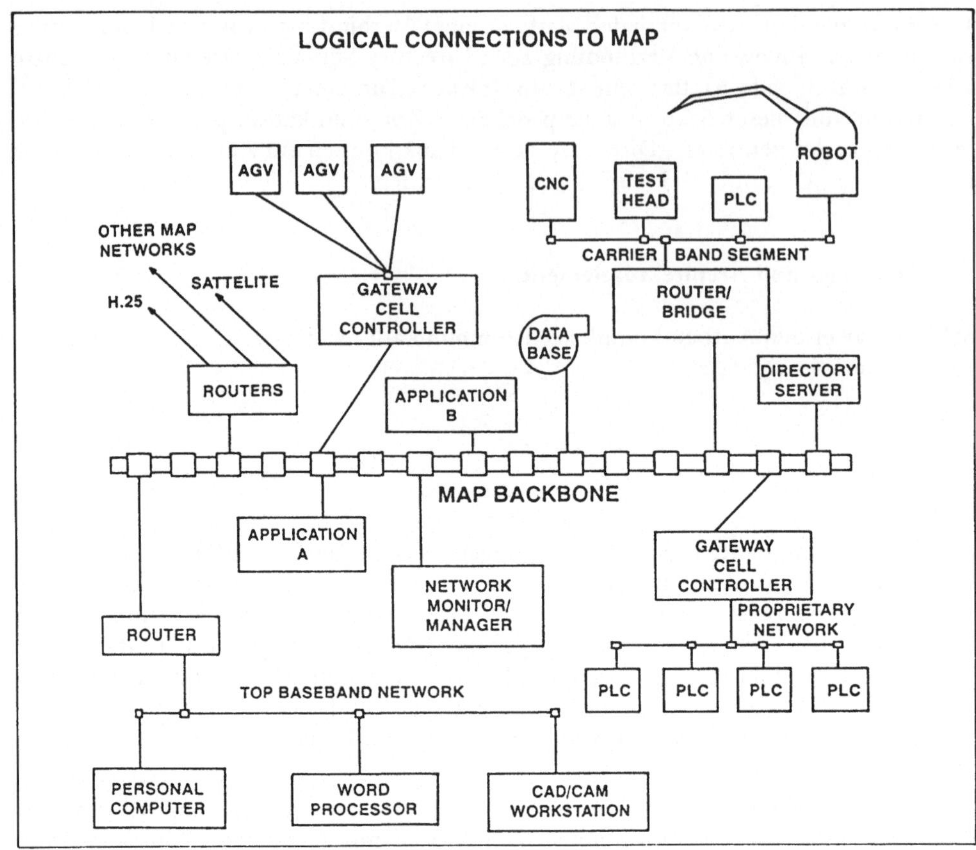

Fig. 11 MAP-Kommunikationsstrukturen

Die MAP-Architekturkomponenten bieten dem Anwender Gestaltungselemente zum Aufbau von Kommunikationsstrukturen, die flexibel und effizient auf die Kommunikationserfordernisse bestehender Anwendungen zugeschnitten werden können. MAP wird dabei als Hintergrundnetz eingesetzt, dessen primäre Aufgabe die Verbindung von Subnetzen und dessen wichtigster Dienst der Transfer von Files und NC-Programmen u. ä. ist.

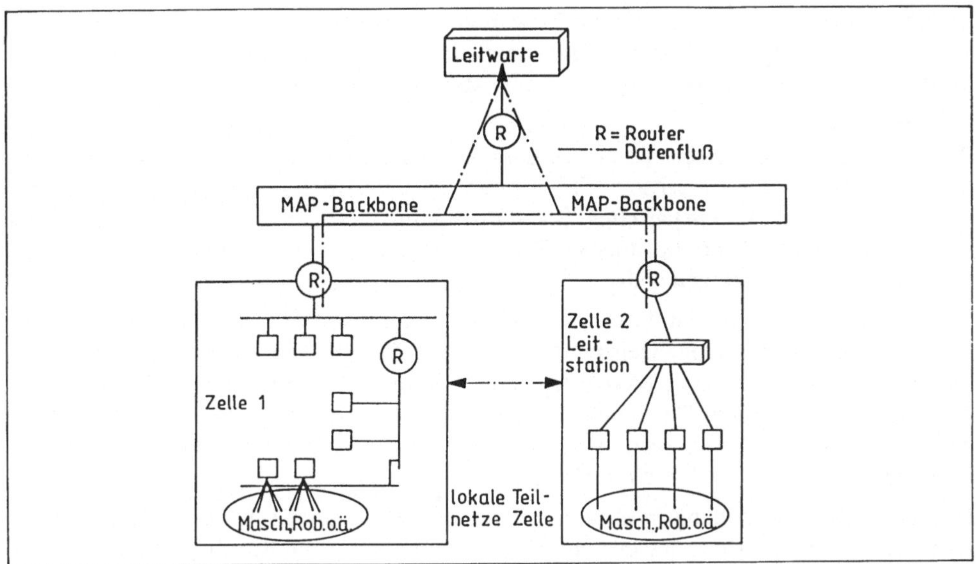

Fig. 12 MAP als Hintergrundnetz

4 Test und Interoperabilität

Aus der Sicht des Anwenders muß sichergestellt werden, daß die auf dem Markt angebotenen MAP-Produkte halten, was sie versprechen. In erster Linie ist dies mit der Forderung verknüpft, daß Produkte verschiedener Hersteller in einem MAP-System zusammen eingesetzt werden können, ohne daß die Leistungen des Kommunikationssystems beeinträchtigt werden. Dies betrifft sowohl Endprodukte wie Leitrechner oder SPS als auch MAP-Komponenten wie „Head-End"-Remodulatoren, Modems und MAP-Controller. Um dies zu erreichen, sind mehrere Schritte erforderlich.

In einem ersten Schritt muß sichergestellt werden, daß die angebotenen Produkte der MAP-Spezifikation 2.1 entsprechen. Dies ist in vielen Punkten gleichbedeutend mit der Erfüllung der entsprechenden ISO-OSI-Normvorgaben. Bereits dieser erste Schritt wird dadurch erschwert, daß die Normen in der Regel weder Testkriterien noch Testpläne enthalten und zudem nicht immer eindeutig sind (ggf. auch unvollständig).

In einem zweiten Schritt muß nachgewiesen werden, daß die Produkte verschiedener Hersteller „miteinander reden" können. Auf Grund diverser Lücken in den Normen und fehlender Testkriterien sowie der Komplexität der eingesetzten Technologien ist dies nicht selbstverständlich (Beispiele: Breitbandtechnologie, Präambel-Längen für Token-Bus).

In einem dritten Schritt muß die Leistung der angebotenen Produkte untersucht werden. Unzulängliche Puffergrößen und schlechte, weil übereilt vorgenommene Implementierungen können beispielsweise die Leistung eines MAP-Netzes erheblich beeinträchtigen.

Zur Durchführung dieser Tests werden Testzentren benötigt. Bekannt sind das *Industrial Technology Institute* (ITI) in den USA und das *Fraunhofer Institut* IITB in Karlsruhe, das als eurpäisches Testzentrum im Gespräch ist. Diese Testzentren stellen Zertifikate über die durchgeführten Tests aus, die der Anwender bei „seinem" Lieferanten erfragen sollte.

Die bisher durchgeführten Tests betrafen in erster Linie die physikalische Schicht und die dort vorhandene Breitbandtechnologie. Bereits hier traten erhebliche Probleme auf. Auch gibt es namhafte Anbieter, die zum Zeitpunkt der Erstellung dieses Textes an diesen ersten Tests nicht teilgenommen haben. Aus der Sicht des Anwenders heißt das, daß ein zufriedenstellendes Zusammenarbeiten der Produkte verschiedener Anbieter noch nicht sichergestellt ist.

In diesem Zusammenhang muß noch einmal darauf hingeweisen werden, daß auf der Autofact 1985 innerhalb jeweils eines Netzsegments nur die Breitbandkomponenten eines Anbieters verwendet wurden (vornehmlich Concord Data Systems, CDS). Die Autofact war in diesem Sinn ebenso wie ähnlich gelagerte Veranstaltungen kein Nachweis dafür, daß die Produkte verschiedener Hersteller interoperabel sind.

Auf den Schichten LLC und Netzwerk wird an der Entwicklung von Testsystemen durch das ITI zusammen mit dem NBS gearbeitet. Für Transport-Protokolle existiert bereits ein auch international akzeptiertes Testsystem des NBS. Es ist damit zu rechnen, daß im Laufe des Jahres 1986 die Tests auf die oberen Schichten ausgedehnt werden. Hilfreich ist hier unter anderem die Erfahrung des *National Bureau of Standards*, NBS.

5 Alternative MAP-Versionen

MAP ist in seiner Auslegung als Breitband-Backbone nicht realzeitfähig. Seit Beginn der MAP-Entwicklung gibt es deshalb Diskussionen über die Erreichung zufriedenstellender Antwortzeiten für Realzeitanwendungen. Seit Verabschiedung der MAP-Spezifikation 2.2 befaßt sich die Arbeitsgruppe „Enhanced Performance Architecture" mit den Möglichkeiten verbesserter Realzeiteigenschaften in MAP.

Die Ursachen der fehlenden Realzeiteignung liegen in den folgenden Gründen:

- Die ISO-OSI-Protokolle bieten über 7 Schichten eine hohe Funktionalität. Diese Funktionalität kostet ihren Preis im Sinne komplexer Protokolle, die den Stationsdurchsatz verringern und die Übertragungszeiten erhöhen. Ebenso ist ein optimales Justieren der Protokollparameter (*Tuning*) nicht einfach, so daß durch Fehleinstellungen Leistungseinbußen hervorgerufen werden.

- Das Token-Bus-Protokoll läßt sich über den Parameter „Token Holding Time" sowohl für File-Transfer-Anwendungen mit Paketlängen von 1,2 oder 4 Kbyte als auch für schnelle Antwortzeiten bei überwiegend kurzen Nachrichten auslegen (Kommandos). Letzteres kann durch eine möglichst kurze „Token Holding Time" erreicht werden, die die Token-Rotation beschleunigt. Dies hat zur Folge, daß die verfügbare Netzkapazität bei unsymmetrischen Lasten (wenige Stationen senden viel) und langen Nachrichten stark zurückgeht. Ohne die Einführung von Priotitäten läßt sich hier kein Kompromiß finden.

Seit Beginn der MAP-Entwicklung wird über Realzeitzellen diskutiert, die als Teilnetze aus dem „Backbone" ausgelagert werden. Diese Zellen sollen auf „Carrierband"-Technologie (5 Mbps phasenkohärente Modulation) aufsetzen. Bezüglich der Protokolle, die in den Zell-Stationen realisiert sind, wurde lange über eine PROWAY-Realisierung spekuliert. Diese würde eine Protokoll-Lösung bis zum Layer 2 unter Nutzung des LLC-Typs 3 und der „Immediate-Response" vorsehen. Im Laufe der Zeit haben sich nun zwei Alternativen herauskristallisiert:

- Zell-Stationen mit PROWAY-Funktionalität auf Layer 2. Die Layers 3—7 bleiben leer! Diese Stationen werden *Mini-MAP-Knoten* genannt. Mini-MAP-Knoten können nicht direkt mit MAP-Stationen auf dem „Backbone" kommunizieren. Zum einen fehlen ihnen die notwendigen Protokolle, zum anderen arbeiten sie mit einer auf die Zelle reduzierten Adreßwelt. Die Kommunikation zum MAP-„Backbone" findet deshalb über einen sogenannten „Cell-Controller" statt, der sowohl die volle MAP-Funktionalität als auch die Mini-MAP-Funktionalität hat. (Im Grunde genommen arbeitet der „Cell-Controller" als „Gateway".)
- Die Alternative zu Mini-MAP sind EPA-Stationen (EPA: *Enhanced Performance Architecture*). Diese verfügen über die volle MAP-Protokollarchitektur und basieren im Layer 1 auf einer „Carrierband"-Netzauslegung. Darüber hinaus können diese Stationen die Layers 3—6 überspringen und von der RS-511-Schnittstelle direkt auf einen LLC-SAP oder auf einen LLC-Multiplexer (für mehr als 64 LLC-SAPs) aufsetzen. Auf Grund ihrer vollen MAP-Protokoll-Hierarchie können EPA-Stationen direkt mit Stationen auf dem MAP-„Backbone" kommunizieren.

EPA-Stationen werden voraussichtlich in der MAP Spezifikation 2.2 erfaßt sein. Dort werden sie voraussichtlich aber in ihrem Einsatz auf „Carrierband"-Segmente beschränkt. Für den Anwender ist interessant, daß es Produktankündigungen für MAP-Produkte mit voller und mit EPA-Funktionalität sowohl für den Breitband-„Backbone" als auch für „Carrierband"-Segmente gibt. Daraus ergibt sich die interessante Möglichkeit, Pilot-Installationen mit voller MAP-Funktionalität auf „Carrierband"-Technologie durchzuführen.

Denkbare EPA- und Mini-MAP-Lösungen befinden sich in der Diskussion. Ihr endgültiger Aufbau ist unklar. Insbesondere entsteht die Frage, ob es möglich sein wird, EPA- und Mini-MAP-Stationen in einem „Carrierband"-Segment einzusetzen. Hier existiert das Problem des Datenaustauschs dieser Stationen untereinander (Protokoll-Funktionalität + Adressierung).

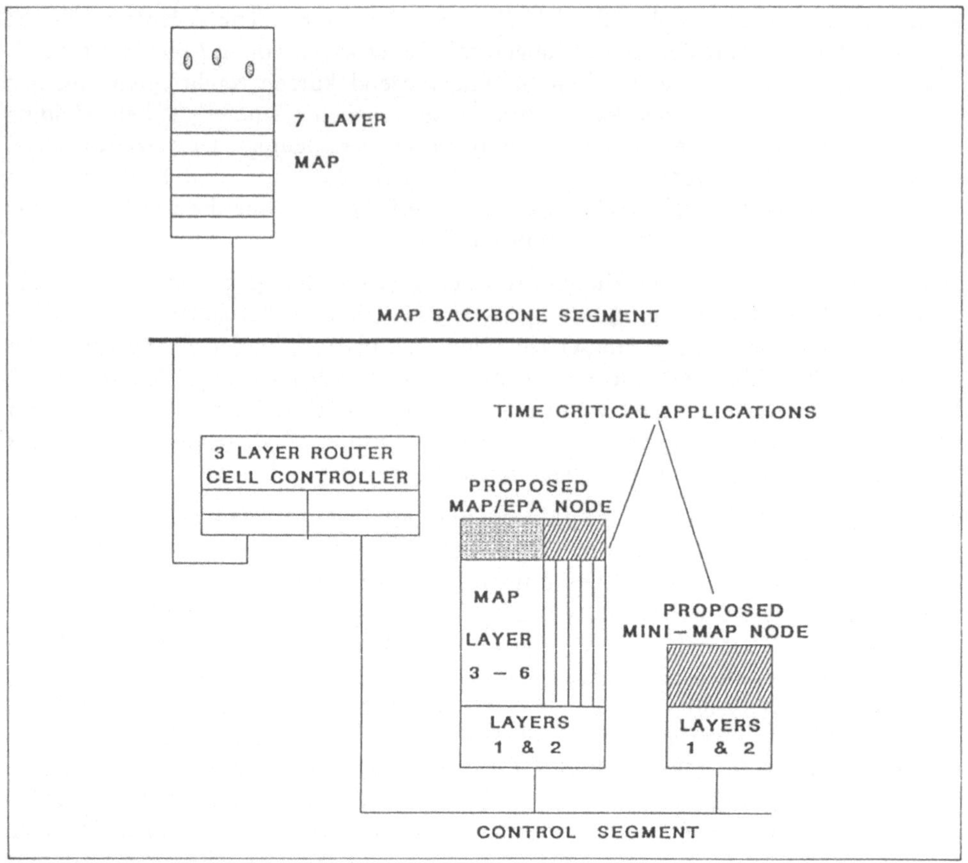

Fig. 13 MAP-Zellen

Eine andere Frage, die zur Zeit offen ist, ist die Integration von EPA-Stationen in den ‚Backbone", um die Vorteile einer Breitband-Lösung nutzen zu können. Hier ist die Frage angebracht, warum die Prioritäten des Token-Bus-Protokolls in MAP nicht genutzt werden. Ein Grund liegt sicherlich in der fehlenden Möglichkeit, Prioritäten von den oberen Layers nach unten durchreichen zu können (QOS-Parameter und NBS-Workshop-Empfehlungen). In Anbetracht der bisher gelösten Unwegbarkeiten sollte dieses Problem jedoch lösbar sein.

Die heute angekündigten oder bereits angebotenen Produkte bieten dabei die Möglichkeit, sowohl an „Carrierband"- als auch an Breitband-Modems angeschlossen zu werden (siehe insbesondere Produkte von Concord Data Systems, CDS). Es ist zu betonen, daß dies nicht der MAP-Spezifikation entspricht, aber durchaus im Sinne des Anwenders ist.

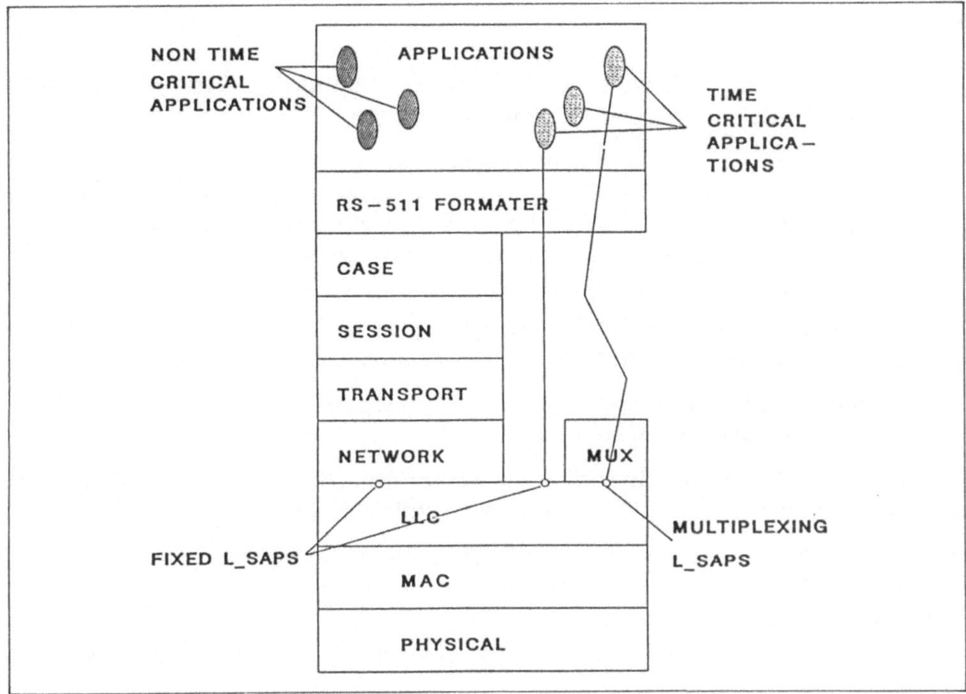

Fig. 14 EPA-Station

Tabelle: MAP-Alternativen

Physical Layer	Alternative	Vorteil (+), Nachteil (−)
Breitband	volle MAP-Funktion	+ offene Kommunikation + File-Transfer − keine Realzeiteignung − aufwendige Piloten
	(EPA?)	
Carrierband	volle MAP-Funktion	+ Zugang zum Backbone + Aufbau von Piloten + Aufbau erster Teilnetze − Vorteile von Breitband fehlen − Übergangslösung − keine Realzeiteignung
	EPA	+ Realzeiteignung + Zugang zum Backbone + Aufbau von Piloten − Kombination mit Mini-MAP unklar − PROWAY-Funktionen
	Mini-MAP	+ Realzeitlösungen + PROWAY-Lösung? − Zugang zum Backbone − Kombination mit EPA unklar

6 Trends

Im Laufe des Jahres 1986 wird die MAP-Spezifikation in der Version 2.2 erwartet.
Änderungen zur derzeit gültigen Version 2.1 betreffen:

— die CASE-Funktionalität wird neu definiert,
— es wird ein Kapitel über Kanalbelegung im Breitband und „media sharing" geben,
— die Funktionalität der „Directory Services", die zur Zeit nur im Anhang als rudi-
mentäre Empfehlung angesprochen wird, wird erweitert, konkretisiert und Bestandteil der regulären Spezifikation.

Folgende Erweiterungen bzw. Änderungen sind in der Diskussion und werden
eventuell in 2.2 aufgenommen:

— verbindungsorientierte Netzwerk-Protokolle als Option,
— *Enhanced Performance Architecture* EPA.

Für Anfang 1987 wird die Spezifikation 3.0 erwartet. Hier ist mit gravierenden Veränderungen zu rechnen. Diese werden voraussichtlich betreffen:

- Die Empfehlungen der NBS-OSI-Workshops und die verabschiedeten DIS-Ver-
  sionen für FTAM, CASE und das „Presentation-Layer" werden in 3.0 integriert.
  Konkret bedeutet das unter anderem:
  — FTAM wird den Zugriff auf „Records" zulassen (zur Zeit nur Zugriff auf ganze
    Files möglich),
  — es wird ein „Presentation-Layer" geben!
- Das Netzwerk-Layer wird spezifiziert (zur Zeit nur Absichtserklärung für P_CLNS).
- Die Funktionalität des Netzwerk-Managements wird konkretisiert und erweitert.
  Die Interoperabilität der Dienste, insbesondere des „Downloads" zwischen den
  Produkten verschiedener Hersteller, ist hier ein großes Problem. Zusätzlich be-
  reitet das Netzwerk-Management den Protokoll-Designern zur Zeit „Kopfzer-
  brechen" aus der Sicht der Netzwerk-„Performance", da im Rahmen der Mana-
  gement-Dienste erhebliche Datenmengen transferiert werden.
- EIA 1393A/RS-511 ist seit Juni 1986 als Draft V im DIS-Zustand. Für Anfang
  1987 wird mit einer IS-Version gerechnet. Auf jeden Fall wird eine Auswahl der
  RS-511-Funktionalität Bestandteil von MAP 3.0 sein.

Aus der Sicht des Anwenders konkretisiert sich der Nutzen, den ihm die MAP-Konzeption bietet. Dies drückt sich insbesondere in der Abschätzbarkeit denkbarer
Kommunikationslösungen mit MAP aus.

7 Empfehlungen für den Anwender

Die Ausgangssituation des potentiellen MAP-Anwenders ist zur Zeit schwer erfaß-
bar. Zwei Ansatzpunkte sind hervorzuheben:

- Der Anwender sollte eine Entscheidung pro oder kontra Breitband treffen. Auf
  Grund der parallelen Integrierbarkeit verschiedenster Anwendungen in Breitband
  muß diese Entscheidung bis zu einem bestimmten Grade unabhängig von MAP
  gesehen werden. Im Fall einer Entscheidung für Breitband muß das Breitbandnetz geplant, gestaltet, installiert und für den Betrieb vorbereitet werden (Schulung, Einsatz von ,,Management-Tools"). Dies erfordert in der Regel 6—12 Monate.
  D. h. der Anwender muß nicht bereits heute eine Entscheidung über die einzu-
  setzenden MAP-Produkte treffen.
- Insbesondere potentiellen Groß-Anwendern ist der Aufbau von Pilot-Installationen zu empfehlen. MAP bietet hier diverse Alternativen, die einen ,,relativ"
  kostengünstigen Einstieg gestatten, die Übernahme der Pilot-Produkte in die zu-
  künftigen Lösungen erlauben (Integration, Sicherung vorgenommener Investitionen).

Auf jeden Fall sollte sich ein potentieller Anwender durch eine Consulting-Firma
beraten lassen, da der Umgang mit MAP heute intensive Kontakte zu den Herstellern, den Labors in den USA und der europäischen MAP-Users-Group EMUG voraussetzt.

Literatur

[1] *Suppan-Borowka, Simon:* MAP-Datenkommunikation in der automatisierten Fertigung,
    Datacom-Verlag, Postfach 1156, 5024 Pulheim, Deutschland, 1986, 56,80 DM,
    ISBN 3-89238-002-3

[2] *Suppan-Borowka, Simon:* MAP-Seminar für Führungskräfte, Aachen 1986, Seminar wird zen-
    tral (siehe Ankündigungen in der Presse) und auf Wunsch bei den Anwendern abgehalten.

[3] *Suppan-Borowka:* Analysing the Performance of the MAP Backbone, Ultratech MAP Con-
    ference, Long Beach, September 1986.

[4] MAP-Specification 2.1, MAP 2.1 errata, MAP Reference Specification, USA MAP-User-Group,
    GM MAP-Task-Force.

[5] Gateway: The MAP-Reporter, Industrial Technology Institute, P.O. Box 1485, Ann Arbor,
    Michigan 48106, USA, ca. 750,— DM jährlich.

Walter Gora

MAP – Schlagwort oder Zukunftstrend?

Nach dem Schlagwort vom „Büro der Zukunft" wurde in letzter Zeit auch der Begriff „Fabrik der Zukunft" geprägt. Ziel dieser „Fabrik für das Jahr 2000" ist die vollständige Automatisierung in den Bereichen von Produktion und Fertigung mit Hilfe modernster Rechner- und Steuerungssysteme. Voraussetzung für das zugrunde liegende Konzept des „Computer Integrated Manufacturing" (CIM) ist allerdings die Kommunikationsfähigkeit aller Komponenten, d. h. zwischen Rechnersystemen und Automatisierungsgeräten, im gesamten Fabrikbereich. Nach Ansicht von General Motors (GM) soll den MAP-Protokollen (*Manufacturing Automation Protocol*) bei der Verwirklichung dieses Ziels entscheidende Bedeutung beikommen. Auf der anderen Seite werden jedoch auch die Stimmen immer lauter, die vor einem gigantischen Fehlschlag warnen.

1 Hintergrund zur MAP-Diskussion

Der Einzug von Robotern und Automatisierungsgeräten in die Fabrikhallen der Gegenwart und die der Zukunft wirft Probleme auf, deren vollständige Lösung auch in den nächsten Jahren nicht zu erwarten ist.

Während vor wenigen Jahren noch die Steuerung in der Fertigung und in der Produktion von Menschen bedient und verantwortet werden mußte, setzt sich aufgrund der internationalen Konkurrenzsituation und dem Zwang zur Rationalisierung die bedienerarme bzw. „menschenleere" Fabrik durch. Während sich jedoch das menschliche Bedienungspersonal noch durch Zuruf über Produktionsengpässe oder Mängel in der Fertigung verständigen und kurzfristig Abhilfe schaffen konnte, entstand mit den Automatisierungssystemen das Problem der *Kommunikation* zwischen einzelnen Geräten, die sich in ihrer Struktur sowie von ihrer Aufgabenstellung her vollständig unterscheiden.

Zudem ist ein Trend in Richtung *flexibler Fertigung* unverkennbar, d. h. mehr und mehr wird auf spezielle Kundenwünsche in der Fertigung eingegangen, während dagegen die Massen- bzw. Großfertigung an Bedeutung verliert. Dies trifft besonders auf qualitativ hochwertige Produkte zu, die den Hauptanteil des bundesdeutschen

Exports umfassen. Durch das Konzept der kundenindividuellen Anfertigungen, wie beispielsweise in der Automobilindustrie durch die dort bestehende Typen- und Ausstattungsvielfalt, sind jedoch Informationsmengen erforderlich, die

- vom Menschen nicht mehr bewältigt werden können, und damit
- eine uneingeschränkte und leistungsfähige Kommunikation zwischen sämtlichen Komponenten in einer Fabrik erfordern.

Anfang der 80er Jahre führte diese Problematik gerade in der Automobilindustrie zu enormen Schwierigkeiten. Mit am stärksten betroffen war der amerikanische Konzern General Motors (GM), dessen Wettbewerbsfähigkeit aufgrund der veralteten Fertigungslinien und verfehlter Modellpolitik angegriffen war.

So bestand der Maschinenpark von General Motors aus etwa 40.000 intelligenten Automatisierungsgeräten, davon ca. 20.000 programmierbaren Steuerungen und 3.000 Robotern. Allerdings konnten von diesen nur insgesamt fünfzehn Prozent mit anderen intelligenten Einheiten kommunizieren.

Zudem war diese Kommunikationsfähigkeit meist auf Geräte desselben Herstellers beschränkt, so daß für die Integration von Systemen unterschiedlicher Hersteller immer wieder und meist von Grund auf neu spezifische Kommunikationslösungen erstellt werden mußten. Eine US-Studie aus dem Jahre 1981, in der für die Kommunikation fast fünfzig Prozent der Gesamtkosten bei neuen Geräteinstallationen veranschlagt wurden, unterstreicht diese Problematik.

Der Automobilgigant General Motors war es schließlich auch, der 1980 aufgrund der eigenen Marktmacht siebzehn große Hersteller der Computer- und Automatisierungsindustrie (Allen Bradlay, Digital Equipment, Gould, IBM, Intel, Motorola, Siemens, etc.) für ein gemeinsames Projekt gewinnen bzw. — je nach Standpunkt — an einen Tisch zwingen konnte.

Ziel des MAP-Projektes (*Manufacturing Automation Protocol*), nach dem Initiator auch GM MAP bezeichnet, ist es, eine international akzeptierte Kommunikationsarchitektur für den industriellen Bereich der Fertigung und Produktion zu entwickeln und Protokollspezifikationen, d. h. die Regeln für den Austausch von Informationen, festzulegen. Auf dieser Basis soll der Datenaustausch zwischen allen Systemen ermöglicht und die „Sprachlosigkeit" der einzelnen Komponenten verbannt werden.

Abgerundet wird das MAP-Konzept für die Fertigung durch die TOP-Kommunikationsarchitektur (*Technical and Office Protocols*), die vom amerikanischen Flugzeughersteller Boeing entwickelt wurde. TOP ist hierbei als Kommunikationsglied für den Büro- und technischen Bereich gedacht und entspricht der MAP-Architektur mit der Ausnahme, daß ein anderes physikalisches Übertragungsmedium gewählt wurde.

2 Kommunikationsanforderungen in einer Fabrik

Während bei der Großserie zumeist nur einmal die Fertigungssysteme einzurichten und mit Daten zu versorgen sind, müssen bei der flexiblen Fertigung, d. h. bei Berücksichtigung individueller Kundenwünsche, immer wieder neue Informationen in den Produktionsprozeß eingebracht und abgefragt werden. Beispiele hierfür sind Auftragsdaten, Werkstück- und Werkzeuginformationen für die Fertigung, die Auslastung der verschiedenen Produktionsprozesse, Störinformationen, und verschiedenes mehr.

Andererseits ist der Fertigungs- bzw. Produktionsprozeß nur ein Glied, wenn auch ein sehr wichtiges, in einem Herstellungs-Betrieb. Um das Ziel, die computerintegrierte Fertigung („Computer Integrated Manufacturing", CIM), zu erreichen, müssen Informationen aus allen Bereichen eines Betriebs, wie Entwicklung und Konstruktion, Planung, Arbeitsvorbereitung und Fertigung, aber auch aus dem Einkauf, der Lagerhaltung und dem Rechnungswesen ständig ausgetauscht werden, um den reibungslosen Ablauf der Produktion zu ermöglichen.

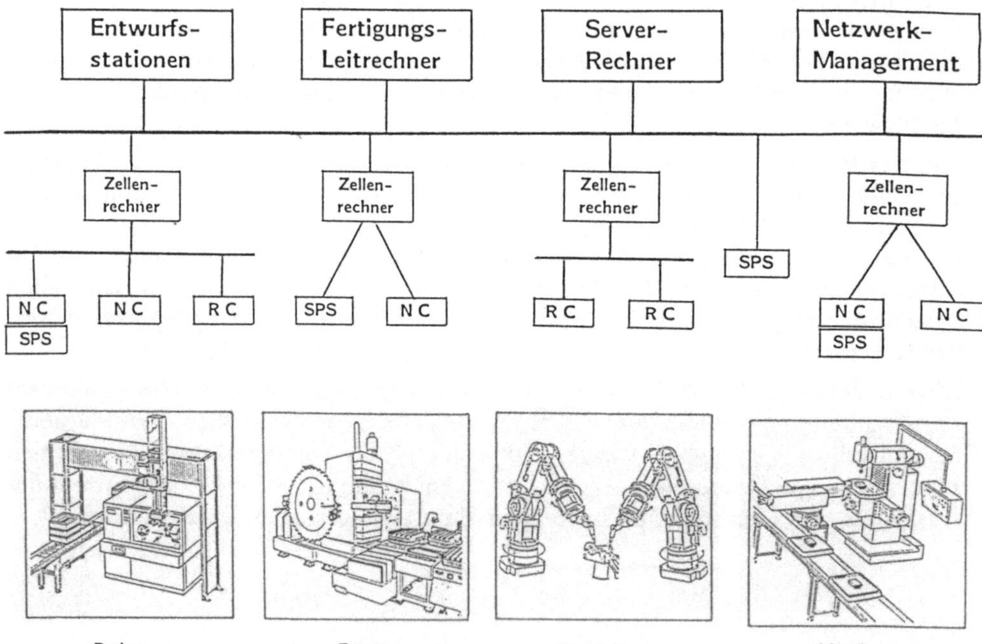

Fig. 1 Computerintegrierte Fertigung

Die Schwierigkeiten bei einer solchen Verzahnung von betrieblichen Kernbereichen sollen an einem einfachen Beispiel verdeutlicht werden. **Fig. 1** zeigt exemplarisch eine computerintegrierte Fertigung mit folgenden Komponenten:

(1) Entwurfsstationen (*Computer Aided Design*, CAD)
(2) Leitrechner zur Steuerung der Fertigung
(3) „Server"-Rechner (*Print Server, File Server, Communication Server*)
(4) Netzwerkmanagement-Rechner
(5) verschiedene Zellenrechner zur Steuerung der flexiblen Fertigungszellen (Drehen, Fräsen, Bestücken, Montieren)
(6) verschiedene Automatisierungsgeräte („Robotic Control", RC; „Numerical Control", NC; Speicherprogrammierbare Steuerung, SPS)

Die Komplexität des Datenflusses sowie der notwendigen Verzahnung der verschiedenen Komponenten soll im folgenden anhand eines einfachen Ablaufs in dieser Fertigung aufgezeigt werden:

a) Mit Hilfe der CAD-Arbeitsplätze wird von einem Ingenieurs-Team ein Produkt entworfen, beispielsweise eine neue Familie von individuell konfigurierbaren Personal-Computern (PCs), die in der angeschlossenen vollautomatischen Fertigung hergestellt werden sollen. An den einzelnen Arbeitsplätzen wird die Architektur des PCs festgelegt, wobei einzelne Teile (Winchester-Platten, Tastatur) gekauft, andere (Gehäuse, Boards) dagegen selbst gefertigt werden. Hierzu müssen unter anderem Leiterplatten entworfen werden, sowie eine Vielzahl von Informationen, wie die Anordnung der Bauelemente, Toleranzwerte, Abmessungen etc., abgespeichert werden. Nach diesem ersten Arbeitsschritt kann bereits eine Automatisierung einsetzen. Auf der Basis der gespeicherten Werkstückinformationen ist es möglich, die für die Bearbeitung notwendigen Programme abzuleiten, beispielsweise zur Ansteuerung eines Roboters.

b) Ein bzw. eventuell auch mehrere Fertigungs-Leitrechner überwachen und steuern den Produktionsprozeß, wobei das Rechnersystem zu jedem Zeitpunkt über ein genaues Abbild des Fertigungsprozesses verfügen muß. Der Leitrechner steuert neben dem globalen Transportsystem (Förderband etc.) die einzelnen Fertigungsaufträge, die an die verschiedenen flexiblen Fertigungszellen zur Abarbeitung übermittelt werden. Beispiele für Aufträge, die vom Leitsystem an die untergeordneten Fertigungskomponenten übermittelt werden, wären

- Anzahl von bestimmten PC-Gehäusen, die in einem bestimmten Zeitintervall zu fabrizieren sind,
- die Bestückung von Rechnerkarten mit bestimmten Prozessoren
- die Fabrikation bestimmter Rechner-Erweiterungskarten

Der Informationsfluß, der hierzu notwendig ist, umfaßt Daten über Gehäuseabmessungen, Aufbau der Leiterkarten, Buslänge, Prozessorart, Toleranzwerte, etc.

c) Die eigentliche Fertigung bzw. Bearbeitung der Einzelkomponenten findet in den flexiblen Fertigungszellen (FFZ) statt. Eine FFZ besteht aus einem übergeordneten Zellenrechner und mehreren Automatisierungsgeräten. Der Zellenrechner koordiniert, überwacht und steuert die einzelnen Endgeräte aufgrund der vom Leitrechner erhaltenen Fertigungsaufträge. So sind beispielsweise Roboter bei der gemeinsamen Bestückung von Rechnerkarten zu synchronisieren und Programme an die numerisch gesteuerten Automaten zu überspielen. Eine weitere wichtige Aufgabe ist die automatische Betriebsdatenerfassung (BDE), d. h. die Ermittlung der Stillstands- und Fertigungszeiten, von Fehlerkennzahlen etc. Diese Informationen müssen in periodischen Abständen von jeder Fertigungszelle an das Leitsystem übermittelt werden. Von dort können diese Daten in den Planungsprozeß eingehen.

d) Bedeutender Bestandteil einer computerintegrierten Fertigung ist die automatisierte Qualitätssicherung. Entspricht ein Teil nicht den bereits bei der Konstruktion festgelegten Anforderungen, so wird es automatisch wieder in den Fertigungsprozeß zurückgeleitet und dort nachbearbeitet. Um diesen Rückfluß zu gewährleisten, müssen unter anderem Informationen an das Leitsystem sowie an die betroffenen Fertigungszellen übermittelt werden. Beispielsweise kann durch die Auswechslung eines Bauelementes auf einer Rechnerkarte die Funktionsfähigkeit eines defekten Personal-Computers wiederhergestellt werden.

e) Eine wichtige Funktion nimmt auch das Netzwerkmanagement ein, das für die Überwachung und Steuerung der einzelnen Netzwerkkomponenten sowie des Gesamtsystems zuständig ist. Ferner müssen vom Netzwerkmanagement abnormale Ereignisse erkannt und mit geeigneten Maßnahmen der normale Betrieb aufrecht erhalten werden. Das Erkennen von strukturellen Engpässen und das Aufzeigen von notwendigen Erweiterungen sind weitere Aufgaben, die ebenfalls zum Bereich des Netzwerkmanagement zählen.

Bereits dieses kurze Beispiel zeigt, daß eine Vielzahl von Informationen und Daten im Rahmen der computerintegrierten Fertigung ausgetauscht werden müssen. Die Rechnerkomponenten, die hierbei eingesetzt werden, umfassen in ihrer Vielfalt und ihren Leistungsklassen nahezu sämtliche Computersysteme.

So sind Großrechner für das Leit- und Kontrollsystem in einer Fabrik erforderlich. Moderne 32-Bit-„Workstations" werden für die graphische Datenverarbeitung im Rahmen der CAD-Entwicklung eingesetzt, während für die Zellenrechner zum Teil bereits die Leistungsfähigkeit von Mikro- und Personal-Computern ausreicht.

Neben diesen Rechensystemen müssen zudem Komponenten aus dem Bereich der Fertigungstechnik, wie Roboter oder speicherprogrammierbare Steuerungen (SPS) eingebunden werden, die mit herkömmlichen Rechnern nur sehr wenig gemeinsam haben.

3 Kommunikationsarchitekturen

Das Ziel von Kommunikationsarchitekturen bzw. von Schichtenmodellen, wie dem ISO/OSI-Basisreferenzmodell für die Kommunikation in offenen Systemen, ist es,

(1) die gesamte Kommunikation in verschiedene und übersichtliche Aufgabenbereiche (Schichten) einzuteilen,

(2) verbindlich die Funktionen bzw. Dienste jeder einzelnen Schicht vorzuschreiben,
(3) dem Benutzer diese Dienste an fest definierten Schnittstellen anzubieten.

Dadurch wird dem Benutzer die lästige und mühevolle Arbeit abgenommen, bei jeder Anwendung selbst für eine korrekte und sichere Datenübertragung Sorge tragen zu müssen. Durch die Einteilung in Schichten und die Definition von festen Schnittstellen wird dem Benutzer die technische Realisierung verdeckt, so daß auch mehrere Netzwerke (LANs oder *Wide Area Networks*, WANs) bei der Übertragung beteiligt sein können, ohne daß dies sichtbar wird. Ein Beispiel hierfür wäre die Fertigung des europäischen Flugzeuges Airbus, dessen Einzelteile in mehreren Ländern produziert werden, bevor der Airbus endgültig in Frankreich zusammengebaut wird.

Die Modularisierung, die mit dem Schichten- oder Hierarchiekonzept erreicht wird, ermöglicht eine Austauschbarkeit der einzelnen Schichten, ohne daß der Anwender hiervon berührt wird („Geheimnisprinzip"). Dies ist beispielsweise dann notwendig, wenn Fehler oder Software-Engpässe erkannt worden sind und neue Versionen eingeführt werden müssen. Ferner wird die Prüfbarkeit einzelner Module bzw. Schichten durch die Aufteilung des Gesamtsystems erheblich erleichtert.

Kommunikationsarchitekturen für den betrieblichen Bereich der Produktion müssen neben diesen allgemeinen Kriterien weitere Anforderungen erfüllen:

(1) Die vorhandenen heterogenen Insel-Systeme (Leitrechner, CAD-Stationen, Automatisierungsgeräte) müssen zu einem leistungsfähigen Gesamtsystem verbunden werden,
(2) die erschwerenden Rahmenbedingungen in der industriellen Umgebung (Staub, elektromagnetische Störeinflüsse) müssen bewältigt werden,
(3) kritische Informationen oder Aufgaben müssen in Echtzeit verarbeitet werden können,
(4) die verwendeten Anwendungsprotokolle bzw. -funktionen müssen praxisbezogen entworfen sein,
(5) die Korrektheit der Kommunikationsprotokolle und -programme muß unter allen Umständen gewährleistet werden.

Besonders der letzte Aufzählungspunkt ist von entscheidender Wichtigkeit, wenn eine bedienerarme Fabrikation gefordert ist. Hierbei muß zwischen dem mathematischen Nachweis der Korrektheit, der sogenannten *Verifikation*, und dem Testen (*Validierung*) unterschieden werden. Beide Begriffe drücken unterschiedliche Sachverhalte aus, auch wenn dies bei vielen Diskussionen übersehen wird.

Das Testen von Protokoll- bzw. Kommunikationssoftware genügt nicht als alleinige Maßnahme, wenn die Korrektheit des Gesamtsystems zwingend nachgewiesen werden muß, denn durch die Vielzahl von Stationen, Protokollen und Anwendungen können Situationen auftreten, die nicht vorhersehbar sind. Derartige Probleme können in der Praxis zu einem Stillstand der Fabrikation und damit zu hohen Kosten führen.

Nur durch das formale Beweisen der Korrektheit kann eine Fehlerfreiheit der Protokolle gewährleistet sein. Weiterhin muß gefordert werden, daß auf der Basis korrekter

Protokolle im anschließenden Schritt automatisch die Kommunikationssoftware abgeleitet wird, für die wiederum die Fehlerfreiheit zu beweisen ist. Allerdings kann die Verifikation das Testen auch nicht vollständig ersetzen, weil mathematische Beweise ebenfalls fehlerhaft sein können.

4 Kommunikation mit MAP

Die gesamte MAP-Architektur untergliedert sich in zwei wesentliche Bereiche:

- MAP-Kommunikationsarchitektur
- MAP-Anwendungsarchitektur

Diese beiden Gebiete sollen im folgenden näher beschrieben werden, bevor auf Vor- und Nachteile von MAP sowie auf bereits gewonnene Erfahrungen eingegangen wird.

4.1 MAP-Protokollarchitektur

Die MAP-Protokollarchitektur basiert auf dem ISO/OSI-Basisreferenzmodell, das in sieben Ebenen (physikalische Übertragungs-, Sicherungs-, Vermittlungs-, Transport-, Sitzungs-, Darstellungs- und Anwendungsschicht) strukturiert ist. Dieses allgemeine Kommunikationsmodell stellt für sich betrachtet noch keine Implementierungsvorschrift dar. Zur Detaillierung bzw. zur Realisierung müssen die Kommunikationsregeln, d. h. die Kommunikationsprotokolle für den Austausch von Informationen zwischen einzelnen Schichten, sowie zwischen der Kommunikationsarchitektur und dem Benutzer, einheitlich und verbindlich festgelegt werden.

Die MAP-Gruppe hat sich hierbei an den Aktivitäten der internationalen Standardisierungsorganisationen orientiert. **Fig. 2** zeigt eine Gegenüberstellung des ISO/OSI-Referenzmodells und der MAP-Architektur gemäß der Spezifikation 2.1. Erweiterungen, die sich aufgrund der nächsten MAP-Spezifikation im Jahre 1987 ergeben, sind in Klammern hinzugefügt.

Auf der untersten Protokollschicht, der physikalischen Übertragungsschicht („physical layer"), wird bei der MAP-Kommunikationsarchitektur vom breitbandigen Token Bus ausgegangen, der vom *Institute of Electrical and Electronics Engineers* (IEEE) im Rahmen des LAN-Normungsprojektes IEEE 802 standardisiert wurde. Der Token Bus (IEEE 802.4) ist auch der entscheidende Unterschied zwischen den Kommunikationsarchitekturen von MAP und TOP (*Technical and Office Protocols*). Das von Boeing „entwickelte" TOP-Konzept sieht anstelle des relativ teuren Token-Bus den billigen „Volksbus" *Ethernet* (IEEE 802.3) vor.

Die nächsthöhere Kommunikationsebene, die Sicherungssicht („data link layer"), sorgt durch eine entsprechende Funktionalität für das Erkennen und Beheben von Übertragungsfehlern, beispielsweise hervorgehoben durch elektromagnetische Störeinflüsse in der Fabrik. Auf dieser Ebene wird somit eine gesicherte Verbindung zwischen zwei Endsystemen (Rechner und/oder Automatisierungsgeräte) hergestellt. Bei

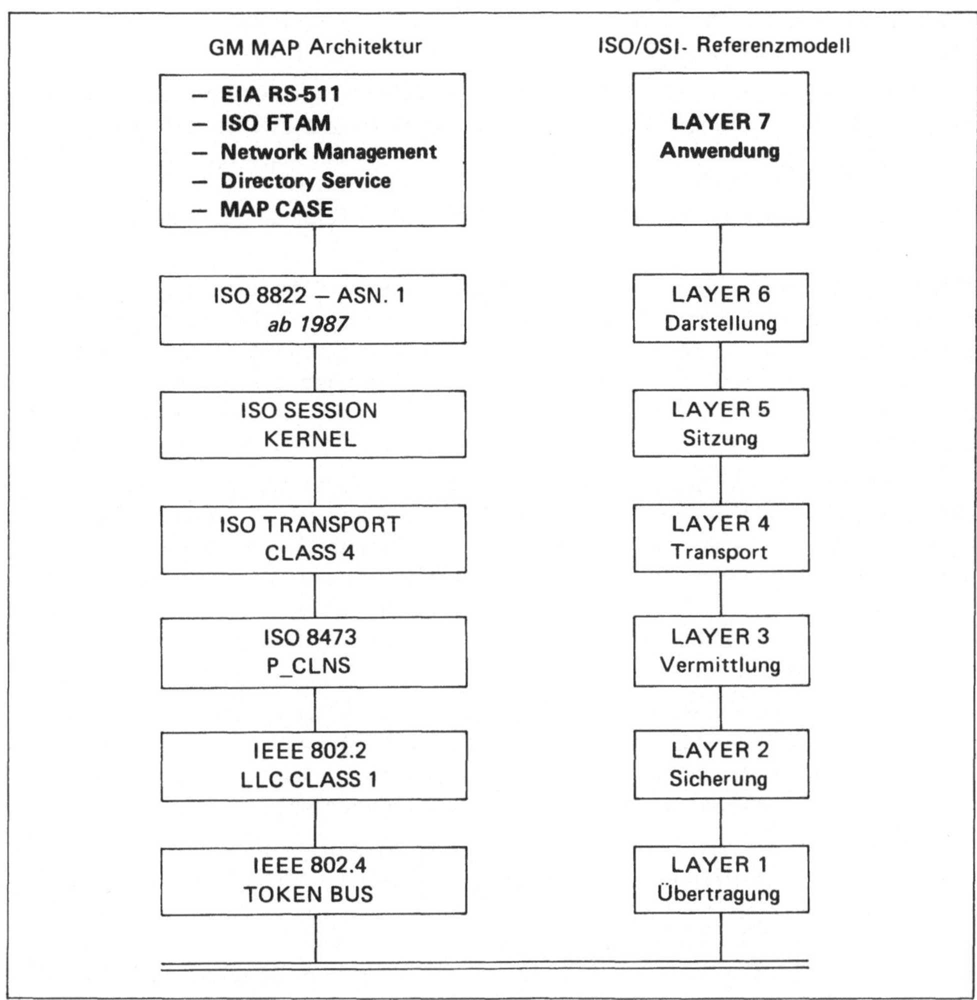

Fig. 2 MAP-Kommunikationsarchitektur im Vergleich zum ISO/OSI-Referenzmodell

MAP wird hierbei momentan der IEEE-802.2-Standard mit dem LLC-Class-1-Protokoll vorausgesetzt. Die beiden aufgeführten IEEE-Normen beziehen sich auf die Realisierung von MAP als „local area network" (LAN) und werden in der MAP-Spezifikation nicht näher beschrieben, sondern es wird auf die entsprechenden Standardisierungspapiere verwiesen.

Die Netzwerkebene („network layer"), die die Vermittlung von Datenpaketen in unterschiedliche Unternetzwerke steuert, z. B. von einem Fertigungsnetzwerk in ein Bürorechnernetz, basiert auf dem verbindungslosen Netzwerkdienst gemäß dem ISO

Draft International Standard (DIS) 8473 „Data Communications Protocol For Providing the Connectionless-Mode Network-Service" (P_CLNS).

Die Transportschicht („transport layer") als nächsthöhere Kommunikationsebene erweitert die Verbindungen der Ebene 2 zu Verbindungen zwischen Prozessen oder Anwendungsprogrammen. Die internationale Standardisierungsorganisation hat hierzu insgesamt fünf verschiedene Klassen für Transportprotokolle festgelegt, wobei in MAP die mächtigste Protokollklasse (ISO 8072/8073 Class 4) zur Fehlererkennung und Fehlerbehebung auf Prozeßebene eingesetzt wird.

Während die unteren vier Kommunikationsschichten das Datentransportsystem eindeutig definieren, sind die Ebenen fünf bis sieben der eigentlichen Anwendung zugeordnet. So ist es die Aufgabe der Sitzungsschicht („session layer"), den Ablauf einer Kommunikationssitzung zu regeln und zu steuern (z. B. Setzen von Synchronisationspunkten bei großen Übertragungen etc.). MAP verwendet für diese Ebene die minimale ISO-Konfiguration, den ISO-Session-Kernel (IS 8326/8327) im Duplex-Modus.

Die nächsthöhere Schicht, die Darstellungsebene („presentation layer"), dient dazu, Geräte mit unterschiedlichen Codes (z. B. ASCII und EBCDIC) miteinander kommunizieren zu lassen. Ferner würde hier auch die eindeutige Darstellung von Graphikmustern unterstützt werden, um damit beispielsweise einen Austausch von CAD-Daten zu ermöglichen. Die MAP-Architektur sieht momentan ein „presentation image" der Ebene 6 nicht vor, jedoch wird dies in die nächste Spezifikation im Jahr 1987 aufgenommen.

Basis für die anwendungsspezifischen Protokolle sind die „Common Application Service Elements" (CASE) von ISO (DP 8649/8650) auf der Anwendungsebene („application layer"). Die CASE-Dienste dienen dazu, zwischen zwei fertigungstechnischen Geräten, wie beispielsweise einer Robotersteuerung und einem NC-Automaten,

- eine Anwendungs-Verbindung herzustellen (Dienst: A-CONNECT),
- Daten zu übertragen (A-TRANSFER),
- die Verbindung wieder aufzulösen (A-RELEASE) bzw.
- bei Fehlern die Verbindung abzubrechen, entweder vom Benutzer (A-U-ABORT) oder durch das System (A-P-ABORT).

4.2 MAP-Anwendungsarchitektur

Der Aufbau der MAP-Kommunikationsarchitektur, die Auswahl der zugrundeliegenden Hardware-Techniken sowie der Protokolle werden momentan intensiv und teilweise sehr kontrovers diskutiert. Dabei wird aber meistens ein weiterer um so wichtigerer Punkt vergessen, der die Diskussion in den nächsten Jahren beherrschen wird, nämlich die internationalen Festlegungen

- für die Steuerung und Überwachung der Automatisierungsgeräte,
- für die normierte Erfassung der anfallenden Betriebsdaten,
- von Zusatzdiensten zur Verwaltung eines Netzwerks (Zugriffschutz, Konsistenz der Daten, etc.).

Als Analogie zu MAP sei der Straßenverkehr aufgeführt, wo ein solider Untergrund notwendig ist, die eigentliche Fortbewegung jedoch erst durch ein Kraftfahrzeug oder ein anderes Verkehrsmittel ermöglicht wird. Durch die skizzierte MAP-Kommunikationsarchitektur wird ebenfalls ein Untergrund geschaffen, jedoch steht die Normierung der Anwendungsschnittstellen größtenteils noch aus.

Mit den „Manufacturing Message Services" (MMS) wurde im MAP-Projekt begonnen, die zur Steuerung und Überwachung der einzelnen Rechnersysteme, sowie der verschiedenen fertigungstechnischen Komponenten (RC, NC, SPS) notwendige Funktionalität international einheitlich und verbindlich festzulegen.

Dieser erste Schritt in Richtung Homogenisierung der Software-Schnittstellen wird von einem weiteren Normierungsgremium, der *Electronic Industries Association* (EIA), unter den Bezeichnungen ROS 1393-A und RS-511 weitergeführt und 1987 in die MAP-Spezifikation 3.0 aufgenommen.

Einige Anwendungsfunktionen aus dieser Normenschrift werden im folgenden erläutert.

4.2.1 MAP-Beispiel zur Roboterkontrolle

Die Anwendungsfunktionen des RS-511 sind in der von der ISO normierten Syntax ASN.1 definiert. **Fig. 3** zeigt ein Beispiel einer solchen Definition für die Operation „liftLower". Diese Definition wird aufgrund von Codierungs- und Decodierungsregeln umgesetzt und bewirkt das Heben und Absenken eines bestimmten Gerätes, beispielsweise eines Roboterarms.

```
liftLower OPERATION
      ARGUMENT SEQUENCE
            {
                              Device-Descriptor OPTIONAL,
                              lift BOOLEAN DEFAULT TRUE

            }
      RESULT NULL
      ERRORS
            {

                              StateProblem,
                              PrivilegeProblem,
                              LiftLowerProblem

            }
      ::= [52]
```

Fig. 3 Definition der MAP-Anwendungsfunktion *liftLower*

Bei der Definition der Operation *liftLower* können drei Teile unterschieden werden:

1) Argument (Schlüsselwort: ARGUMENT)
2) Ergebnis (RESULT)
3) Fehlermeldungen (ERRORS)

Im Beispiel besteht die Argumentfolge (SEQUENCE) aus einer Sequenz von zwei Parametern. „DeviceDescriptor" gibt an, welches Gerät die Aktion ausführen soll, wobei dieser Parameter optional ist; d. h. falls eindeutig ist, welches Gerät gemeint ist, kann dieser Parameter weggelassen werden. „lift" gibt als booleschen Wert, d. h. null (FALSE) oder eins (TRUE), an, ob das Gerät angehoben oder abgesenkt werden soll. Vorbesetzt wird dieser Wert automatisch mit TRUE.

Wird die Operation korrekt ausgeführt, wird der Wert NULL zurückgesendet, falls nicht, wird eine der folgenden Fehlermeldungen übermittelt:

StateProblem:
Zustandsprobleme oder -konflikte in der Robotersteuerung würden auftreten, wenn diese Operation ausgeführt werden würde.

PrivilegeProblem:
Falls der Sender des „liftLower"-Kommandos keine Rechte (Privilegien) zur Ausführung hat, wird diese Fehlernachricht übermittelt. Beispielsweise muß gewährleistet sein, daß eine CAD-Station einen Roboter nicht zu Aktionen veranlassen kann.

LiftLowerProblem:
Die Kommandosequenz kann aufgrund physikalischer Probleme nicht ausgeführt werden, beispielsweise weil ein Sensor eine Kollision meldet.

Die Fehlermeldungen sind ebenfalls als eigene Definitionen in RS-511 aufgeführt, so daß genaue Informationen zu einer nicht ausgeführten Aktion zurückgesendet werden und die Eindeutigkeit der Fehlernachrichten garantiert ist.

Wird vom MMS-Benutzer, d. h. dem Anwender des „Manufacturing Message Service", eine Operation angestoßen, so wird jedes Bestandteil der „liftLower"-Beschreibungssprache eindeutig in bestimmte Bitfolgen umgesetzt (codiert) und an die Zielstation gesendet. Dort werden diese Bitfolgen wieder entschlüsselt (decodiert) und als Kommandofolge interpretiert.

Der Hauptvorteil dieser Definitions-Syntax ist es, daß sämtliche Parameter eindeutig niedergeschrieben und nur noch wenige Interpretationsmöglichkeiten bei der Implementierung vorhanden sind. Die Gefahr fehlerhafter Realisierungen wird durch diese Schreib- und Codierungsweise minimiert. Allerdings trifft dies nur auf die MAP-Anwendungsarchitektur zu, die Kommunikationsarchitektur ist zumeist informell, d. h. ohne exakte Definitionen abgefaßt, so daß an vielen Stellen Interpretationen möglich sind.

4.2.2 Weitere Anwendungsklassen

File Management

Die Aufgabe dieser funktionellen Einheit ist die Verwaltung aller für die Fertigung notwendigen Dateien mit den entsprechenden Operationen, wie

- Öffnen einer Datei (*file open*)
- Lesen einer Datei (*file read*)
- Übertragen einer Datei (*transfer file*)
- Umbenennen einer Datei (*file rename*)
- Löschen einer Datei (*erase file*)
- Schließen einer Datei (*file close*)
- Ausgabe eines Dateiverzeichnisses (*file directory*)

Ein Beispiel für die Anwendung dieser Operationen wäre das Lesen von Programmen für fertigungstechnische Steuergeräte. Diese Programme könnten beispielsweise auf einem „File-Server" gespeichert sein. Die Dateioperationen sind auch dann notwendig, wenn Auftragskenndaten abgespeichert oder Betriebsdaten, z. B. die Anzahl der hergestellten Produkte, Stillstands- und Umrüstzeiten, Abweichungen von Toleranzwerten, etc., gelesen werden sollen.

Semaphore Management

Eine wichtige Funktion im Rahmen der computerintegrierten Fertigung ist der kontrollierte Zugriff auf Netzkomponenten und Betriebsmittel. Die Synchronisation von fertigungstechnischen Aktionen und Endgeräten ist die Voraussetzung für das Zusammenspiel mehrerer Rechner- und Fertiungsprozesse.

Um beispielsweise die Kollision zweier Roboter bei der gemeinsamen Bestückung von Leiterplatten vermeiden zu können, wird ein Bereich definiert, in dem nur jeweils einer der beiden Roboter arbeiten kann. Hierzu wird ein Zugriffsparameter, eine sogenannte *Semaphore* gesetzt, die Auskunft darüber gibt, ob dieser Bereich frei oder belegt ist.

Job Scheduling

Zur Kontrolle und Ausführung von Programmen auf beliebigen Netzkomponenten steht die funktionelle Einheit „Job Scheduling" zur Verfügung. Durch Dienste wie „setProgramExecuteMode" (Ausführungsmodus setzen), „start", „stop", „incrementalExecute" (inkrementelle Ausführung) kann der Ablauf von verteilten Programmaufträgen, beispielsweise das Laden von Software oder die Erfassung der Betriebsdaten, gesteuert und überwacht werden.

4.3 Erfahrung mit MAP

Erfahrungen aus einer realen computerintegrierten Fabrikation mit sämtlichen MAP-Komponenten, d. h. mit der gesamten Kommunikationsarchitektur und den Anwendungsfunktionen bzw. -protokollen, liegen derzeit noch nicht vor. Die neuen Fabrikationen von General Motors, die oftmals als Beispiele aufgeführt werden, setzen zwar teilweise den Token-Bus als lokales Netz ein, die MAP-Kommunikationsarchitektur ist zumeist jedoch nicht vollständig realisiert, und die Anwendungsfunktionen bleiben fast unberücksichtigt.

Die MAP-Kommunikation findet derzeit überwiegend zwischen den Rechnerkomponenten (Leitrechner, Zellenrechner, Server-Rechner) und weniger zwischen Rechnersystemen und fertigungstechnischen Steuerungen statt. Dies liegt unter anderem daran, daß MAP-fähige Roboter-, NC- oder speicherprogrammierbare Steuerungen erst in Entwicklung sind. Zudem gibt es gerade auf diesem Gebiet eine Vielzahl von kleineren Herstellern, für die der Schwenk in Richtung MAP noch unkalkulierbare Risiken birgt und hohe Investitionen erfordert, die nur sehr schwer aufzubringen sind. MAP hat derzeit zudem erhebliche Nachteile, wie

- keine Echtzeiteigenschaften,
- Nichtberücksichtigung von Prioritäten,
- geringe Funktionalität auf der Anwendungsebene.

Diese und andere Probleme sind durch Spezifikationsänderungen zu beseitigen, das eigentliche Hauptproblem bleibt jedoch bestehen, nämlich die Spezifikation selbst.

Bei der Implementierung von MAP-Protokollen ergibt sich die Problematik, daß bis auf die Ausnahmen der fertigungstechnischen Anwendungsprotokolle (RS-511) und von MAP-CASE, sämtliche anderen Protokolle informell, d. h. in Prosa-Englisch, verfaßt sind. Hieraus resultieren Verständnisprobleme für den Implementierer, der auf seine eigene Interpretation in einer sehr komplexen Sachwelt angewiesen ist und diese nur unzureichend abstimmen kann, sei es durch Erfahrungsaustausch mit anderen Entwicklern oder durch erläuternde Literatur. Gerade auf dem Gebiet der Kommunikationssysteme ist jedoch eine eindeutige Basis erforderlich, um überhaupt eine sinnvolle und praxisrelevante Kommunikation zu ermöglichen.

Ein weiteres Problem ergibt sich aus der Tatsache, daß die internationalen Protokoll-Normen zahlreiche Fehler aufweisen. So wurden beispielsweise in der ISO-Norm für die Ebene 5 (Sitzungsschicht) mittlerweile 26 Fehler entdeckt, die beim Einsatz des Protokolls in der Praxis zu schwierig zu analysierenden Störungen und Verklemmungen führen können. Erst die Verwendung von formalen Beschreibungstechniken („Formal Description Techniques", FDT) in Verbindung mit der Verifikation, d. h. dem mathematischen Beweis der Korrektheit dieser Protokolle, sowie der anschließenden automatischen Umsetzung in Software erlaubt die risikolose Durchführung derartiger Großprojekte, wie sie mit MAP geplant sind.

4.4 Konsequenzen der MAP-Entwicklung

Was bedeutet die Festlegung der Funktionalität und der erforderlichen Kommando- bzw. Kommunikationssequenzen für die Praxis, d. h. für die Programmerstellung und für die Anwendung, wenn die zuletzt aufgeführten Nachteile von MAP behoben werden sollen?

- Bestehende Rechnersoftware, wie beispielsweise Produktions- und Planungssysteme (PPS-Systeme), die in mehreren Mann-Jahren Aufwand erstellt wurden, müssen entweder völlig neu konzipiert und programmiert werden, oder es müssen die MAP-Schnittstellen in die bestehenden Systeme eingebracht werden. Jedoch führen Änderungen in bestehenden Software-Systemen leicht zu Inkonsistenzen oder Fehlern, deren Behebung — wenn überhaupt möglich — sehr zeitintensiv und damit auch kostenintensiv ist.
- Sämtliche fertigungstechnischen Steuerungen müssen bei der Forderung nach MAP-Kompatibilität neu programmiert werden, um den normierten Befehlsvorrat verfügbar zu machen. Gerade auf dem Gebiet der Steuerungen gibt es eine Reihe von mittelständischen Unternehmen, die derartige Investitionen nicht innerhalb kurzer Zeit tätigen können.
- Software-Schnittstellen und Kommandosequenzen wurden normiert, ohne Erfahrungen über deren Einsatzfähigkeit bzw. Praxisrelevanz zu haben. Eine Norm in einem derart frühen Stadium kann sich sehr leicht als Hemmnis für zukünftige Weiterentwicklungen auswirken.

Aufgrund der Sogwirkung der am MAP-Projekt beteiligten Konzerne und unter der Randbedingung, daß der gemeinsam erstellte Zeitplan eingehalten wird, ist in den nächsten Jahren mit einer Reihe von MAP-Produkten zu rechnen. Bis sich allerdings ein Industriestandard für die Kommunikation und die Schnittstellen im Rahmen des *Computer Integrated Manufacturing* (CIM) bilden wird, werden voraussichtlich noch mehrere Jahre vergehen.

5 Was kommt nach MAP?

Aufgrund der — insbesondere von den amerikanischen Propagandisten der MAP-Idee — euphorischen Vorstellungen und Realisierungspläne der MAP-Konzeption sei abschließend auf einige Punkte hingewiesen, die in das bislang noch ungetrübte MAP-Weltbild nicht so richtig passen:

(1) Die Wirtschaftmacht in Fernost, die am schnellsten auf neue zukunftsweisende Trends reagiert, nämlich Japan, zeigt — trotz aller Werbeversuche von General Motors — bei MAP eine vornehme Zurückhaltung.

(2) Im Mai 1986 meldete das seriöse „Wall Street Journal", welches zur Pflichtlektüre an der New Yorker Börse zählt, auf Seite 1: „Die Fabrik der Zukunft in Detroit steht still!". Bereits seit einem halben Jahr seien Ingenieure und Programmierer vergeblich beschäftigt, die zukunftsweisende Fertigung anfahren zu lassen.

(3) Die verhängnisvolle Abhängigkeit der Europäer vom amerikanischen Computermarkt wird durch „blindes" Nachvollziehen von Entwicklungen und auch von Fehlentwicklungen verstärkt. Bereits jetzt kommen sämtliche Hardware-Hersteller, die die MAP-Netzanschlußkarten fertigen und weiterentwickeln, aus den USA.

(4) Es ist nicht sicher, daß sich das bereits in einigen Bereichen sehr wirksame US-Embargo bezüglich neuester Technologien und Forschungen eines Tages nicht auch auf MAP beziehen könnte. Erste Voruntersuchungen der amerikanischen Regierung sind bereits bekannt.

Wird der Trend in der japanischen Automatisierung genauer betrachtet, fällt auf, daß Techniken wie Lichtwellenleiter, die in Europa meist nur in Forschungsinstituten verlegt werden, in Fernost mehr und mehr bereits als Kommunikationsmedium in der Fabrikation zum Einsatz kommen. Zudem kennt man dort bereits die bei der Realisierung entstehenden Probleme, während Firmen wie General Motors auf diesem Gebiet erst noch Lehrgeld bezahlen müssen bzw. momentan bereits bezahlen.

Eine wichtige Erfahrung, die sich zum Leidwesen vieler Firmen erst noch weiter durchsetzen muß, ist, daß sich große Programm- oder Kommunikationssysteme, deren Korrektheit unter allen Umständen gewährleistet sein muß, nicht durch „Hau-Ruck-Methoden", sondern nur durch die Verbindung von theoretischer und praktischer Informatik erstellen lassen.

Intensive Forschungs- und Entwicklungsarbeiten, wie sie beispielsweise an der Universität Erlangen-Nürnberg gemeinsam von mehreren Lehrstühlen der Informatik und der Fertigungstechnik, sowie mit Industrieunternehmen im Rahmen des PAP-Projektes (*P*rojekt für flexibel *A*utomatisierte *P*roduktionssysteme) betrieben werden, sind notwendig, um die Risiken fehlerhaft eingeschätzter Tendenzen vermeiden zu können.

Literatur

[1] *Boeing:* "Technical and Office Protocols (TOP)", Version 1, January 1986

[2] Norm DIN/ISO 7498: "Information Processing Systems — Open Systems Interconnection — Basic Reference Modell", November 1983

[3] EIA RS-511: "Manufacturing Message Service for Bidirectional Transfer of Digitally Encoded Information", Juli 1986

[4] *Fong, K. L., Amaranth, P. A.:* "Map Application Layer Interface and Application Management Structure", Comput. Commun. Rev. 15, Part I: No. 2, April 1985, Part II: No. 3, Juli 1985

[5] *General Motors:* MAP Specification, Versions 2.1.A & 2.2, August 1986

[6] *Gora, W.:* "MAP", Informatik Spektrum, Springer-Verlag, S. 40—42, Februar 1986

[7] *Mulvey, P., Sheftic, R.:* "Information Flow on the Factory Floor. A Network for Automation", CIME, Springer, July 1986

Organisatorisches, Probleme

Probleme treten immer und täglich auf — nicht nur bei der Kommunikation Offener Systeme im lokalen Bereich. Wir konzentrieren uns nachfolgend aber auf Probleme, die nicht so alltäglich sind, weil sie beispielsweise durch Ausnahmesituationen ausgelöst wurden. *Manfred Wolf* beurteilt diesen Problemkreis aus einer übergeordneten Sicht von Netzwerk-Management-Aspekten. Wichtige Teilaspekte in diesem Zusammenhang sind „Error Recovery" und Problem-Management.

Die Diskussion wird von *Gerhard Renner* weitergeführt, indem organisatorische Grundlagen der dezentralen Datenverarbeitung mit Mikrocomputern entwickelt werden. Betriebswirtschaftliche und organisatorische Aspekte, Aufgaben- und Benutzer-bezogene sowie Software- und Hardware-bezogene Aspekte sind als Problemfelder der dezentralen Datenverarbeitung markiert.

Mit einer ausführlichen Arbeit trägt *Wilhelm Kirchner* dazu bei, daß Führungsinformationen im PC-Großrechner-Verbund transparent werden. Die Diskussionen bleiben nicht im Allgemeinen, sondern sie sind dargestellt am Beispiel des Informationsbedarfs für die Steuerung von Versicherungsunternehmen. Ziele der Informationsversorgung werden definiert, die Informationsversorgung mit Hilfe von Datenbanken ist beschrieben.

Die Integration von Mikroelektronik mit Induzierten Technologien in Verwaltung und Produktion untersucht *Hans-D. Litke* in seinem Beitrag, der vor allem „Anregungen für eine Aufnahme des Standes, der Formen, der Randbedingungen, der Auswirkungen und der Gestaltbarkeit der Integration mikroelektronik-induzierter Technologien" geben soll. Technologievernetzung, Technologieintegration, Technologiediskussion sind Schlüsselbegriffe in diesem Zusammenhang. Forschungsschwerpunkte werden herausgearbeitet, z. B. die humanitären und sozialen Folgen der Systemintegration.

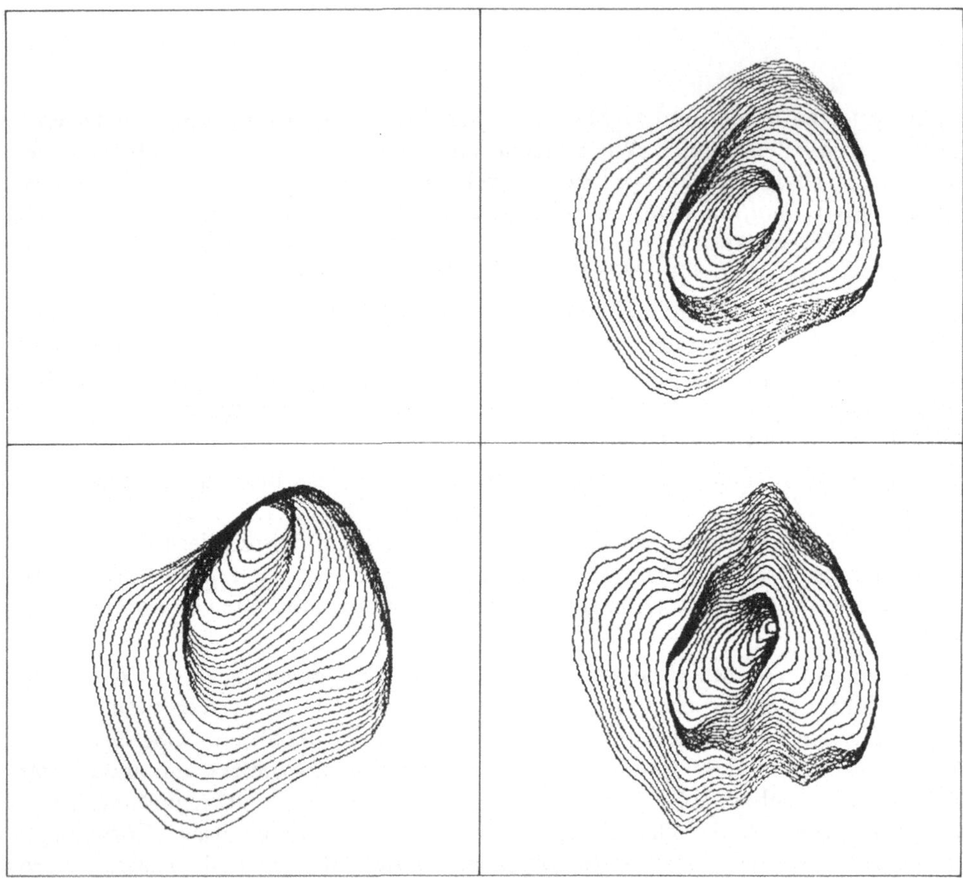

Manfred Wolf

Netzwerk Management-Aspekte in PC-Netzen

PC-Netzwerke und darüberhinaus alle lokalen Netzwerke (*Local Area Networks*, LANs) zeichnen sich in der Regel durch eine große Anzahl Teilnehmer aus. Das gibt einen Hinweis darauf, welchen Stellenwert das ordnungsgemäße Funktionieren eines solchen Netzwerks für eine Firma oder Organisation haben kann. Alle Maßnahmen zur

— Steuerung
— Überwachung
— Verwaltung
— Dokumentation

eines Netzwerks werden unter dem Begriff **Netzwerk-Management** zusammengefaßt. Im Englischen ist hierfür die Abkürzung CNM (*Communication Network Management*) gebräuchlich.

Netzwerk-Management ist keine Problematik, die speziell bei lokalen Netzen anzutreffen ist. Auch im Bereiche der klassischen Datennetze, der *Wide Area Networks* (WANs), ist über einen langewährenden Entwicklungsprozeß diese Erkenntnis zur Reife gelangt und heute in ihrer Bedeutung allgemein anerkannt. Wir brauchen auch keine PC-spezifischen Dinge zu betrachten, sondern können unsere Betrachtung auf allgemeine lokale Netze ausweiten. Das gilt deshalb, weil nach der Definition des IEEE (*Institute of Electrical and Electronics Engineers*) für lokale Netzwerke deren Teilnehmer selbständige Einheiten sind, also „mindestens die Intelligenz eines PCs" haben.

Der Einsatz von Methoden des Netzwerk-Managements muß als eine Dienstleistung in doppelter Hinsicht verstanden werden. Zum einen ist es ein Service für den Endbenutzer, der ihm eine möglichst große Ausfallsicherheit und eine möglichst hohe Verfügbarkeit gewährleistet. Zum anderen stellt es für Organisation bzw. Management die Informationen bereit, die für effektive Steuerung des Netzwerkes und Planung der Ressourcen und damit der Kosten erforderlich sind. Aus den Daten, die über das Netzwerk-Management bereitgestellt werden, lassen sich entsprechende Entscheidungsgrundlagen ableiten.

1 Dienste, Hilfsmittel, Tools

Im einzelnen können folgende **Dienste für den Endbenutzer** durchgeführt werden:

— Bereitstellung eines zentralen Ansprechpartners
— Frühzeitige Problemerkennung
— Effektive Problemanalyse
— Konfigurationsaussagen
— *Performance*aussagen
— Antwortzeitenanalyse.

Als **Dienste für die Organisation** lassen sich identifizieren:

— Problemdokumentation
— Problemverfolgung
— Änderungsplanung
— Systemdokumentation
— *Performance*verhalten
— Antwortzeiten-Trends.

Natürlich ist die Überlappung von einzelnen Dienstleistungen so groß, daß sich nicht im Einzelfall eine sichere und eindeutige Zuordnung zum Nutznießer festlegen läßt. Aber letztlich haben alle Maßnahmen die gleichen Ziele:

— Gewährleistung einer hohen Verfügbarkeit
— Schnelles Erkennen von Ausnahmesituationen
— Problem-Management
— Gewinnung von Informationen und Daten zur Systemplanung
— Dokumentation.

Oft werden unter Netzwerk-Management-Hilfsmitteln, die für diese Zwecke eingesetzt werden, nur jene technischen „Tools" verstanden, mit denen ein Netzwerkbediener umgeht. Es ist jedoch von wesentlicher Bedeutung, bei den Netzwerk-Management-Hilfsmitteln alle

— Verfahren
— Betriebsabläufe
— Organisatorische Maßnahmen

miteinzubeziehen.

Entsprechend der mit dem Netzwerk-Management verbundenen Zielsetzung lassen sich Netzwerk-Management-Maßnahmen drei Phasen zuordnen:

Phase 1:   Datengewinnung durch Überwachung
Phase 2:   Verarbeitung der Daten für Administration, Leistungsanalyse und Planung
Phase 3:   Bereitstellung/Darstellung der Informationen für entsprechende Managemententscheidungen.

Bei allen Überwachungsaktivitäten muß von dem Grundsatz ausgegangen werden, daß die Zuverlässigkeit der technischen Komponenten zwar sehr hoch, aber nicht unbegrenzt ist.

Die Gewinnung der relevanten Informationen ist unter anderem abhängig vom Intelligenzgrad der Netzwerkkomponenten, von der Topologie des Netzwerks, aber auch wesentlich von der Schulung der Netzwerkbediener und Endbenutzer.

An der Gewinnung der Daten ist zunächst einmal jeder Benutzer beteiligt. Auch wenn er nicht den „Service-Level" des Systems kennt (sofern dieser überhaupt definiert ist), so hat er doch gewisse Erwartungshaltungen, was Verfügbarkeit und insbesondere Antwortzeiten betrifft. Entsprechend sensibel wird er reagieren, wenn das Netzwerk anomales Verhalten zeigt. Er ist als erster von Störungen betroffen. Dennoch ist die Gewinnung der Informationen primär eine technische Funktion, aufbauend auf objektiven Netzwerk-Management-„Tools". Aussagen der Benutzer sind eben einmal sehr stark von subjektiven Erwartungen und Eindrücken geprägt. Endbenutzer können als heterogene Teilnehmer im Netz verstanden wissen, die „inkompatible" Informationen liefern.

Abhängig vom Intelligenzgrad der Teilnehmerstationen wird die Gewinnung dezentral oder zentral erfolgen. Primär wird man die Informationsgewinnung jedoch als eine zentrale Funktion betrachten müssen. Von Topologie zu Topologie gibt es dort gewichtige Unterschiede. Ein Extremfall ist die Stern-Topologie, die eine zentrale Informationsgewinnung und darüberhinaus eine zentrale Steuerung des Gesamtsystems präjudiziert.

2 Erkennung von Ausnahmesituationen

Ein zentraler Punkt bei der Informationsgewinnung ist sicherlich die Erkennung von Ausnahmesituationen. Dabei muß unterschieden werden zwischen Funktionsstörungen, die für den Endbenutzer sofort augenscheinlich zum Ausfall einer Komponente oder sogar eines größeren Teils des Gesamtsystems führen und Fehlern, die temporär auftreten, für den Endbenutzer nicht erkennbar sind, aber letztendlich größere Probleme ankündigen. Die letzteren Fehler werden vom Endbenutzer deswegen nicht erkannt, weil wegen der Schnelligkeit des Transportnetzes und der Effektivität der eingesetzten „Error-Recovery"-Methoden, die Auswirkungen solcher Fehler in sehr kurzer Zeit intern behoben werden können.

Diese Probleme werden mit zwei verschiedenen Methoden behandelt, die ergänzend eingesetzt werden können. Die erste Methode besteht darin, Statistiken über jeden einzelnen Fehler zu führen, die dann turnusmäßig oder bei Bedarf abgerufen und ausgewertet werden. Die andere Methode arbeitet mit Schwellwerten, die eine Alarmmeldung auslösen, wenn ein bestimmter Fehler in einer bestimmten Häufigkeit (gegebenenfalls in einem bestimmten Intervall) aufgetreten ist. Diese Alarmmeldung kann durch optische und/oder akustische Anzeige am Endgerät oder allgemein an der Stelle ausgegeben werden, an der die Fehlerbedingung erkannt wird. Eleganter ist es natürlich, diese Alarmmeldungen einer zentralen Netzwerksteuerung zuzuleiten, die dann selbständig entsprechende Maßnahmen einleiten kann. Mit Hilfe dieser Verfahren kann zweierlei erreicht werden:

— Das Netz kann durch Erkennung störender Faktoren in seiner Effektivität, d. h. hier Durchsatz und Antwortzeitverhalten, gesteigert werden.
— Es können viele Fälle von drohenden Überlastungen des Netzes frühzeitig erkannt werden und damit Eingang in die Planung finden.
— Frühzeitig können Störfaktoren erkannt werden, die auf einen drohenden Dauerfehler und einen damit verbundenen Ausfall von Komponenten des Netzes hinweisen. Diesen kann dann durch entsprechende Maßnahmen präventiver Wartung begegnet werden. Solche Maßnahmen erhöhen deutlich die Verfügbarkeit des Netzes.

Besondere Bedeutung kommt der Informationsgewinnung im zweiten Fall zu, wenn ein permanenter Fehler zum Ausfall einer Komponente und damit zum Ausfall eines Teilnehmers oder eines mehr oder weniger großen Teils des Netzes führt. Den Teil der jetzt anfallenden Netzwerk-Management-Aktivitäten wird unter dem Begriff **Problem-Management** zusammengefaßt. In möglichst kurzer Zeit müssen folgende Teilaufgaben durchgeführt werden:

— Problem-Protokollierung
— Problemeingrenzung
— Problemanalyse
— Problemlösung
— Reaktivierung.

Wer stellt fest, daß ein permanenter Fehler vorliegt? Sicherlich der/die Anwender, weil es zur Unterbrechung seiner/ihrer Arbeit führt. Darüberhinaus wird es sicher der zentrale Netzwerkbediener sein, falls es einen gibt. Hier ist die Situation gegeben, daß die Netzwerk-„Tools" zum Einsatz kommen. Es ist nicht ausreichend, daß eine Meldung über einen Komponentenausfall nur dann an einem zentralen Monitorplatz erkennbar ist, wenn man diesen kontinuierlich beobachtet. Diese Meldungen müssen optisch oder akustisch herausgehoben werden.

Noch sinnvoller ist es, wenn sich das System vom Bediener bestätigen läßt, diese Meldung gesehen zu haben, bevor sie vom Bildschirm gerollt wird etc. Die erste Aufgabe wird es dann sein, die Tragweite der Auswirkungen des Fehlers zu bestimmen, d. h. *Fehlereingrenzung*. Wieviele und welche Teilnehmer des Netzes sind betroffen? Welche Teil-Topologien sind betroffen? Neben diesen Maßnahmen ist eine schnelle *Fehlerbegrenzung* wichtig. Falls möglich, sollten die Auswirkungen des Fehlers auf wenige Teilnehmer, auf einen kleinen Teil des Netzes begrenzt werden. Bevor es nun um die weitere Behandlung des aufgetretenen Fehlers geht, sollen einige Gedanken zu einem Thema eingefügt werden, das gerade in der Hektik von Fehlersituationen oft zu kurz kommt:

● Protokollierung und Dokumentation von Fehlern.

Dies ist wiederum ein Punkt, bei dem es wesentlich ist, technische Hilfsmittel durch organisatorische zu ergänzen. An dieser Stelle geht es erst in zweiter Linie um die Qualifikation des entsprechenden Mitarbeiters, hier geht es mehr um die Verabschiedung, Durchführung und Kontrolle von Fehler-Dokumentationsrichtlinien. Auch hier sollte man sich die Erfahrungen zunutze machen, die im Bereich der klassischen *Wide Area Networks* angesammelt worden sind. Dazu gehört erst einmal, daß der Benutzer eindeutig weiß, an wen er sich im Problemfall zu wenden hat. Eine möglichst genaue Fehlerbeschreibung von seiten des Benutzers ist natürlich auch hier von Nutzen, hat aber nicht den Stellenwert wie in einem WAN. Hier kommen die kleineren Entfernungen zum Tragen, innerhalb deren sich ein LAN erstreckt.

Für den Netzwerkbediener ist es wegen der relativ kleinen Entfernungen zumutbar, sich im Zweifelsfalle am Ort des Geschehens selbst ein Bild zu verschaffen. Die nächste Komponente des Problem-Managements bezieht sich auf die *Protokollierung* des Fehlers. Nur so läßt sich im Zweifelsfalle nachträglich rekonstruieren, wo Probleme lagen und wie lange sich deren Bearbeitung hingezogen hat.

Es ist sinnvoll, diese Protokollierung durch Formblätter und/oder Maschinenunterstützung abzusichern. Ein Eintrag über einen Fehler sollte enthalten:

- Wer hat den Fehler gemeldet?
- An wen wurde der Fehler gemeldet?
- Wann war das?
- Welche *Fehlernummer* hat die Fehlermeldung bekommen? (wird ohne Aufforderung dem Meldenden übermittelt)
- Fehlerbeschreibung
  - Symptom?
  - Auswirkungen?
  - wie lange ist der Fehler bekannt?
  - ggf. wie häufig tritt der Fehler auf?
  - ggf. ist der Fehler reproduzierbar?
- Fehlerbehandlung
  - Welche Maßnahmen wurden getroffen?
  - Was war die Fehlerursache?
  - Wann war das Problem behoben?
  - Wer hat das Problem als behoben gemeldet? (falls möglich, sollte das ein End-Benutzer sein).

Hat man ein solches *Fehler-Reporting-System* implementiert und will es effektiv einsetzen, so muß man es durch eine Maßnahme ergänzen, die auf den ersten Blick als wenig benutzerfreundlich erscheint. Man könnte sie kurz zusammenfassen: Einen Fehler, zu dem es keinen Fehlerreport gibt, existiert nicht! Das bedeutet, ein Fehler, der nicht formell vom Endbenutzer gemeldet worden ist, wird nicht weiterverfolgt. Ein solches „hartes" Verfahren richtet sich eindeutig an die Disziplin der Anwender. Durch undisziplinierte Anwender entsteht jedoch nicht nur Unproduktivität, weil in der Konsequenz Netzwerk-Management-Ressourcen unsystematisch

und unwirtschaftlich eingesetzt werden, sondern es kann auch der „Job-Satisfaction"
der direkt Betroffenen erheblichen Abbruch tun. Letztlich führen diese Effekte
dazu, daß die Gesamtheit der End-Benutzer nicht den Service bekommt, den sie erwarten kann.

3 Externe Beeinflussung des Netzes

Neben diesen Fehler-Protokollen sollte eine zweite Klasse von Protokollen geführt
werden: ein *Logging* aller externen Beeinflussungen des Netzes. Dazu gehören Faktoren wie Wartungsarbeiten, Konfigurationsänderungen, Änderungen von System-
parametern etc. Dieses „Änderungs-Log-Buch" sollte auf jeden Fall enthalten:

— Datum und Uhrzeit
— Art der Änderung
— Grund für die Änderung
— Ausführender.

Dieses hier beschriebene *Änderungs-Log* ersetzt jedoch nicht die *Konfigurationsdokumentation* des Systems. Es ist nicht damit getan, zur Installationszeit eine optisch
ansprechende Konfigurationsdokumentation zu haben. Wichtiger ist es, diese regelmäßig fortzuschreiben und im Problemfalle schnell und unproblematisch im Zugriff
zu haben. Der Einsatz von maschinell unterstützten Methoden ist nur zu begrüßen.
Auch die Konfigurationsdokumentation ist einer jener Punkte, wo der Einsatz technischer Hilfsmittel durch organisatorische Regularien unterstützt werden sollte.

Ist ein Problem eingegrenzt (und natürlich dokumentiert), kann es an eine weitergehende *Problemanalyse* gehen. Hier sind Detail-Informationen vom System und/
oder von den einzelnen Komponenten erforderlich. Das können Status-Anzeigen an
den einzelnen Endgeräten sein, es kann aber auch detaillierte Diagnose-Information
an einem zentralen Bedienplatz sein. Natürlich nutzt auch eine Fülle von Diagnose-
Information herzlich wenig, wenn die dazugehörige Dokumentation vom Hersteller
nicht sauber gepflegt wird. Hier kommen die persönlichen Fähigkeiten und die
Erfahrung des Netzwerkbedieners zum Tragen. Es wäre sicherlich unrealistisch anzu-
nehmen, daß jeder Netzwerkbediener qualifiziert genug wäre, selbständig eine systematische Fehlersuche durchzuführen. Hier an der Ausbildung zu sparen hieße jedoch, einen Mangel in der Gesamtverfügbarkeit des Systems in Kauf zu nehmen.
Neben der Qualifikation der damit befaßten Mitarbeiter ist eine funktionierende
Kommunikationsschiene zum Lieferanten/Hersteller von Bedeutung. Dabei ist eine
entsprechende vertragliche Absicherung über Kundendienst-„Response"-Zeiten etc.
nicht zu unterschätzen.

Diese mehr passiven Hilfsmittel zur Lokalisierung eines Fehlers werden ergänzt
durch aktive bedienergesteuerte Testhilfen, mit denen einzelne Komponenten auf
ihre Funktionstüchtigkeit hin überprüft werden können. Hier sind insbesondere zu
nennen:

— Überprüfung der Übertragungsmöglichkeit zwischen zwei Stationen durch diverse Schleifenbildungen.
— Generierung von Nachrichtenverkehr im Netz.
— „Trace"-Funktionen, die weitergehende detaillierte Informationen über Ereignisse und Besonderheiten im Netz liefern.

Hinzu kommen Bediener-Hilfsmittel, um einzelne Stationen logisch aus dem Netz zu entfernen. Es versteht sich von selbst, daß solche Hilfsmittel nur gezielt in die Hände entsprechend Ausgebildeter und Autorisierter gehören. Deshalb müssen solche Bedienerhilfsmittel über Paßwörter oder höherwertige Schutzmechanismen abgesichert werden.

Ist eine defekte Komponente erst einmal lokalisiert, sollte der Autorisierte in der Lage sein, „Level-1-Service"-Funktionen selber wahrzunehmen. Das bedeutet, daß er in der Lage sein muß, durch Austausch von Komponenten Fehler selbst zu beheben. Hier greifen wieder organisatorische Maßnahmen ein. Es können natürlich nur dann Komponenten ausgetauscht werden, wenn Komponenten zum Austausch vorhanden sind. Das bedeutet nicht, daß ein vollständiges Ersatzteillager vorhanden sein muß, aber man sollte doch nach Absprache mit dem Lieferanten des Netzes (Ausfallhäufigkeit, Austauschbarkeit durch Kunden) einzelne Komponenten vor Ort vorhalten.

Konkreter gefaßt: Hat man die Informationen über MTBF (*Mean Time Between Failure*) und MTTR (*Mean Time To Repair*) zur Verfügung, so läßt sich daraus ableiten:

— Welche Komponenten sind in welchem Maße ausfallgefährdet?
— Welche Komponenten sind in welcher Stückzahl zur Vorratshaltung geeignet?

Dabei ist natürlich eine wichtige Randbedingung, daß ein Austausch der betroffenen Komponenten von Benutzer-Personal vorgenommen werden kann und darf.

4 Fehlermöglichkeiten

Welche Fehlermöglichkeiten treten bei lokalen Netzen auf? Folgende Komponenten und Komponenten-Gruppen lassen sich identifizieren:

Übertragungsmedium
— Mediumausfall
— Kanalausfall
— Repeaterausfall (Verzweiger, Subverteiler)
— Zwischenverstärker
— Umwelteinflüsse

Media Access Unit
— elektrische Fehler
— mechanische Fehler
— Modemfehler
— „Transceiverkabel" defekt

Stromversorgung

Installationsarbeiten

Wartung

Teilnehmer
— Stationsausfall
— Netzprozessorausfall
— zentrale Datei beschädigt (logisch oder physisch)
— Dauersenden
— fehlende Antwort
— Bedienungsfehler
— Software
— Stationsinterface defekt.

In Abhängigkeit vom verwendeten Zugriffsverfahren lassen sich noch näher qualifizierte Fehler unterscheiden.

Es bestehen starke Abhängigkeiten der einzelnen Fehlerarten von der Art des verwendeten physikalischen Mediums, seiner Struktur und seiner Topologie. Diese Abhängigkeit geht ein in die Häufigkeit, mit der ein Fehler auftreten kann und insbesondere in die Auswirkungen, die ein Fehler auf das Gesamtnetz hat.

Beispiel 1: Der aufgeführte Modemfehler kann nur bei einem Breitbandnetz auftreten. In anderen Netzen gibt es diese Komponente nicht.

Beispiel 2: Das Dauersenden einer Station behindert bei einer Ring- oder Bus-Topologie alle Stationen. Bei einer Sterntopologie fällt ein solcher Fehler nicht ins Gewicht, solange er von der Zentralstation abgehandelt werden kann.

Die Aufzählung läßt auch zum Ausdruck kommen, daß wir trennen müssen zwischen geplanten und ungeplanten Störungen. Die Frage, inwieweit später im Betrieb Unterbrechungen durch Konfigurationserweiterungen hingenommen werden müssen, wird in der Regel schon bei der Systemauswahl entschieden. Darüberhinaus kommen sehr stark planerische Maßnahmen zum Einsatz, die zum Beispiel in Vorverkabelungsstrategien münden.

Hier schließt sich der Kreis. Ein effektives Netzwerk-Management liefert die Daten für eine weitere Planung des Netzausbaus. Die Weichen hierzu werden jedoch weitgehend bei der Systemauswahl gestellt. Außerdem bedarf es einer fortlaufenden Begleitung und Unterstützung durch organisatorische Maßnahmen. Dieser Beitrag sollte das Augenmerk auf einige Punkte lenken, die dem Autor hierbei wichtig zur Beachtung scheinen.

Gerhard Renner

Organisatorische Grundlagen der dezentralen Datenverarbeitung mit Mikrocomputern

Bislang konnten dezentrale Datenverarbeitungssysteme nur mit Minicomputern und hohen Investitionskosten aufgebaut werden. Mit der wachsenden Leistungsfähigkeit und Zuverlässigkeit von Mikrocomputern sind heute kostengünstigere, flexiblere und benutzerfreundlichere Bausteine zur Gestaltung von dezentralen Datenverarbeitungssystemen in kleinen, mittleren und großen Unternehmungen sowie in den Institutionen der öffentlichen Verwaltung verfügbar.

Der Beitrag gibt einen Überblick zu den Konzepten, Problemfeldern, Einsatzformen und Entwicklungstendenzen bei mikrocomputergestützten, dezentralen Datenverarbeitungssystemen.

Inhaltsübersicht

1 Neue Bausteine der dezentralen Datenverarbeitung

Heute dringen Mikrocomputer zunehmend in betriebliche Datenverarbeitungsbereiche vor, die bislang Minicomputern und Großcomputern vorbehalten waren.

1.1 Einsatzfelder für Mikrocomputer

Mikrocomputer sind dialogfähige, benutzerfreundliche, universell und flexibel einsetzbare Datenverarbeitungsanlagen, mit denen erstmals bei verhältnismäßig geringen Investitionskosten Datenverarbeitungskapazitäten an jedem einzelnen Arbeitsplatz zur Verfügung gestellt werden können. Hierbei handelt es sich um Datenverarbeitungsaufgaben zur System- und Anwendungsprogrammierung, zur Textverarbeitung, zur Tabellenkalkulation, zur Datenverwaltung, zur graphischen Datenverarbeitung, zur Datenfernverarbeitung ebenso wie zur dezentralen Datenverarbeitung [1].

Damit sind Kleinst- und Kleinbetriebe erstmals in der Lage, die mit der automatisierten Datenverarbeitung verbundenen Automatisierungs- und Rationalisierungsvorteile zu nutzen. In Mittel- und Großbetrieben eröffnen sie völlig neue Möglichkeiten der Gestaltung von dezentralen Datenverarbeitungssystemen. Es können nunmehr Datenverarbeitungskapazitäten weit in die einzelnen Fachabteilungen hineingetragen und Datenverbundsysteme mit vorhandenen Datenverarbeitungsanlagen realisiert werden [2].

1.2 Dezentraler Einsatz versus zentraler Einsatz

Eine *dezentral orientierte Datenverarbeitung* liegt vor, wenn die Teilaufgaben der Dateneingabe, der Datenverarbeitung und der Datenausgabe überwiegend dezentral unterstützt werden. Für die Bestimmung eines geeigneten Dezentralisierungsgrades sollten neben diesem *datenverarbeitungstechnischen* Kriterium weiterhin arbeitsplatzbezogene, aufgabenbezogene und dateibezogene Dezentralisierungskriterien berücksichtigt werden. Die *arbeitsplatzbezogene* Dezentralisierung betrifft die räumliche Entfernung zwischen den *Workstations*, denen Mitarbeiter zugeordnet sind. Die *aufgabenbezogene* Dezentralisierung bezieht sich auf die Abgrenzung der Teilaufgaben in den Anwendungsprogrammteilsystemen. Sie ist zu unterscheiden von dem Integrationsgrad der Anwendungsprogrammodule. Die *dateibezogene Dezentralisierung* betrifft den Grad der Eigenständigkeit der Programmdateien und der Datendateien.

Für die mikrocomputergestützte, dezentrale Datenverarbeitung spricht, daß die Aufgaben am Entstehungs- und Bearbeitungsort durchgeführt und verantwortet werden. Die Verfügbarkeit von Programmen und Daten ist im Vergleich zu zentral orientierten Datenverarbeitungssystemen höher, der Datenübertragungsaufwand niedriger. Kurze Antwortzeiten sind Voraussetzung für jeden benutzerfreundlichen Dialogbetrieb.

Bei der *zentral orientierten Datenverarbeitung* finden sich Formen von „Stand-Alone"-Systemen bis hin zu zentralen Verbundsystemen. Hier sind als Vorteile die einfachere Pflege der Programme und Daten sowie der geringere Ressourcenaufwand zu nennen. Als Nachteile sind vor allem die geringere Flexibilität bei veränderten Einsatzanforderungen, Engpässe bei einem höheren Datenübertragungsaufwand und höhere Ausfallrisiken anzuführen.

2 Problemfelder der dezentralen Datenverarbeitung

Bislang werden Mikrocomputer vorwiegend als „Stand-Alone"-Systeme eingesetzt. Die zunehmenden dezentralen Einsatzmöglichkeiten werden nur ausnahmsweise genutzt. Hierbei finden sich häufig die folgenden Einsatzhemmnisse:

1. Der Nachfrager sieht sich einem schnellebigen und undurchsichtigen Markt gegenüber.
2. Er verfügt über keine ausreichenden Informationen zur sachgerechten Bewertung und Auswahl von Alternativen.
3. Die Komplexität der Gestaltungsprobleme bei der Abgrenzung und Zuordnung der Teilaufgaben, der Informationsflüsse und der Ressourcen ist mit der bei Mini- und Großcomputern vergleichbar.

2.1 Betriebswirtschaftliche und organisatorische Aspekte

Die *Vorteilhaftigkeit* von dezentralen, mikrocomputergestützten Datenverarbeitungssystemen muß in betriebswirtschaftlichen Aufwands- und Erfolgsgrößen bestimmbar sein. Wie bei allen Datenverarbeitungsprojekten können jedoch nicht alle Komponenten mengen- und wertmäßig erfaßt und zugeordnet werden. Hier sind vor allem Standardisierungs-, Kompatibilitäts- und Flexibilitätsgrößen zu beachten. Ihnen wird häufig nur nachträglich die erforderliche Aufmerksamkeit zuteil.

Die *organisatorischen Aspekte* betreffen die aufbau- und ablauforganisatorischen Gestaltungsaufgaben [3]. Im Rahmen der organisatorischen *Arbeitsteilung* sind die Datenverarbeitungsaufgaben verrichtungs- und objektorientiert in geeignete Teilaufgaben zu gliedern und den Arbeitsplätzen zuzuordnen. Die organisatorischen Regelungen zur *Koordination* betreffen die Verteilung der Kompetenzen, der Entscheidungsbefugnisse und die Festlegung der Aufgaben- und Stellenbeschreibungen. Es sind Vorkehrungen für Zugangs- und Zugriffsregelungen sowie für einen ausreichenden Datenschutz, hinreichende Datensicherheit und Datensicherung zu treffen.

Bei mikrocomputergestützten Datenverarbeitungssystemen findet sich häufig eine unzureichende Abstimmung der Informationsflüsse sowie der vor- und nachgelagerten manuellen oder automatisierten Datenverarbeitungsaufgaben. Dies führt zu unflexiblen Insellösungen und erschwert oder verhindert die Realisierung von dezentralen Konfigurationen. Für zukünftig veränderte Aufgaben- oder Konfigurationsanforderungen ist die erforderliche Einsatzflexibilität vorzuhalten [4].

2.2 Aufgabenbezogene Aspekte

Die Datenverarbeitungsaufgaben sind vollständig, kurzfristig und mit einem minimalen Ressourceneinsatz durchzuführen. Nach der Art der überwiegenden Aufgabenstellung können mit Mikrocomputern *operationale Aufgaben* für Sachbearbeiter mit vorgegebenen Verarbeitungsabläufen (z. B. betriebliche Buchhaltung) oder *informationelle Aufgaben* für Führungskräfte mit überwiegend unbekannten Verarbeitungs- und Auswertungsbedürfnissen (z. B. Kalkulations- und Planungsaufgaben) durchgeführt werden. Diese Aufgaben können dezentral nur dann wirkungsvoll unterstützt werden, wenn geeignete Schnittstellen für die dezentrale Abwicklung von Datenzugriff, Datenverarbeitung, Datenverwaltung und Datenausgabe verfügbar sind.

2.3 Benutzerbezogene Aspekte

Der Einsatz von Mikrocomputern am Arbeitsplatz stellt Datenverarbeitungskapazitäten für neue *Benutzergruppen* mit sehr unterschiedlichen Datenverarbeitungserfahrungen und -kenntnissen zur Verfügung. Die Akzeptanzhemmnisse und Informationsdefizite sind durch die Gestaltung von benutzerfreundlichen Dialogschnittstellen (Menü- und Bildschirmmasken) und hilfreichen Benutzerführungen abzubauen [5].

Bei größeren Dezentralisierungsprojekten mit sehr unterschiedlichen Benutzergruppen ist eine ausreichende Benutzereinführung und Benutzerschulung erforderlich.

Der arbeitsplatzbezogene *Informationsbedarf* muß durch eine vollständige Aufgabenbeschreibung und Dokumentation der Bedienungsabläufe abgedeckt sein. Es sollten softwaregestützte und kontextwirksame Hilfs-Funktionen verfügbar sein.

2.4 Software- und hardwarebezogene Aspekte

Für eine hohe *Benutzerfreundlichkeit* sind eine sorgfältige Definition der Bildschirmmasken sowie „on-line" Hilfs-Funktionen und eine vollständige Dokumentation wesentlich.

Die datentechnische Leistung, das Antwortzeitverhalten, der Standardisierungs- und der Kompatibilitätsgrad des dezentral eingesetzten *Anwendungsprogrammsystems* werden beeinflußt von der zugrunde liegenden Programmiersprache, dem Betriebssystem, der sonstigen *Firmware* und von den verfügbaren Baueinheiten [6]. Bei den verwendeten Programmiersprachen ist auf die Unterstützung von strukturierten Programm- und Datenstrukturen, die Verfügbarkeit von Compilern, die Möglichkeit des Aufbaus von Modulbibliotheken sowie auf die Einbindung von Maschinenprogrammen zu achten.

Gegenüber einplatzfähigen Konfigurationen reichen bei mehrplatzfähigen Konfigurationen Dateisperren (*file locking*) nicht aus; hier müssen *Benutzungssperren* auf Satzebene (*record locking*) verfügbar sein. Das „Record locking" ist nicht nur vom Betriebssystem, sondern auch vom Anwendungsprogrammsystem zu unterstützen. Ein Transaktions-Management, „Recovery"- und Wiederanlauf-Routinen sollten zur Verfügung stehen.

Die *hardwarebezogenen Leistungsmerkmale* müssen den Anforderungen an die physikalische Datenorganisation und an die Zugriffsverfahren genügen. Hierbei sollte von der Hardwareseite her eine gerätebezogene und zugriffspfadbezogene Datenunabhängigkeit unterstützt werden. Bei 16-Bit-Mikrocomputern ist der bei den früheren 8-Bit-Mikrocomputern vorhandene Engpaß an maximal adressierbarer Arbeitsspeicherkapazität entfallen. Der Datendurchsatz ist durch schnellere Taktzyklen und größere Wortbreite erhöht. Die heutigen Engpäße liegen vor allem bei der lokalen und externen Datenübertragung sowie bei den Hardware- und Software-Schnittstellen.

3 Dezentrale Einsatzformen

Es können in Abhängigkeit von den Kriterien „Grad des Datenverbunds", „Grad der räumlichen Begrenzung" und „Art der einbezogenen Computertypen" die folgenden mikrocomputergestützten, dezentralen Einsatzformen voneinander abgegrenzt werden:

1. „Stand-Alone"-Systeme,
2. „Multi-User"-Systeme,
3. Terminal-Systeme,
4. lokale Datenverbundsysteme mit Mikrocomputern,
5. lokale Datenverbundsysteme mit Mikro-, Mini- und Großcomputern,
6. externe Datenverbundsysteme.

Diese Grundformen können je nach den konkreten Einsatzaufgaben und der betrieblichen Ressourcenkombination einzeln, mehrfach oder in abgewandelter Form implementiert werden.

3.1 Stand-Alone-Systeme

Bei „Stand-Alone"-Systemen werden Mikrocomputer für isoliert abzuwickelnde Datenverarbeitungsaufgaben als Insellösungen eingesetzt. Sie dienen häufig als Experimentierfeld der Erarbeitung von möglichen Datenverarbeitungslösungen und sollten von der Einsatzflexibilität und der Leistungsfähigkeit her für die Verwendung in später vorgesehenen dezentralen Datenverbundlösungen geeignet sein.

3.2 Multi-User-Systeme

Bei „Multi-User"-Systemen arbeiten mehrere Benutzer an einem Mikrocomputer. Die Verwaltung der Benutzerprogramme und -daten sowie der ihnen zugeordneten Peripheriegeräte führt zu einer zusätzlich starken Auslastung. Vertretbare Antwortzeiten können daher nur bei sehr leistungsfähigen Mikrocomputern erwartet werden. Bei dem Einsatz von leistungsschwächeren Mikrocomputern in Mehrplatzsystemen empfiehlt sich eher der Aufbau von lokalen Netzwerken.

3.3 Terminal-Systeme

Bei Terminal-Systemen verhält sich der an dem Host-Rechner angeschlossene Mikrocomputer wie ein Terminal. Hierbei werden nur die Ein- und Ausgabe-, nicht aber die eigenständigen Datenverarbeitungskapazitäten des Mikrocomputers genutzt.

3.4 Lokale Datenverbundsysteme

Die lokalen Datenverbundsysteme werden nach dem überwiegenden Datenverbundtyp und nach dem Grad der Einbeziehung von Mikro-, Mini- und Großcomputern voneinander abgegrenzt [7].

Bei dem *hierarchischen Datenverbund* erfolgt die Datenübertragung zwischen den verschiedenen Teilnehmern über einen zentralen Host-Rechner (siehe **Fig. 1** [8]). Zwischen den Teilnehmern kann keine direkte Verbindung aufgebaut werden, die nicht über den Host-Rechner läuft. Dieser Typ findet sich am häufigsten bei Mini- und Großcomputerkonfigurationen [9]. Die Sicherheit des Datenverbunds ist von der Zuverlässigkeit des Host-Rechners abhängig; bei seinem Ausfall ist der Verbund nicht mehr funktionsfähig. Ein Zugriff auf zentral oder dezentral geführte Datenbestände ist dann nicht mehr möglich. Dieser Datenverbundtyp ist bei einem hohen Datenaustausch weniger geeignet. Die Ausbaufähigkeit ist durch die Leistungskapazität des Host-Rechners und der Schnittstellen begrenzt.

Der *Stern-Datenverbund* hat mit dem hierarchischen Typ viele Gemeinsamkeiten, da auch hier der zentrale Host-Rechner die Kapazität und das Leistungsprofil des

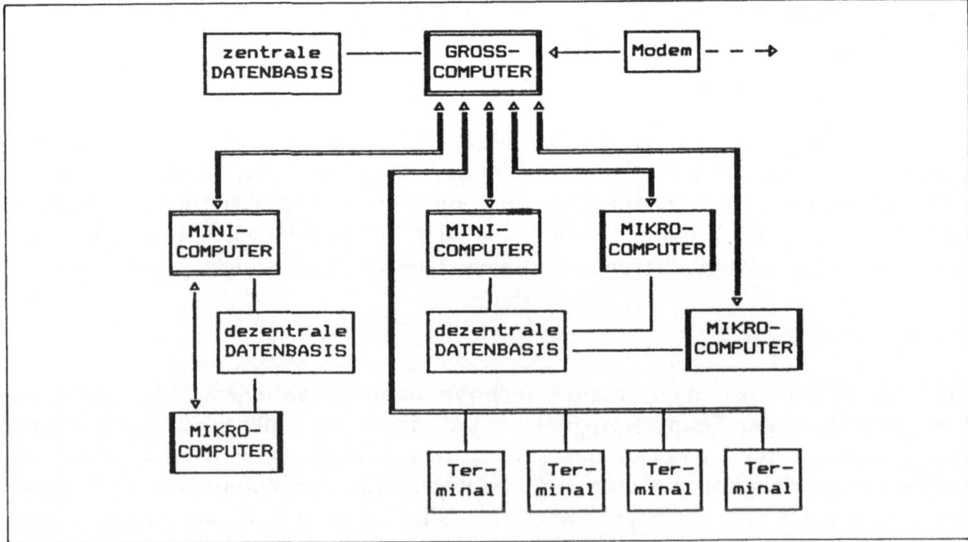

Fig. 1 Lokaler hierarchischer Datenverbund

Verbunds begrenzt. Wegen der sternförmigen Anordnung der Teilnehmer fehlt die Hierarchisierung der Teilnehmer (**Fig. 2**). Die Teilnehmer sind gleichrangig um den Host-Rechner angeordnet. Bei Ausfall des Host-Rechners wird der Datenverbund funktionsunfähig. Es finden sich häufig Master-Slave-Konzepte, bei denen der Host-Rechner zur Steuerung der Datenübertragung und zur Verwaltung der Peripherieressourcen eingesetzt wird.

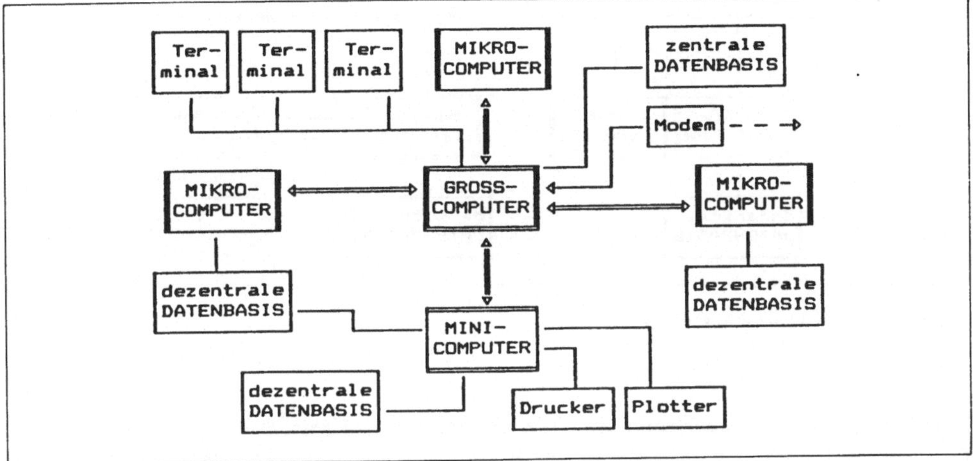

Fig. 2 Lokaler Stern-Datenverbund

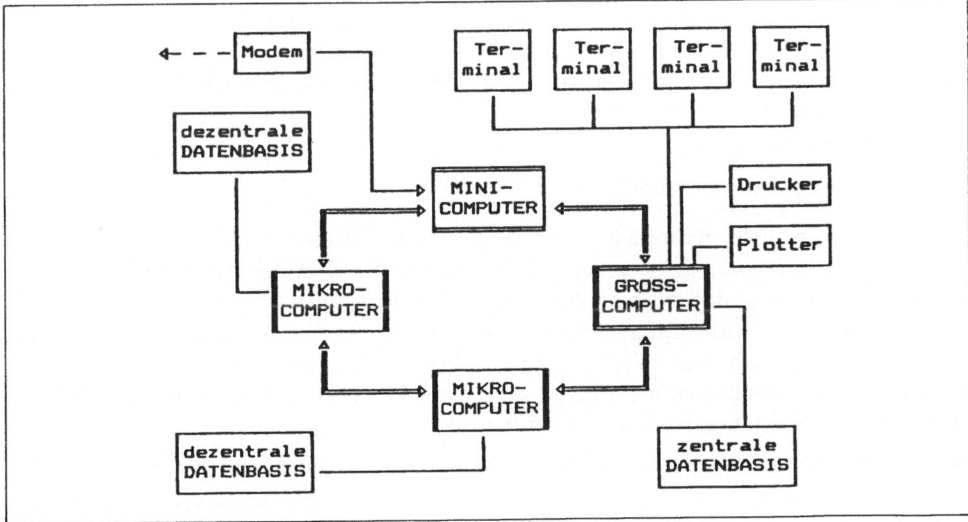

Fig. 3 Lokaler Ring-Datenverbund

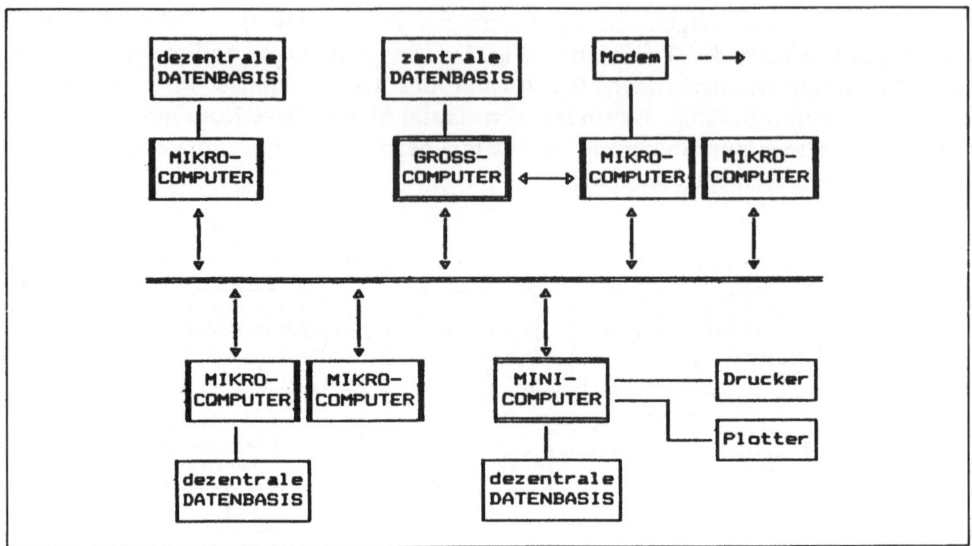

Fig. 4 Lokaler Bus-Datenverbund

Bei einem *Ring-Datenverbund* sind die Teilnehmer in Kreisform angeordnet (**Fig. 3**). Die Ausfallsicherheit ist gegenüber den hierarchischen und Stern-Datenverbundtypen höher, da kein Host-Rechner für zentrale Verbundaufgaben zuständig ist. Die Datensicherheit bei Datenübertragungen hängt von der Zuverlässigkeit der einzelnen Teilnehmer und der verwendeten Transportprotokolle ab.

Bei dem *Bus-Datenverbund* sind die Teilnehmer an einen linear angeordneten Bus angeschlossen (**Fig. 4**). Er verfügt über eine hohe Ausfallsicherheit, da keine zentrale Steuerung des Datenverbunds erforderlich ist. Bei Ausfall eines Teilnehmers bleibt der Datenverbund funktionsfähig.

3.5 Externe Datenverbundsysteme

Es können regionale, nationale und internationale Datenverbundsysteme aufgebaut werden. Die Intensität der Nutzung hängt ab von der Verfügbarkeit der benötigten Informationen, von den Kosten für den Verbindungsaufbau und von dem Entgelt für die Service-Dienstleistungen [10]. Vorteile eines externen Datenverbunds sind: die Daten werden am Entstehungsort verwaltet, die Kosteneinsparungen durch eine zentrale Datenverwaltung übersteigen die Übertragungskosten, die Daten können bei Bedarf an jeden Nachfrager übermittelt werden.

Neben den privaten Fernmeldeanlagen stehen die öffentlichen Kommunikationsnetze zur Verfügung. Beim *Fernsprechnetz* stellen Modems und Akustikkoppler die Schnittstellen zum Mikrocomputer dar. Das *integrierte Text- und Daten-Netz* (IDN) umfaßt die Datennetze Direktrufnetz, Telexnetz und die Datexnetze. Im *öffentlichen Direktrufnetz* können Hauptanschlüsse über Standleitungen zur Datenübertragung verbunden werden. Beim *Telexnetz* stehen Fernschreibautomaten in Verbindung. Der *Teletex-Dienst* ermöglicht die Verbindung von Textautomaten oder elektronischen Schreibmaschinen. Beim *Datex-L*-Netz (Leitungsvermittlung) stehen duplexfähige Wählverbindungen für verschiedene Benutzerklassen für die Übertragung eines kontinuierlichen Datenstroms zur Verfügung. Der Dateldienst *Datex-P* (Paketvermittlung) hält für umfangreichere Datenübertragungen die Varianten Datex-P10 und Datex-P20 bereit. Auf der unteren Leistungsebene findet sich *Bildschirmtext* (Btx) für die kommerzielle und private Nutzung [11].

4 Entwicklungstendenzen

Die sich gegenwärtig auf dem Markt etablierenden integrierten Softwarepakete beginnen gerade erst, die Leistungsmöglichkeiten der heute verfügbaren 16-Bit-Mikrocomputer auszunutzen. Es sind in Kürze 32-Bit-Mikrocomputer als Arbeitsplatzsysteme verfügbar, deren Leistungsfähigkeit weit über die von früheren Großcomputern hinausgeht. Derzeit werden für Mini- und Großcomputer konzipierte, dezentrale Anwendungsprogrammsysteme auf Mikrocomputer übertragen. Internationale Normierungsgremien entwickeln Schnittstellenstandards zur Unterstützung von Rechner- und Datenverbundsystemen. Damit stehen für den Aufbau von mikrocomputergestützten dezentralen Datenverbundsystemen leistungsfähige und zuverlässige Hardware- und Softwarebausteine zur Verfügung.

Die Zukunft wird zeigen, auf welchen Wegen die hardwarebegründeten Leistungspotentiale durch neue Softwaretechnologien genutzt, in bedienungsfreundlichen Benutzeroberflächen dem Anwender zur Verfügung gestellt und — von diesem auch angenommen werden.

5 Literaturverzeichnis

[1] *Renner, Gerhard:* Die organisatorische Gestaltung von mikrocomputergestützten Datenbanksystemen. BIFOA-Monographien, Band 24. Köln 1984, S. 239 ff. und 259 ff.

[2] *Wadehn, Georg:* Mikrocomputer für Mittelbetriebe. Die Schwellenangst überwinden. Management Wissen, Nr. 3 1984, S. 21 ff.

[3] *Grochla, Erwin; Lehmann, Helmut; Renner, Gerhard:* Betriebswirtschaftlich-organisatorischer Einsatz von Mikrocomputersystemen zur Abwicklung von Datenbankaufgaben. Forschungsbericht der DFG. Köln 1984. S. 43.

[4] *Renner, Gerhard:* Entwicklungsstand und Einsatzmöglichkeiten mikrocomputergestützter Datenverwaltungssysteme. 2. Deutscher Personal Computer Kongreß. Mai 1984.

[5] *Böckler, Michael:* Der Manager und sein Computer. Berührungsangst. Management Wissen, Nr. 3 1984, S. 17.

[6] *O. V.:* Unterschiedliche Rechner im Verbund. Gemeinsam geht es billiger. microComputer-Welt, Nr. 12, Dezember 1983, S. 86 ff.

[7] *Saal, Harry:* Local Area Networks. An Update on Microcomputers in the Office. Byte, Vol. 8 No. 5 May 1983, S. 60 ff.

[8] Die Abbildungen sind entnommen *Renner, Gerhard:* Die organisatorische Gestaltung ..., a.a.O., S. 221 ff.

[9] *Richter, Hermann Wolf:* Mikro und Mainframe. Schlagworte reichen nicht. microComputer-Welt, Nr. 2, Februar 1984, S. 52 ff.

[10] *Blomeyer-Bartenstein, Hans-Peter; Both, Rüdiger:* Öffentliche Datenkommunikationsein-richtungen. Wie Computer kommunizieren. Chip, Nr. 12, Dezember 1983, S. 311.

[11] *Hegenbarth, Michael:* Mikros an Datex-P. mc. Die Mikrocomputer-Zeitschrift, Nr. 12, Dezember 1983, S. 80, *Döring, Christoph R.:* Mikro und BTX. Einfacher und billiger. microComputerWelt, Nr. 11, November 1983, S. 88.

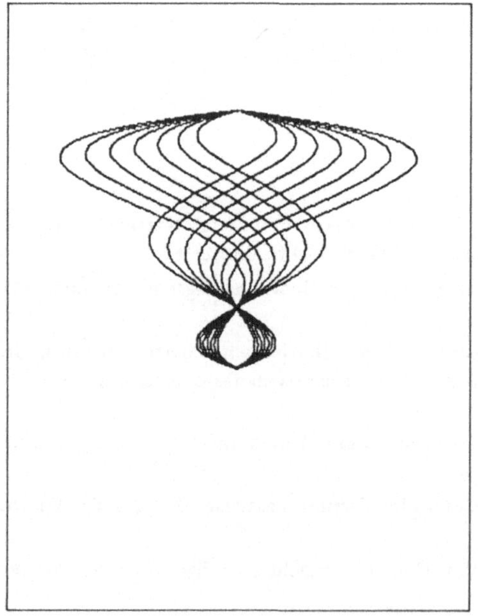
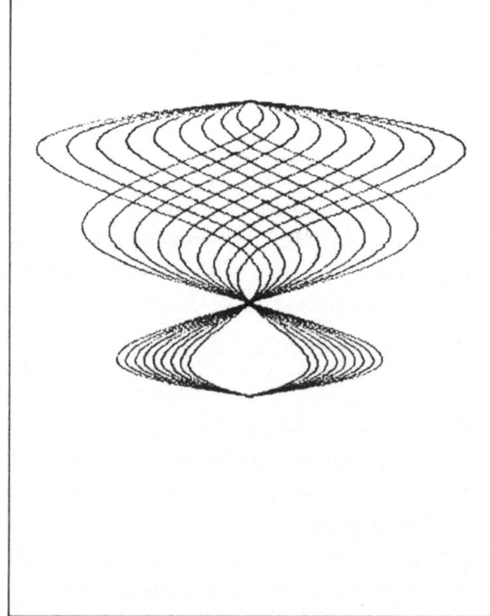

Wilhelm Kirchner

Führungsinformationen im PC-Großrechner-Verbund

Dargestellt am Beispiel des Informationsbedarfs für die Steuerung von Versicherungsunternemen

1 Aktuelle Probleme der Steuerung

Für Versicherungsunternehmen lassen sich zwei große aktuelle Problemkreise der Steuerung erkennen.

Das Anpassungsproblem: Die Umweltbedingungen der Versicherungsunternehmen ändern sich schneller, als das in der Vergangenheit der Fall war. Unerwartete Ereignisse treten häufiger ein, und die Komplexität der zu lösenden Aufgaben nimmt ständig zu. Das macht es notwendig, die Versicherungsunternehmen so zu organisieren, daß sie rechtzeitig und angemessen auf derartige Änderungen reagieren können. Ein aktueller Aufgabenbereich in der Assekuranz ist beispielsweise die stärkere Kundenorientierung im Innen- und Außendiest bis hin zu kundenorientierten ganzheitlichen Arbeitsabläufen über einzelne Sparten hinweg.

Das Koordinationsproblem: Das Wachstum der Versicherungsunternehmen mit einer zunehmenden Betriebsgröße, die Tendenz zu weiterer Konzentration in Versicherungsgruppen und eine stärkere Aufgabenverteilung verlangen eine geeignete Steuerung und Abstimmung der einzelnen Tätigkeiten im Unternehmen.

Zur Lösung dieser Probleme kommt einer wirksamen Informationsversorgung der Unternehmensführung auf allen Ebenen im Innen- und Außendienst über alle Aufgabengebiete, die zu steuern sind, eine ganz entscheidende Bedeutung zu. Dabei ist die aktuelle Information über gegenwärtige Tatbestände zur Kontrolle des Geschäftsverlaufes und der Wirksamkeit eingeleiteter Maßnahmen ebenso wichtig, wie die Aufbereitung von Vergangenheitsinformationen zur Analyse von Entwicklungstrends und die Unterstützung einer wirksamen Unternehmensplanung durch Prognoseinformationen über voraussichtliche zukünftige Entwicklungen.

Das Spektrum der Steuerungsinformationen reicht dabei von Daten über allgemeine wirtschaftliche Trends, Entwicklung von Kundenpotentialen, Konkurrenzdaten im

Finanzdienstleistungsbereich, Informationen über die betriebliche Leistungsfähigkeit in allen Organisationseinheiten des Innen- und Außendienstes und eventueller Kooperationspartner bis hin zu den Ergebnisinformationen eines Geschäftsjahres.

2 Ziele der Informationsversorgung

Einige besonders hervorzuhebende Ziele der Informationsversorgung der Unternehmensführung sind unter anderem:

— Sicherstellungen einer ganzheitlichen Führung in Versicherungsunternehmen und -konzernen mit kooperativem Führungsstil und weitgehender Verantwortungsdelegation auf alle Organisationseinheiten im Innen- und Außendienst;
— Erreichen eines Gleichgewichts von Unternehmensergebnis, betrieblicher Leistungsfähigkeit und Ertragspotentialen durch systematische und formalisierte Informationen über die diesen zugrunde liegenden Tatbestände;
— rechtzeitige Information anhand schwacher Signale zur Einleitung erforderlicher Gegensteuerungsmaßnahmen bei Abweichungen von den geplanten Zielen;
— nachhaltiges und zukunftsorientiertes Lösen von Engpässen in allen Aufgabenbereichen.

Eine wirksame Informationsversorgung der Unternehmensführung muß darüber hinaus auch die unterschiedlichen zeitlichen Wirkungen von Führungstätigkeiten berücksichtigen. Die strategische Steuerung verlangt Entscheidungen, die auf die Schaffung und Erhaltung von Erfolgspotentialen ausgerichtet sind, je nach Betrachtungobjekt ist eine mehrjährige Vergangenheitsanalyse zur Feststellung bisheriger Entwicklungsverläufe notwendig. Im allgemeinen wirken strategische Entscheidungen ebenfalls langfristig, so daß an die Informationsversorgung für die strategische Steuerung besonders hohe qualitative Anforderungen bezogen auf die Zeitstabilität zu stellen sind.

Maßnahmen, die infolge strategischer Entscheidungen durchgeführt werden, schlagen sich häufig in Investitionsvorhaben nieder, beispielsweise in Maßnahmen zur Erhaltung oder Verbesserung der betrieblichen Leistungsfähigkeit. Dazu gehören beispielsweise struktur- und ablauforganisatorische Änderungen, der Einsatz der elektronischen Datenverarbeitung im Innen- und Außendienst sowie Änderungen von Aufgabeninhalten oder neu hinzukommende Aufgaben im Betrieb, aber auch eine kundenorientierte und spartenübergreifende Sachbearbeitung. Solche Investitionsvorhaben erfordern meistens einen mehrjährigen Analyse- und Entwicklungsprozeß. Ihre Wirkung wiederum ist ebenfalls über einen Nutzungszeitraum z. B. bei neuen Verfahren von mehreren Jahren vorgesehen. Die Informationsversorgung für die Investitionssteuerung liegt zeitlich innerhalb des Analyse- und Planungszeitraums für die strategische Steuerung, erfordert ihrerseits aber auch wiederum Informationen qualitativ hoher zeitlicher Konsistenz.

Die Erreichung eines zufriedenstellenden wirtschaftlichen Unternehmensergebnisses ist Gegenstand der operativen Steuerung und Zielsetzung. Die Nähe zur Tagesarbeit erfordert in der unternehmerischen Praxis hier in aller Regel einen Planungszeitraum

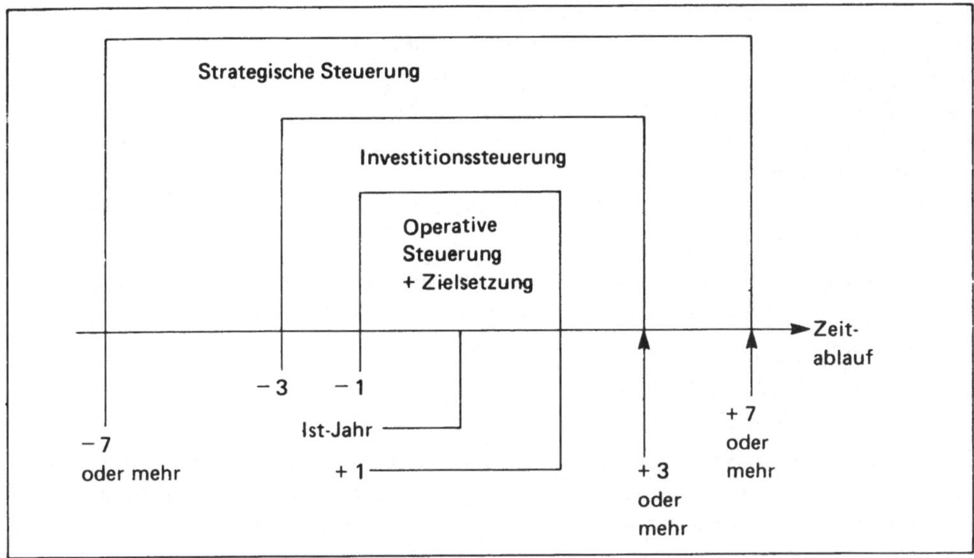

Fig. 1 Zeitliche Wirkung von Führungstätigkeiten

von einem Geschäftsjahr. Der Vergleich zum Vorjahr wird dabei häufig zur kurzfristigen Information über Entwicklungsverläufe in Richtung und Geschwindigkeit herangezogen (**Fig. 1**).

3 Die Informationsfelder der Steuerung

Um die für die Steuerung von Versicherungsunternehmen benötigten unterschiedlichen Informationen erfassen zu können, ist es notwendig, die Aufgabenbereiche der Unternehmenssteuerung einerseits und die mit den Unternehmensentscheidungen verfolgten Ziele andererseits in eine sachlogische Gliederung einzubringen. In der Unternehmenspraxis dagegen wird in aller Regel eine zeitliche und inhaltliche Verzahnung der einzelnen Informationsfelder festzustellen sein.

Steuerungsaufgaben sind originäre Führungstätigkeiten. Drei wesentliche Aufgabenbereiche, in denen sich auch der unterschiedliche zeitliche Betrachtungsaspekt widerspiegelt sind die Aufgaben

— Planung
— Organisation
— Kontrolle.

Hieraus lassen sich die unterschiedlichen zeitlichen Dimensionen der Informationsversorgung für die Unternehmenssteuerung erkennen: Die Aufbereitung von Vergangenheitsinformationen zur Analyse bisheriger Entwicklungen, die Unterstützung von

Planungen durch zukunftsgerichtete Informationen in Form von Trendanalysen oder Prognoserechnungen sowie die laufende Ergebniskontrolle in Form sogenannter Soll-Ist-Vergleiche. Diese zeitlichen Aspekte betreffen alle Informationen, die für strategische Entscheidungen, für Investitionsentscheidungen oder für operative Entscheidungen benötigt werden. Die Unterstützung der Unternehmensführung und vor allem die Informationsversorgung findet sich in der „Controlling"-Funktion wieder, ein neu gefaßter Aufgabenbereich, der auch in der Versicherungswirtschaft zunehmend an Bedeutung gewinnt.

Gliedert man die Informationsfelder der Steuerung nach dem jeweiligen Ergebnis der Steuerungstätigkeiten, lassen sich drei Informationsfelder unterscheiden:

— Ertragsmöglichkeiten
— betriebliche Leistungsfähigkeit
— wirtschaftliches Ergebnis.

Unter *strategischer Steuerung* werden Entscheidungen über Produkte und Märkte verstanden, die zum Ziel haben, Ertragsmöglichkeiten zu schaffen, zu erhalten und zu verbessern. Zur *organisatorischen Steuerung* gehören Entscheidungen über die Aufbau- und Ablauforganisation sowie über die qualitative und quantitative Ausstattung des Betriebes mit Produktionsfaktoren; hierdurch wird die betriebliche Leistungsfähigkeit geschaffen, erhalten und verbessert. Die *operative Steuerung* beinhaltet Entscheidungen über konkrete Ergebnis- und Marktziele in allen Organisationseinheiten und die zu deren Erreichung erforderliche Kombination der Produktionsfaktoren zur Erfüllung aller Teilaufgaben; das wirtschaftliche Ergebnis einer Periode ist Ziel der operativen Steuerung.

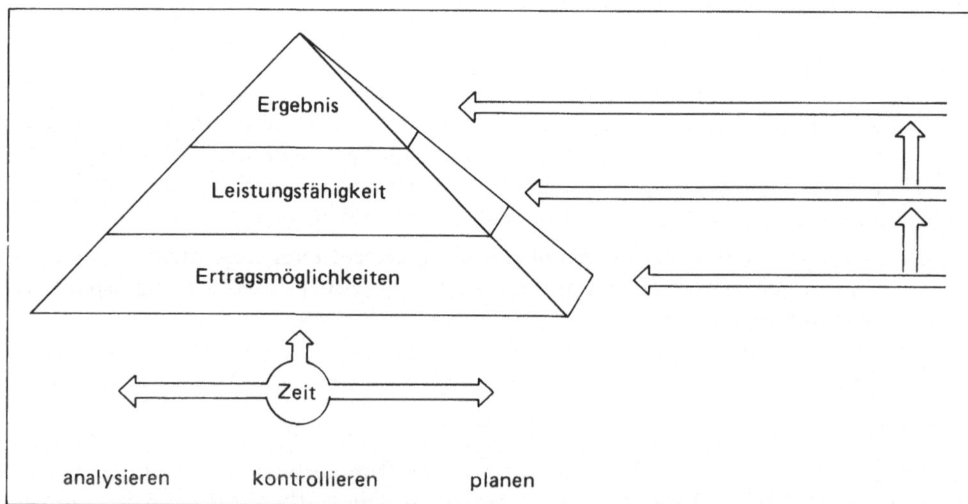

Fig. 2 Die Informationsfelder der Steuerung

Untereinander stehen diese verschiedenen Tätigkeitsfelder der Unternehmensführung in einem Abhängigkeitsverhältnis. So lassen sich in der Praxis niemals alle theoretisch denkbaren Ertragsmöglichkeiten ausschöpfen, weil die betriebliche Leistungsfähigkeit naturgemäß begrenzt ist. Das wirtschaftliche Ergebnis einer Periode wiederum läßt sich nur innerhalb der Ertragsmöglichkeiten und im Rahmen der betrieblichen Leistungsfähigkeit erzielen. **Fig. 2** soll die verschiedenen Zusammenhänge der Informationsfelder der Steuerung verdeutlichen, wobei insbesondere die Abhängigkeit der einzelnen Informationsfelder voneinander und auch die zeitliche Reichweite bezogen auf Vergangenheits-, Gegenwarts- und Zukunftsinformationen aufgezeigt wird.

3.1 Informationsfeld: Ertragsmöglichkeiten

Die Informationsversorgung der strategischen Steuerung zur Schaffung, Erhaltung und Verbesserung der Ertragsmöglichkeiten im Versicherungsunternehmen betrifft das Gesamtunternehmen mit allen seinen wirtschaftlich relevanten Umweltbeziehungen. Bezogen auf den Zeitaspekt handelt es sich hier meist um langfristige Trendanalysen aus der Vergangenheit sowie um ebenfalls längerfristige Projektionen möglicher Entwicklungslinien in die Zukunft, aus denen dann mittel- und kurzfristige Maßnahmen abgeleitet werden sollen. Informationen sind in diesem Zusammenhang nicht nur konkrete quantifizierbare Daten, sondern — besonders bei der Betrachtung zukünftiger Entwicklungslinien - qualitative Einschätzungen, Expertenurteile über Entwicklungsverläufe, Zieldaten globaler Art, Informationen aus Marktstudien, Bevölkerungsprognosen u. a. Vier wesentliche Informationsbereiche, denen die einzelnen Informationsarten zugeordnet werden können, sind:

— Marktpotentiale
— Konkurrenten
— Serviceleistungen
— Produkte.

Dabei kommt es in der Unternehmenspraxis darauf an, Informationen aus allen diesen Gruppen entsprechend den unternehmerischen Zielsetzungen miteinander zu *kombinieren*; insofern haben Informationen über Ertragsmöglichkeiten immer alle diese Ausprägungen gleichzeitig, was in **Fig. 3** verdeutlicht wird.

Die Geschäftstätigkeit des einzelnen Versicherungsunternehmens, seine spezifischen Produkte, Serviceleistungen, Kundengruppen, örtlichen Märkte und Konkurrenten bestimmen im einzelnen konkret den Informationsbedarf. Für die informationelle Unterstützung der strategischen Steuerung sind Informationen zu erheben und aufzubereiten, die Chancen und Risiken des Unternehmens aus der Vergangenheit, in der Gegenwart und für die Zukunft aufzeigen sollen. Ausgangspunkt der Erhebung ist einerseits die Marktsituation mit einer Analyse der Potentiale und andererseits die Unternehmenssituation mit einer Analyse der Versicherungsbestände, gegliedert nach den Marktsegmenten.

Je nach der spezifischen Situation des einzelnen Versicherungsunternehmens (z. B. Konzernverbund, Kooperationspartner, Vertriebswege) ist dabei die Kundengruppen-

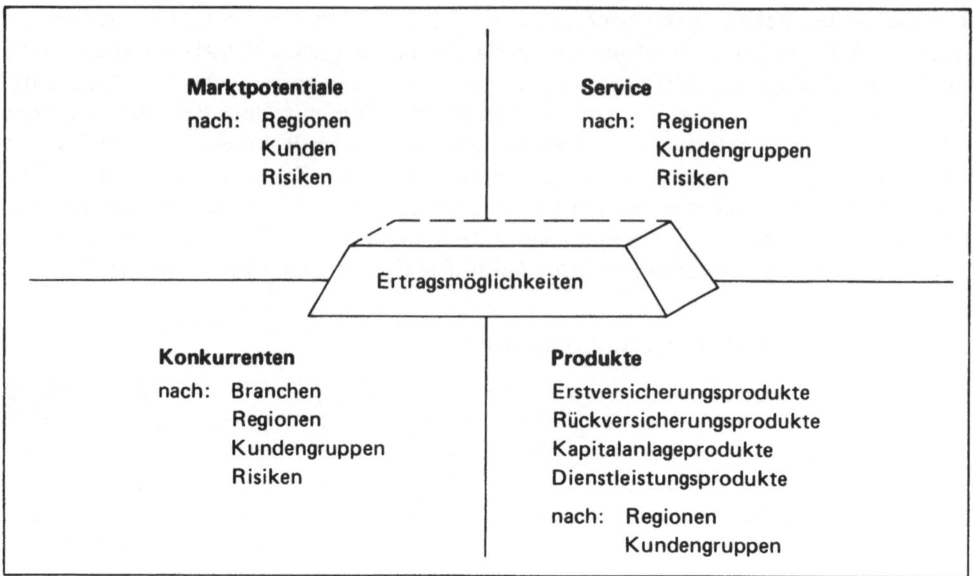

Fig. 3 Informationsfeld Ertragsmöglichkeiten

orientierung ein wesentlicher Gesichtspunkt zur Informationsgliederung. Die Kombination der gebildeten Kundengruppen mit den Versicherungs-, Kapitalanlagen- und Dienstleistungsprodukten des Versicherungsunternehmens, eine weitere Untergliederung nach Regionen sowie nach Vertriebswegen für die unterschiedlichen Kundengruppen und Produkte kann beispielsweise strategische Geschäftseinheiten darstellen, nach denen dann auch die Informationsversorgung erfolgen muß.

Informationen über *Marktpotentiale* nach Regionen, Kundengruppen und Risiko- arten sind Grundlage jeder strategischen Planung im Versicherungsunternehmen. Hierbei handelt es sich im wesentlichen um externe Informationen, die entweder über Marktuntersuchungen, amtliche oder andere externe Statistiken sowie durch Erhebungen bei Berufsverbänden und dergleichen beschafft werden müssen. Beispiele hierfür sind die regelmäßigen Statistikdienste der statistischen Landesämter und des statistischen Bundesamtes, Informationen aus dem Kraftfahrtbundesamt, Informationen über Betriebsstätten aus den Gewerbeämtern usw. Die Art der Informationen und ihre Aufgliederung, z. B. insbesondere nach regionalen Gesichtspunkten, sind von Unternehmen zu Unternehmen entsprechend den strategischen Geschäftseinheiten unterschiedlich. Von grundlegender Bedeutung bei der Kundengruppe Privatkundschaft ist beispielsweise die Bevölkerungsentwicklung und auch die Haushaltsentwicklung (**Fig. 4**).

Für einzelne Märkte kann die Versicherungswirtschaft auch auf Prognosen vorgelagerter Wirtschaftszweige zurückgreifen, so z. B. bei der Entwicklung des Kraftfahrzeugmarktes auf die Shell-Prognose oder vor allem für den Markt der Industriever-

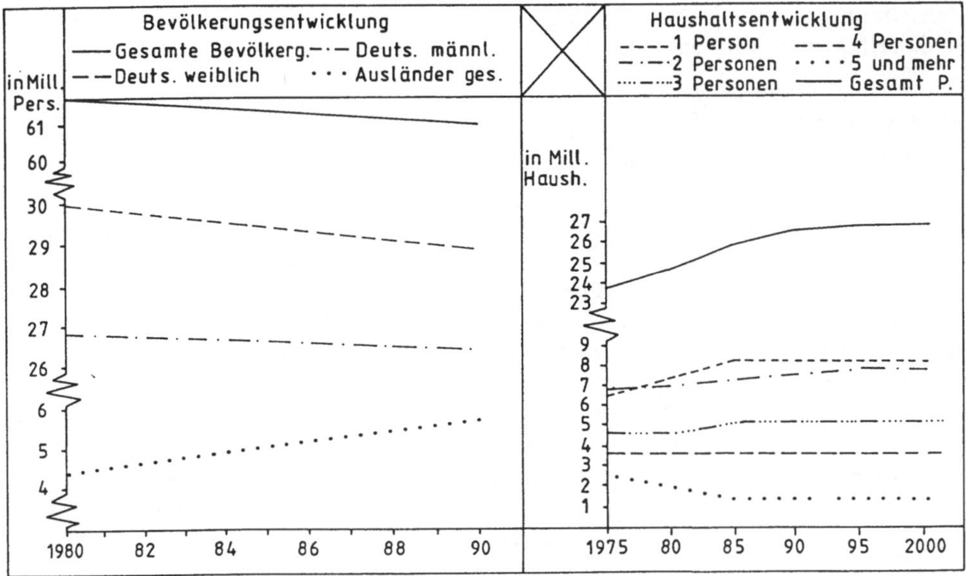

Fig. 4 Bevölkerungs- und Haushaltsentwicklung

sicherungen auf Prognosen der entsprechenden Wirtschaftsverbände. Informationen über Maktpotentiale sind generell schwierig zu beschaffen, erfordern eine qualitative Einschätzung der damit befaßten Fachleute — vor allem, was die Entwicklungslinien in die Zukunft betrifft. Gleichwohl bilden sie die Grundlage aller strategischen Entscheidungen im Versicherungsunternehmen.

Eine zweite Gruppe externer Informationen betrifft die *Konkurrenten.* Auch hier ist eine Informationsbeschaffung nach Branchen, regionalen Gesichtspunkten, Kundengruppen und Risiken notwendig, wobei — beispielsweise bei dem Segment Privatkunden in den einzelnen Altersklassen — die spezielle Marktleistung der Versicherungsunternehmen auch in Konkurrenz zu Finanzdienstleistungen der Kreditwirtschaft und anderer Wirtschaftszweige einbezogen werden müssen, sofern sie für das einzelne Versicherungsunternehmen bei seinen Kundengruppen als Konkurrenten auftreten. Auch diese Konkurrenzinformationen sind extern nur schwer zu beschaffen, vor allem bezogen auf die relevanten Untergliederungen.

Ersatzweise lassen sich z. B. für Versicherungsunternehmen die extern verfügbaren Betriebsvergleiche und auch die Daten aus den Geschäftsberichten des Bundesaufsichtsamts für das Versicherungswesen auswerten, um Entwicklungsverläufe genereller Art vergleichen zu können. Ergänzend zu den verfügbaren quantitativen Informationen sind jedoch immer qualitative Einschätzungen des eigenen Unternehmens im Vergleich zu den Hauptkonkurrenten — bezogen auf für das einzelne

Versicherungsunternehmen wichtige Faktoren — erforderlich. Solche strategischen Schlüsselfaktoren können z. B. sein

— kundengruppenbezogenes Produkt
— attraktive Preis- und Konditionsgestaltung
— kundennahe Serviceleistungen
— usw.

Die Informationen über die *Serviceleistungen* des eigenen Versicherungsunternehmens sowie der relevanten Konkurrenten für Kundengruppen, Risikoarten und nach regionalen Gegebenheiten erfordert eine Marktuntersuchung meistens durch den eigenen Außendienst. Hierbei kann beispielsweise gedacht werden an eine ortsnahe Betreuung bestimmter Kundengruppen durch speziell hierfür gebildete Organisationseinheiten — z. B. der Genossenschaftsverbund der Raiffeisenkassen oder der Verbund im öffentlich rechtlichen Bereich bei der Betreuung der ländlichen Privatkundschaft oder örtliche Schadenschnelldienste in Großstädten für Kraftfahrzeugschäden. Auch hier kommt es zur Bewertung der erhobenen Informationen wiederum auf eine qualitative Einschätzung der Stellung des eigenen Versicherungsunternehmens im Vergleich zu den Konkurrenzunternehmen an.

Die Informationen über die eigenen *Produkte* des einzelnen Versicherungsunternehmens nach regionalen Gegebenheiten und Kundengruppen erfordert ebenfalls zwar einerseits eine Einschätzung der Stärken und Schwächen, bezogen auf die angebotenen Produkte, andererseits aber verstärkt sie die Betrachtung des Zusammenhangs zwischen Produktangebot einerseits und relevantem Marktpotential andererseits. So lassen sich beispielsweise im Bereich der Kompositversicherung regional verschiedene Schadenhäufigkeiten beobachten (u. a. bei Kraftfahrthaftpflicht, Einbruch-Diebstahl, Leitungswasser, Sturm), eine wichtige Information für die regionale Vertriebssteuerung und die Bildung von kundengruppenbezogenen Produktbündeln.

Ähnlich wie bei der tarifmäßigen Berücksichtigung von Sturmzonen könnten auch bei anderen Produkten regional unterschiedliche Gegebenheiten in die Kundenkalkulation und die entsprechende provisionsmäßige Steuerung des Vertriebs eingehen. Langfristige Erfolgsbetrachtungen der einzelnen regionalen und kundengruppenbezogenen Produkte können dabei die Entscheidungen über die Durchführung strategischer Maßnahmen absichern.

Bereits aus diesen wenigen Beispielen wird ersichtlich, daß das innerbetriebliche Rechnungswesen der Versicherungsunternehmen für die Unterstützung der strategischen Steuerung eine zunehmende Bedeutung gewinnt. War bisher die Ausrichtung an den Rechnungslegungsvorschriften bei der Gliederung von Rechnungssystemen die Regel, so muß ergänzend hierzu in Zukunft die Ausrichtung an den strategisch erforderlichen innerbetrieblichen Informationsstrukturen stärker realisiert werden. Ebenso ist die regelmäßige Erfassung, Speicherung und Aktualisierung der entsprechenden Potentialinformationen zu organisieren, um die Unternehmensdaten den relevanten Umweltinformationen gegenüberstellen zu können.

Auch die Fachverbände der Versicherungswirtschaft können hier durch Bereitstellung allgemein verfügbarer Informationen — z. B. der Informationen aus dem

Kraftfahrtbundesamt und aus den statistischen Ämtern — einen Beitrag zur rationellen Informationsverarbeitung leisten. Beispielsweise ließe sich ein Rechnerverbund mit den Fachverbänden zu den einzelnen Versicherungsunternehmen dergestalt denken, daß über eine Datenleitung jedes Unternehmens die für sich relevanten allgemeinen Informationen abrufen kann. Bisher ist hierfür jeweils eine Primärdatenerfassung aus papierenen Unterlagen in jedem Unternehmen erforderlich. Auch ist es denkbar, daß sich spezielle Dienstleistungsunternehmen — ähnlich wie bei der etablierten Marktforschung — anbieten, um interessierte Kunden mit relevanten Umweltinformationen zu versorgen.

3.2 Informationsfeld: Leistungsfähigkeit

Bilden Informationen über die Ertragsmöglichkeiten eines Versicherungsunternehmens die Grundlage aller wirtschaftlichen Handlungsmöglichkeiten, so sind Informationen über die Leistungsfähigkeit des einzelnen Versicherungsunternehmens notwendig, um den Wirkungsgrad zu bestimmen, den das Versicherungsunternehmen in seinen relevanten Märkten hat bzw. erreichen kann. Informationen zur Steuerung der Leistungsfähigkeit betreffen im wesentlichen die aufgabenentsprechende Gestaltung der Aufbau- und Ablauforganisation und eine dementsprechende qualitative und quantitative Ausstattung mit Produktionsfaktoren, also die organisatorische Umsetzung der im Rahmen der strategischen Steuerung beschlossenen Maßnahmen. Dabei ergeben sich für die Organisation der Versicherungsbetriebe in Abhängigkeit von den anfallenden Aufgaben eine Reihe von Besonderheiten und Restriktionen, die sich aus der Eigenart der Versicherungsprodukte (z. B. durch die Langfristigkeit der Versicherungsverhältnisse, die Reihenfolge der produktbezogenen Teilaufgaben und den Automatisierungsgrad im sogenannten Massengeschäft) ergeben.

Steuerungsinformationen zur betrieblichen Leistungsfähigkeit sollen also die Entscheidungen über Betriebsaufbau und Betriebsablauf, die Personalstrukturen, die Sachmittelunterstützung der Betriebsprozesse sowie die Führungsstruktur und die personelle Besetzung der Führungsstellen unterstützen. Die betriebliche Leistungsfähigkeit wird aber auch durch Kooperationen beeinflußt, beispielsweise einen Finanzdienstleistungsverbund oder auch ein Beratungsangebot im Schadens- und Finanzierungsfall. **Fig.** 5 soll exemplarisch die Informationsgliederung verdeutlichen.

Die Informationen zum Produktionsfaktor *Personal* betreffen die quantitative und qualitative Ausstattung der einzelnen Organisationseinheiten, gegliedert nach den strategischen Segmenten Regionen, Kundengruppen, Risikoarten usw. bezogen auf die Aufgabenbereiche im Versicherungsunternehmen im Innen- und Außendienst. Solche Steuerungsinformationen zum Personal sollen vor allem Entwicklungsnotwendigkeiten in Abhängigkeit von den strategischen Zielen der einzelnen Versicherungsunternehmen aufzeigen. Eine solche denkbare Entwicklungsmöglichkeit wäre beispielsweise die Einrichtung kundennaher Organisationseinheiten mit einer Standardbearbeitung aller Versicherungs- und Dienstleistungsprodukte. Hierfür wird ein anderer Sachbearbeitertyp erforderlich werden, als bei der in der Vergangenheit üblichen spartenorientierten Bearbeitung.

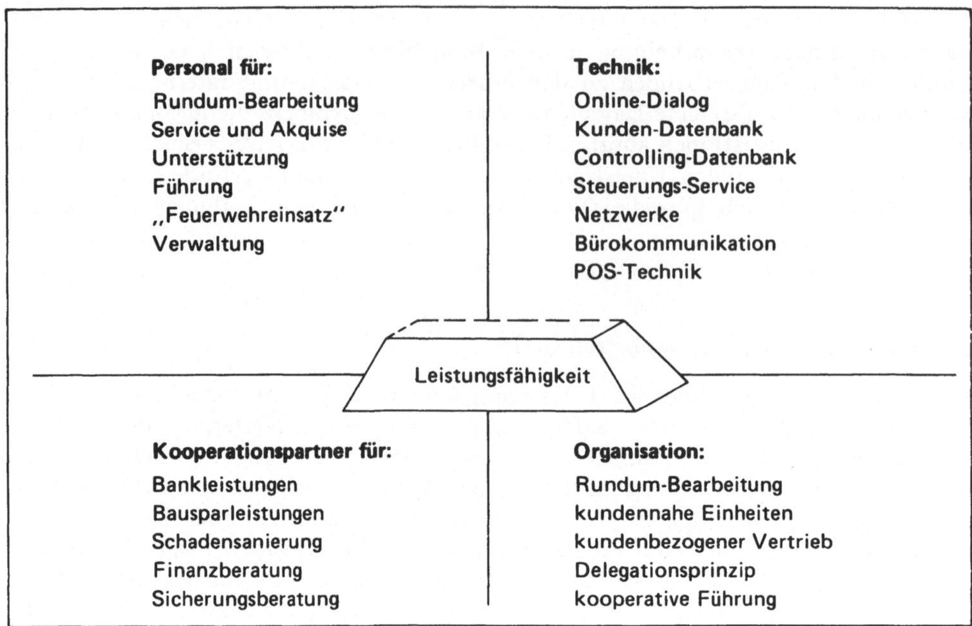

Fig. 5 Informationsfeld Leistungsfähigkeit

Für die Bearbeitung zeitlich und/oder regional kurzfristig auftretender Arbeitsschwerpunkte — als Beispiel sei hier nur die Münchener Hagelkatastrophe erwähnt — kommt es auf eine flexible Personaleinsatzorganisation an, die strukturübergreifend die Kundenprobleme vor Ort lösen können muß. Eine derartige informationelle Unterstützung erfordert eine Informationserhebung, -speicherung und -darstellung über Art, Anzahl und zeitliche Verteilung der entsprechenden Geschäftsvorfälle und die dementsprechende personelle Ausstattung der Organisationseinheiten.

Der Teilbereich *Technik* betrifft überwiegend Art und Umfang der automatisierten Bearbeitung aller Geschäftsvorfälle im Versicherungsunternehmen sowohl nach den Erfordernissen der einzelnen Sparten als auch der einzelnen Regionen und Kundengruppen. Von zunehmender Bedeutung ist hierbei die Generierung von Steuerungsinformationen aus den täglichen Arbeitsprozessen in übergreifenden Systemen, wie z. B. Kundendatenbanken, Controllingdatenbanken und Potentialdatenbanken. Einige wesentliche Entwicklungslinien bei dem EDV-Einsatz in Versicherungsunternehmen sind die dialogorientierte Sachbearbeitung, die Schaffung von Informationsnetzen in den Unternehmen und darüber hinaus, die Unterstützung der Sachbearbeitung durch elektronische Bürokommunikation sowie die Schaffung dezentraler Organisationseinheiten mit unmittelbarem Anschluß an die EDV.

Informationen über die Technik betreffen aber nicht nur die verfügbaren Geräte und Leitungen, sondern vor allem eine an den strategischen Erfordernissen ausgerichtete

Systementwicklung. Die Entwicklung EDV-gestützter Arbeitsverfahren erfordert ein System der Projektplanung und -durchführung, das auch die hierfür entsprechenden Steuerungsinformationen liefern muß. Hierzu gehören beispielsweise Zeit- und Aufgabenpläne, Entwicklungsalternativen, personelle und maschinelle Kapazitäten und deren intensitätsmäßige und zeitliche Verfügbarkeit. Die finanziellen Konsequenzen schließlich sind mit Verfahren der Investitionsrechnung aufzuzeigen.

Informationen über *Kooperationspartner* für Bank- und Bausparleistungen, für Schadensanierungen, Finanz- und Sicherungsberatungen betreffen zum einen quantitativ meßbare Vertriebsaktivitäten (z. B. Art und Anzahl der akquirierten Neuverträge in einzelnen Sparten durch Kooperationspartner), zum anderen aber auch die qualitative Einschätzung der Leistungen von Kooperationspartnern für bestimmte Kundengruppen, Regionen und Risikoarten. Art und Inhalt der Informationen bestimmen sich nach den Notwendigkeiten, bei bestimmten Kundenproblemen zur Lösung auf Kooperationspartner angewiesen zu sein. Auch hier ist also die strategische Segmentierung anhand der Kundenprobleme entscheidend für die Informationsversorgung zur Steuerung der Leistungsfähigkeit.

Informationen über die *Organisation* selbst betreffen sowohl die Bearbeitungsabläufe als auch die Strukturierung des Versicherungsunternehmens. Ausgehend von der generellen Orientierung an den Kundengruppen und den regionalen Besonderheiten handelt es sich auch hier im wesentlichen um die qualitative Einschätzung der Stärken und Schwächen der Organisation des einzelnen Versicherungsunternehmens, bezogen auf den strategisch gewünschten Sollzustand. Mit Methoden der Organisationsanalyse lassen sich arbeitsmengen- und geschäftsvorfallabhängige Informationen erheben, die die Entscheidungen für die organisatorische Gestaltung von Abläufen und Strukturen unterstützen. Dabei ist die Einschätzung der künftigen Entwicklung u. a. deshalb besonders problematisch, weil hierfür die Informationen aus der Vergangenheit nur bedingt übertragbar sind, wenn eine Änderung der spartenorientierten Verarbeitung in eine kundenorientierte Arbeitsweise erfolgt.

Die Gliederung aller Tätigkeiten im Versicherungsunternehmen in entsprechende Geschäftsvorfallarten, deren regelmäßige mittelfristige Überarbeitung sowie die mittel- und langfristige Analyse der Entwicklung der Geschäftsvorfallarten sowie des dafür erforderlichen Zeitbedarfs sind einige exemplarisch zu nennende Informationen, die den organisatorischen Steuerungsprozeß unterstützen können. Die Zeitkomponente ist hierbei die entscheidende Informationsgröße. Jeder Geschäftsvorfall erfordert eine bestimmte Bearbeitungszeit, und jeder Produktionsfaktor – Personal und EDV – hat eine bestimmtliche zeitliche Kapazität, was im organisatorischen Ablauf aufeinander abzustimmen ist. Darüber hinaus ist als qualitative Information eine Einschätzung der Leistungsfähigkeit aller Funktionsbereiche und Organisationseinheiten erforderlich, die im mittelfristigen Zeitablauf regelmäßig zu wiederholen ist, um gewollte und ungewollte Entwicklungstendenzen rechtzeitig erkennen und gegensteuern zu können. Hierfür gibt es Analyse- und Planungstechniken, die auf die Überprüfung des zielgerichteten und rationellen Einsatzes vorhandener Produktionsfaktoren unter Bezug auf das in der jeweiligen Stelle gewollte Leistungsniveau abzielen.

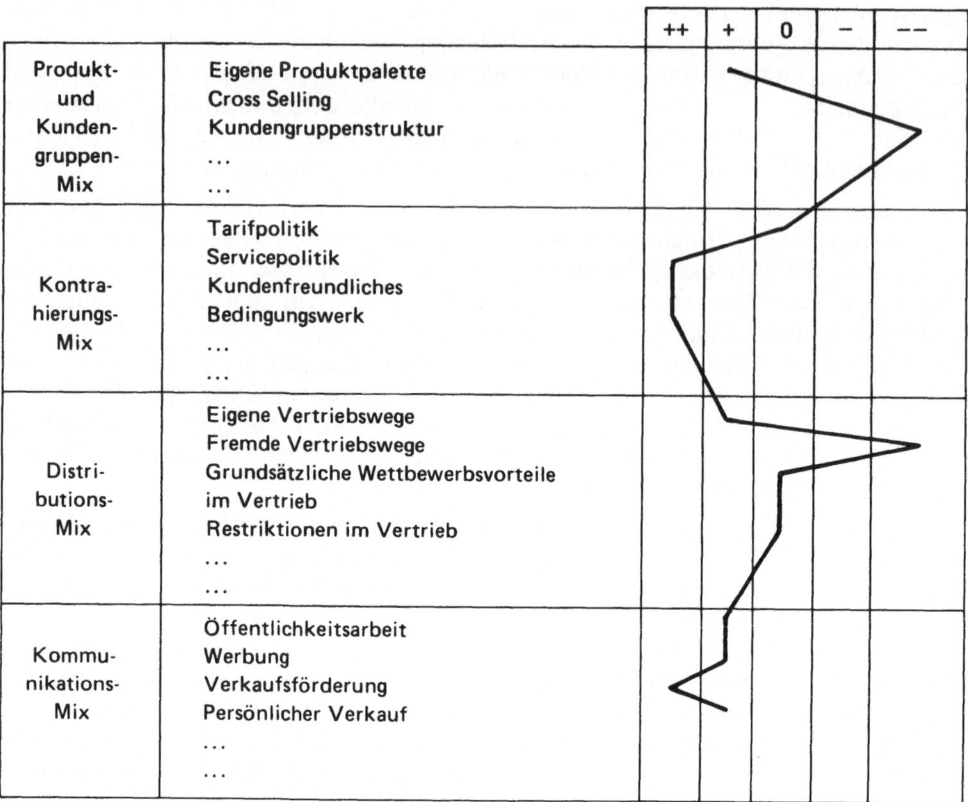

Fig. 6 Beispiel für ein Stärken-Schwächen-Profil

Die Darstellung kann in sogenannten Stärken-Schwächen-Profilen erfolgen, die sich im Zeitablauf für gleiche Aufgabenbereiche und gleiche Organisationseinheiten dann gegenüberstellen lassen (**Fig. 6**).

3.3 Informationsfeld: Ergebnis

Alle Tätigkeiten im Versicherungsunternehmen zielen auf die Erreichung eines zufriedenstellenden wirtschaftlichen Ergebnisses der Gesamtunternehmung und der strategischen Geschäftseinheiten ab. Dieses Informationsfeld beinhaltet demzufolge konkrete quantifizierbare Informationen, die sich grundsätzlich in die in **Fig. 7** wiedergegebenen Teilbereiche gliedern lassen.

Dadurch, daß diese Informationen quantifizierbar sind, eignen sie sich besonders für eine EDV-mäßige Bearbeitung sowie unter Nutzung der modernen Technik zur Auswertung in Form von Tabellen und Graphiken über Personal-Computer, die mit entsprechender Software auch unmittelbar durch Führungskräfte genutzt werden können.

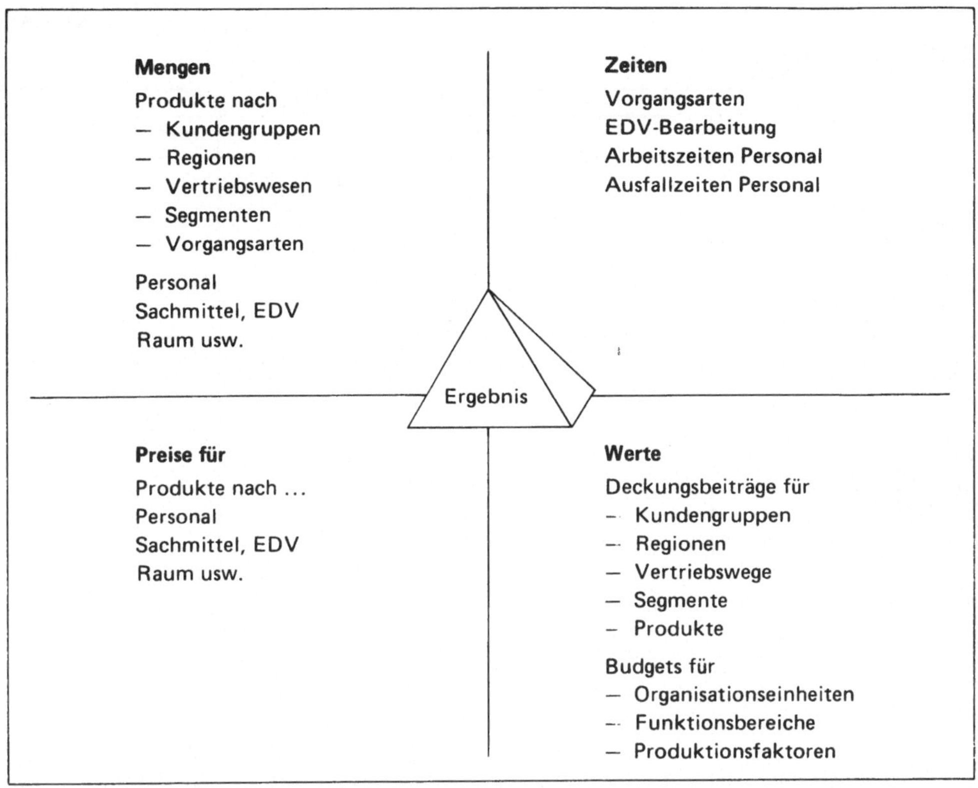

Fig. 7 Informationsfeld Ergebnis

Informationen über die *Mengen* beziehen sich auf Produkte (z. B. Neugeschäft, Bestand, Storno, Schaden) in der Gliederung nach den strategischen Geschäftseinheiten und Segmenten, auf die Produktionsfaktormengen (Personal, Raum, Sachmittel, EDV-Anteile usw.) sowie auf die Arbeitsmengen (den Leistungsbedarf nach Geschäftsvorfallarten). Als Steuerungsinformation soll dieses Mengengerüst einen Überblick über die stückzahlbezogene Entwicklung der Produkte sowie deren rechnerischen Faktorbedarf geben.

Informationen über die *Zeiten* ermöglichen einerseits die Ermittlung des Zeitbedarfs aus den Arbeitsmengen heraus und andererseits deren Gegenüberstellung mit der zeitlichen Kapazität der einzelnen Organisationseinheiten. Hier wird die Verbindung zur Organisationsplanung deutlich: Der Stückzeitbedarf aller in einer Organisationseinheit vorkommenden Geschäftsvorfallarten ist unmittelbar abhängig von der Arbeitsorganisation, von Art und Umfang einer maschinellen Unterstützung der Arbeitsvorgänge sowie von der quantitativen und qualitativen Faktorausstattung der Organisationseinheit (**Fig. 8**).

```
OEZ999                                                                    07.08.1983
ZEITGERUEST
FUER DIE
ORGANISATIONSEINHEIT 999 MUSTEROE
LEITER: HERR MUSTERMANN
```

	ENTWICKLUNG IN DEN GESCHAEFTSJAHREN						
	1974	1975	1976	1977	1978	...BIS...	1983
ARBEITSZEIT ---------- BRUTTOZEIT URLAUB SONDERURLAUB KUR KRANKHEIT SCHULUNG WEHRDIENST MUTTERSCHAFT BETRIEBSRAT PROJEKTARBEIT							
NETTOZEIT ========== STUECKZEIT ---------- VORGANGSART-01 VORGANGSART-02 VORGANGSART-03 VORGANGSART-04 VORGANGSART-05 VORGANGSART-06 VORGANGSART-07 VORGANGSART-08 VORGANGSART-09 VORGANGSART-10							
ALLE VORGAENGE							

Fig. 8 Zeitgerüst der Organisationseinheit

Die *Preise*, die für ein Produkt erzielt oder von einem Produkt im betrieblichen Leistungsprozeß „bezahlt" werden, sind alle im weitesten Sinne als Einzelpreise in Geldeinheiten darstellbare Werte. Bei den Organisationseinheiten sind es die Preise, die für den Faktoreinsatz bezahlt werden, sowie die Preise, die die Organisationseinheit für ihre Arbeitsleistung bezogen auf die einzelnen Geschäftsvorfallarten verlangt. Als vergleichendes Beispiel kann hier ein anderer Dienstleistungsbetrieb herangezogen werden, nämlich eine Kraftfahrzeugwerkstatt, die ebenfalls ihre Preise nach den zeitabhängigen Arbeitseinheiten und dem Faktorpreis der mit der Arbeit beauftragten Mitarbeiter berechnet (**Fig. 9**).

Letztendlich werden alle Tätigkeiten im Versicherungsunternehmen als *Werte* dargestellt. Diese Informationen sind aus betriebswirtschaftlicher Sicht bereits Ergebnisse, da sie sich durch die multiplikative Verknüpfung der sie jeweils begründenden Mengen und Preise berechnen lassen. Als Darstellungsform für die Produkte kann dabei beispielsweise das Format einer gestuften Deckungsbeitragsrechnung für Kundengruppen, Regionen, Vertriebswege, Segmente oder Produkte gewählt werden. Da sich die Wertebetrachtung zunächst einmal auf bestimmte Rechnungsperioden be-

```
FUP111                                                     23.11.1983
PREISLISTE
FUER DIE
FUNKTIONSGRUPPE 111 ANTRAGSBEARBEITUNG
```

	ENTWICKLUNG IN DEN GESCHAEFTSJAHREN									
	1974	1975	1976	1977	1978	1979	1980	1981	1982	1983
FAKTORPREISE **=============** **EIGENPERSONAL** ------------- **LEITER** **MITARBEITERART-1** **MITARBEITERART-2** **MITARBEITERART-3** **AUSZUBILDENDE** **FREMDPERSONAL**										
RAUM JE QM ---------- **ARBEITSRAUM** **SPEICHERRAUM** **BESPRRAUM** **SOZIALRAUM** **MASCHINENRAUM** **SONDERRAUM**										
SACHMITTEL ---------- **ARBEITSPLAETZE** **EDV-BILDSCH.** **MIFI-BILDSCH.** **KOPIERER** **SCHREIBMASCH.** **RECHENMASCH.** **SONSTIGE**										
EDV-PREIS/ME ------------ **BEST.SPEICHER** **PROGR.SPEICHER** **BATCHZEIT** **TP-ZEIT** **DV-VERWALTG** **DV-STEUERUNG**										
ARBEITSPREISE **=============** **VORGANGSART-01** **VORGANGSART-02** **VORGANGSART-03** **VORGANGSART-04** **VORGANGSART-05** **VORGANGSART-06** **VORGANGSART-07** **VORGANGSART-08** **VORGANGSART-09** **VORGANGSART-10**										
ALLE VORGAENGE										

Fig. 9 Preisliste der Organisationseinheit

zieht, lassen sich Stufen an Deckungsbeiträgen nach den Aspekten der Zurechenbarkeit, der Vollständigkeit und der Periodenabgrenzung unterscheiden. Die Informationsversorgung der Führungskräfte mit Hilfe der Deckungsbeitragsrechnung soll ausgehend von einer Jahresplanung unterjährig und nach Ablauf des Jahres über den Ergebnisstand informieren und Abweichungen zwischen Sollwerten und Istwerten in ihrer Tendenz und Stärke aufzeigen, um hiermit zu einer Entscheidung über eventuelle Gegensteuerungsmaßnahmen beizutragen (**Fig. 10**).

Die Werterechnung der Organisationseinheiten sollen eine übersichtliche Darstellung aller Kostenbeträge enthalten, die für eine Organisationseinheit aufgewendet werden. Als Darstellungsform kann hier das Format einer gestuften Budgetrechnung gewählt werden. Die einzelnen Budgetstufen sind nach den Aspekten der unmittelbaren oder

```
VZW999                                                          08.08.1983
D E C K U N G S B E I T R A G S R E C H N U N G
--------------------------------------------------

FUER ZIELGRUPPE/VERSICHERUNGSZWEIG: 999 MUSTERZWEIG
```

	ENTWICKLUNG IN DEN GESCHAEFTSJAHREN						
	1974	1975	1976	1977	1978	...BIS...	1983
BTG AUS BESTAND BTG AUS ZUGANG BTG AUS ABGANG							
GESAMTBEITRAG NEBENLEISTGN							
GESAMTERLOESE SCHAEDEN GJ GEZ SCHAEDEN GJ RST RUECKVERS.KOSTEN							
DIR.AUFWENDUNGEN							
DECKUNGSBEITRAG 1 ABSCHL.PROV. BESTANDSPROV.							
DIR.KOSTEN							
DECKUNGSBEITRAG 2 ANT.KA-ERLOESE ANT.KA-KOSTEN							
ANT.KA-ERGEBNIS							
DECKUNGSBEITRAG 3 BETRIEBSKOSTEN SCHADENSKOSTEN VERR.DIENSTE ANT.ALLG.KOSTEN							
BETRIEBSKOSTEN							
DECKUNGSBEITRAG 4 A.O.ERGEBNIS							
DECKUNGSBEITRAG 5 PERIODENFR.ERGEBNIS							
DECKUNGSBEITRAG 6 VERAEND.SCHWANKRST							
DECKUNGSBEITRAG 7							

Fig. 10 Deckungsbeitragsrechnung für Produkte eines Erstversicherungsunternehmens im Kompositgeschäft

```
EW999                                                          03.08.1983
  U D G E T R E C H N U N G
---------------------------------

UER DIE ORGANISATIONSEINHEIT:  999 MUSTERABTEILUNG  .

EITER: HERR MUSTERMANN
```

	ENTWICKLUNG IN DEN GESCHAEFTSJAHREN									
	1974	1975	1976	1977	1978	1979	1980	1981	1982	1983
ERSONALKOSTEN										
EHAELTER										
OZIALABGABEN										
LTERSVERSORGUNG										
EF STUNDEN										
O. IGE PERS.-K.										
R: ERSONAL										
IE PERSONALKOSTEN										
ERMITTLERKOSTEN										
BSCHLUSSPROVISION										
ESTANDSPROVISION										
ONSTIGE VERM.K.										
UMME VERMITTLERKOST										
EISEKOSTEN										
ACHKOSTEN										
AUMMIETE										
DV-MIETE										
BSCHREIBUNGEN										
ARTUNG										
ATERIAL										
OMMUNIKATION										
REMDLEISTUNG										
ONSTIGE SACHK.										
UMME SACHKOSTEN										
UDGET 1										
ERR.DIENSTE										
DV-LEISTUNG										
CHREIBDIENST										
RCHIVDIENST										
S. FFUNG										
R EBSDIENST										
IG										
UMME VERR.DIENSTE										
UDGET 2										
IT.ALLG.KOSTEN										
RSONALVERWALTUNG										
USVERWALTUNG										
CHNUNGSWESEN										
RTRIEB ALLG.										
NST.ALLG.										
MME ANT.ALLG.K.										
UDGET 3										

Fig. 11 Budgetrechnung einer Organisationseinheit

mittelbaren Beeinflußbarkeit der Kosten und der Vollständigkeit (Einbeziehung der Kosten für innerbetriebliche Dienstleistungen sowie der anteiligen allgemeinen Kosten) zu unterscheiden. Ziel einer derartigen Differenzierung ist es u. a., die verantwortlichen Führungskräfte über Art und Ausprägung der Kostenbelastung sowohl für ihre eigene Organisationseinheit als auch für die sie unterstützende andere Organisationseinheiten zu informieren. Dies ist für die kurzfristige unterjährige Kostenverlaufskontrolle erforderlich. Die Berechnung der Kostenentwicklung im Zeitablauf über geeignete Indexreihen oder Mehrjahresschnitte erlaubt darüber hinaus einen Kostenvergleich mit anderen Organisationseinheiten sowie nach durchgeführten organisatorischen Änderungen. Auch hier ist die Rückkopplung zu den vorgelagerten Informationsfeldern erkennbar (**Fig. 11**).

Für einen Einstieg in die Kostenanalyse des Gesamtunternehmens und danach der einzelnen Unternehmensteile entsprechend der Organisationsstruktur bieten sich graphische Übersichten an (**Fig. 12**), mit denen sich die wichtigsten Entwicklungstendenzen aufzeigen und Gespräche über weitergehende Analysen unterstützen lassen. Besonders die graphische Aufbereitung solcher Informationen und eine stufenweise Analyse — z. B. der Deckungsbeitragsrechnungen oder der Budgetrechnungen — ermöglichen erst eine rationelle Präsentation und Diskussion auf den einzelnen Führungsebenen, ohne daß aus umfangreichen Unterlagen mit viel Aufwand einige wenige interessierende Informationen herausgesucht werden müssen. Auch hier bietet die moderne Technik mit entsprechenden *Standardprogrammen auf Personal-Computern* bereits wirksame Unterstützung.

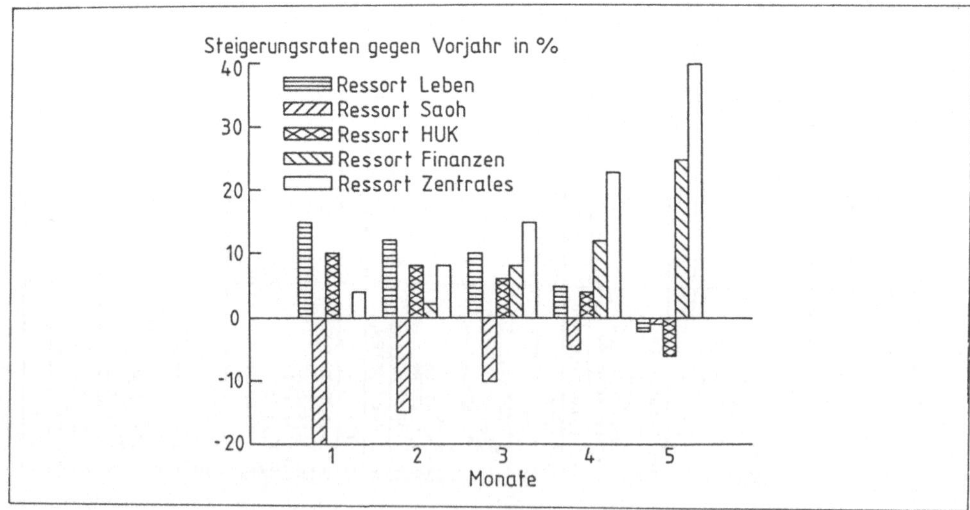

Fig. 12 Graphische Darstellung zur Kostenentwicklung

4 Informationsversorgung im PC-Großrechner-Verbund

An die Informationsversorgung für die Unternehmensführung sind eine Reihe von Anforderungen zu stellen, die sich von der Informationsversorgung der Tagesarbeiten im Versicherungsunternehmen erheblich unterscheiden. Im Gegensatz zur laufenden Tagesarbeit ist bei den Informations-, Planungs- und Analyseaufgaben für alle Ebenen der Unternehmensführung charakteristisch, daß es sich in aller Regel um einmalige und komplexe Aufgaben handelt. Auch muß die Informationsbehandlung eine besondere Vertraulichkeit erfahren, beispielsweise gibt es im Planungsprozeß häufig verschiedene Entscheidungsalternativen zu durchdenken und deren wirtschaftliche Auswirkungen zu berechnen, von denen dann schließlich nur eine realisiert und bekanntgegeben werden kann. Eine weitere Besonderheit liegt darin, daß der Informationsbedarf der Unternehmensführung nur schwer vorhersehbar ist. Er kann sich mit der Entwicklung des Geschäftsverlaufs kurzfristig und nachhaltig ändern.

Die Aufgaben der Unternehmensführung haben im Gegensatz zur Tagesarbeit eine andere zeitliche Ausrichtung. Zwar lassen sich auch bei Führungtätigkeiten Tagesentscheidungen erkennen; die Regel sind aber auf mittlere oder längere Sicht angelegte Aufgaben. Die längerfristige strategische Planung der einzelnen Geschäftsbereiche erfordert langfristige Analysen und Prognosen. Die aus den strategischen Zielen abgeleiteten Investitionsentscheidungen zur Realisierung der Maßnahmenbündel haben mittelfristigen Charakter. Die Aktivitäten im Innen- und Außendiest, um die vereinbarten Ziele zu erreichen, sind meist kurzfristig, beispielsweise auf ein Geschäftsjahr, ausgelegt.

Ein Informationssystem für die Unternehmensführung muß deshalb diese unterschiedlichen zeitlichen Ausprägungen im Darstellen, Verarbeiten und Aufbereiten der Informationen berücksichtigen. Zunehmende Bedeutung bei der Berichterstattung aus dem Informationssystem heraus erlangen auch Frühwarninformationen, also solche Informationen, mit denen die Unternehmensführung bereit frühzeitig Abweichungstendenzen aufgezeigt bekommt, um über geeignete Gegensteuerungsmaßnahmen zu beraten. Die Informationen für die Unternehmensführung sind also als Zeitreihen mit unterschiedlicher zeitlicher Länge und je nach Steuerungsebene unterschiedlichem Detaillierungsgrad zu organisieren und darzustellen. Das gilt sowohl für die Informationen aus dem eigenen Unternehmen als auch für Konkurrenzinformationen, allgemein wirtschaftliche Informationen, Umweltinformationen über Kunden- und Marktpotentiale sowie Informationen über die Entwicklung neuer Arbeitsmethoden und Technologien und deren Einschätzung über die Auswirkung auf das eigene Unternehmen (**Fig. 13**).

Aber auch die unterschiedlichen Hierarchieebenen haben auf die Organisation der Informationen Einfluß: Benötigt die untere Führungsebene Detailinformationen über alle Vorgänge, so reichen auf der höheren Führungsebene meist verdichtete Informationen gleicher Art und Struktur aus. Wichtig hierbei ist, daß durch die Darstellung der Informationen die Kommunikation zwischen den Führungsebenen und verschiedenen Unternehmensbereichen im Innen- und Außendienst verbessert wird.

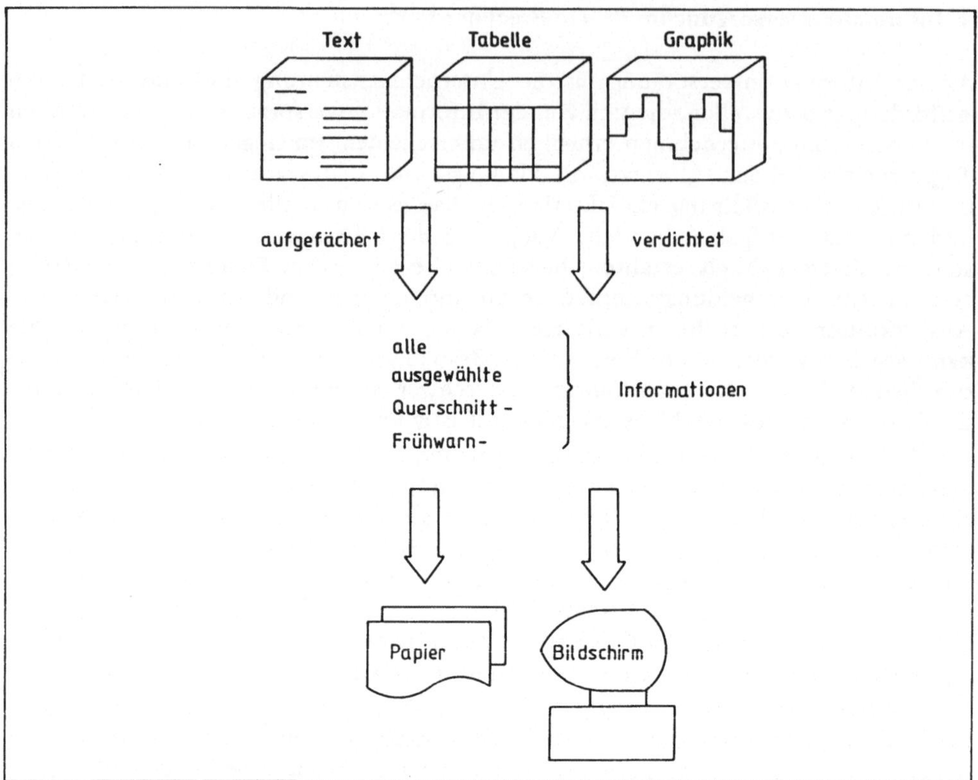

Fig. 13 Informationsdarstellung

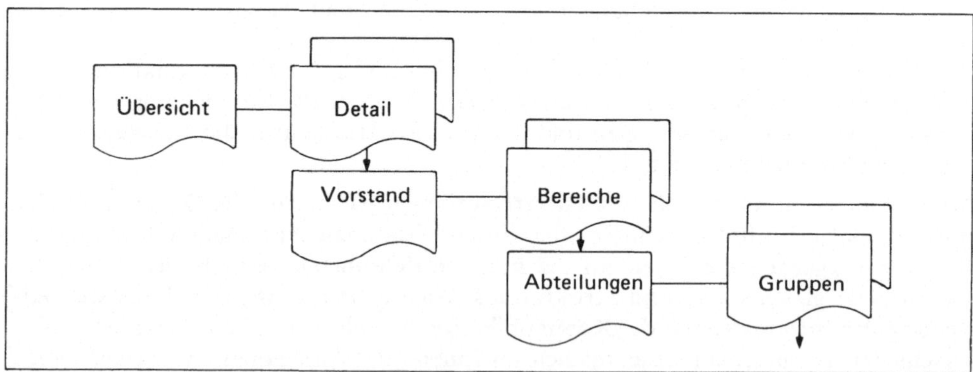

Fig. 14 Berichtsschema für die einzelnen Führungsebenen

Das läßt sich u. a. dadurch erreichen, daß bei Bedarf Verdichtungs- oder Detaillie-rungsdarstellungen aus denselben Grundinformationen erzeugt werden, über die alle Beteiligten gleichermaßen verfügen können müssen (**Fig. 14**).

4.1 Die Potential-Datenbank

Alle relevanten Umweltdaten für das Versicherungsunternehmen die zur Steuerung der einzelnen Geschäftsbereiche erforderlich sind, sind zu erfassen und in einer soge-nannten Potential-Datenbank für alle Fachbereiche aufbereitet zu speichern. Solche Grundinformationen sind in aller Regel regional zu ordnen — z. B. nach Postleitzahl-bezirken. Inhaltlich handelt es sich einerseits um Kundeninformationen, anderer-seits um Risikoinformationen. Beispiele können sein

— Anzahl der Einwohner nach Jahrgangsstufen
— Anzahl der zugelassenen Kraftfahrzeuge
— Anzahl der Haushaltungen unterschiedlicher Größe
— Anzahl der Wohngebäude unterschiedlichen Alters und unterschiedlicher Aus-
  stattung.

Diese Informationen sind entsprechend den Steuerungsbedürfnissen der einzelnen Fachbereiche zu gliedern und in einer Zeitreihe darzustellen, um die Erfordernisse der Analyse und der Prognose zukünftiger Entwicklungen erfüllen zu können.

4.2 Die Statistik-Datenbank

Viele Grunddaten zum Erstellen von Führungsinformationen können aus den in den Bearbeitungssystemen der einzelnen Fachbereiche enthaltenen Daten gewonnen wer-den. Die Ersterfassung erfolgt in aller Regel von den Versicherungsanträgen, den Schadenanzeigen und anderen Kundeninformationen. Alle ertrags- und aufwands-wirksamen Größen des Unternehmens lassen sich aus dem EDV-gestützten Rechnungs-wesen ableiten. Fachliche und betriebliche Statistiken geben Aufschluß über Ar-beitsmengen, Mengen der eingesetzten Produktionsfaktoren (Personal, EDV usw.) und die für den Abschluß der einzelnen Geschäftsvorfälle benötigten Stückzeiten. Die Selektion, das Verdichten und Überleiten der Grundinformationen aus den Bear-beitungssystemen und ihr Darstellen oder Verknüpfen zu einem Führungsinforma-tionssystem erfordert zentrale Datensammlungen.

Eine grundlegende zentrale Datensammlung ist eine Statistik-Datenbank, in der letztlich alle auf Einzelvorgängen beruhenden Summendaten nach dem kleinsten statistischen Unterscheidungsmerkmal gespeichert werden müssen. So läßt sich beispielsweise die Geschäftsentwicklung beobachten anhand von Stückzahlen, Ver-sicherungssummen und Beiträgen, bezogen auf einzelne Vorgangsarten wie z. B. Neu-geschäft, Ersatzgeschäft, Storno, Schadenart usw.

Eine solche Statistik-Datenbank soll den einzelnen Fachbereich in die Lage versetzen, aufgrund der übergeordneten Steuerungsinformationen weitergehende Analysen der eigenen Bestände vorzunehmen, um erwünschte Entwicklungen durch geeignete

Maßnahmen verstärken bzw. unerwünschten Entwicklungen entsprechend entgegentreten zu können. Wird beispielsweise eine bedenkliche Schadenentwicklung in einem Versicherungszweig signalisiert, so ist aufgrund der Statistik-Datenbank zu analysieren, bei welchen Versicherungszweigarten, Unterprodukten, Kundengruppen, Vertriebswegen und Regionen dies der Fall ist.

4.3 Die Controlling-Datenbank

Alle für die konkrete Steuerung der einzelnen Geschäftsfelder erforderlichen Einzelinformationen aus den Grunddatenbeständen sind in einer Summendatenbank — gegliedert nach den Steuerungserfordernissen der einzelnen Fachbereiche — laufend aktuell zu speichern, um einen Vergleich mit den konkreten Zieldaten für einzelne Geschäftsfelder zu ermöglichen und Veränderungsgeschwindigkeiten gegenüber Vorjahresdaten ausweisen zu können. Entscheidend für die Speicherung in der Controlling-Datenbank ist immer die Gliederung der Informationen nach den Zielsetzungen der einzelnen Fachbereiche. Die Berichterstattung aus der Controlling-Datenbank und die Selektion von Daten wiederum erfolgt nach den konkreten Zielplanungen — beispielsweise für bestimmte Regionen, bestimmte Kundengruppen, bestimmte Produkte. Die Darstellung der Informationen in der Controlling-Datenbank erfolgt wegen der erforderlichen unterjährigen Soll-Ist-Vergleiche in aller Regel monatlich. Aus den Grunddaten in der Controlling-Datenbank lassen sich dann auch längerperiodige Zeitreihen ermitteln, die dann für Langfristanalysen beispielsweise in einer Statistik-Datenbank gespeichert werden können.

Die Controlling-Datenbank erhält ihre Summeninformationen aus allen Programmsystemen der Fachbereiche. Die Berichte und Auswertungen ihrerseits werden jedoch gezielt auf den Informationsbedarf der Führungskräfte in den einzelnen Fachbereichen vorgenommen.

4.4 Die Kunden-Datenbank

Gemeinsame und übergreifende Informationen über einzelne Kunden sind — unabhängig von der Speicherung in den einzelnen Datenbanken der Fachbereiche — in einer übergreifenden Kundendatenbank zu speichern. Die Kunden-Datenbank soll alle potentiellen und tatsächlichen Beziehungen zu Einzelkunden wiedergeben und eine von den Produkten unabhängige Analyse und Planung nach attraktiven und weniger attraktiven Kundengruppen informationstechnisch unterstützen.

So sind beispielsweise für Privatkunden alle den Privatkunden kennzeichnenden Einzeldaten (Alter, Geschlecht, Familienstand, Einkommensverhältnisse, Vermögensverhältnisse, Risikoverhältnisse usw.) enthalten. Für gewerbliche Kunden die entsprechenden Kenndaten der Einzelbetriebe.

Auf die Kundendatenbank haben alle Fachbereiche Zugriff, damit sichergestellt wird, daß bei fachlichen Einzelentscheidungen immer auch die gesamte Kundenbeziehung berücksichtigt wird.

4.5 PC-Anwendungen

Die konkreten Darstellungen von Informationen zu den einzelnen beschriebenen Informationsfeldern in Form von Tabellen oder Graphiken erfolgen über eine entsprechende Schnittstelle aus den Datenbanken im Großrechner über geeignete Personalcomputer.

Sowohl zur Darstellung komplexer Analyseergebnisse als auch zur Unterstützung von Soll-Ist-Vergleichen haben sich gezielte Analysen über Personalcomputer inzwischen unternehmensweit bewährt. Die Führungskräfte aller Ebenen erhalten dadurch gezielte und in einer schnell lesbaren Form aufbereitete Informationen, die in Form eines aktiven Dialogs vertieft und detailliert werden können. Die Frage, ob die Führungskräfte selber oder mit Hilfe ihres zuständigen Controllers diesen interaktiven Prozeß am Personalcomputer durchführen, ist dabei sekundär. Die inzwischen verfügbaren Auswertungs-Programmsysteme und Darstellungsprogramme in Fenstertechnik und mit Menüsteuerung werden aber mittelfristig mit Sicherheit zu einer höheren Akzeptanz des unmittelbaren PC-Einsatzes durch die Führungskräfte führen, so daß sich die Informationsversorgung zu einem aktiven Informationsverarbeitungsprozeß im Dialog über PC entwickeln wird.

Ein solches System der Informationsversorgung im PC-Großrechner-Verbund für die Steuerung für Versicherungsunternehmen kann dazu beitragen, die Anpassungs- und Koordinationsprobleme zu lösen und die Versicherungsunternehmen bei der Schaffung, Erhaltung und Verbesserung ihrer Ertragsmöglichkeiten, ihrer betrieblichen Leistungsfähigkeit und bei der Erzielung eines zufriedenstellenden wirtschaftlichen Ergebnisses zu unterstützen.

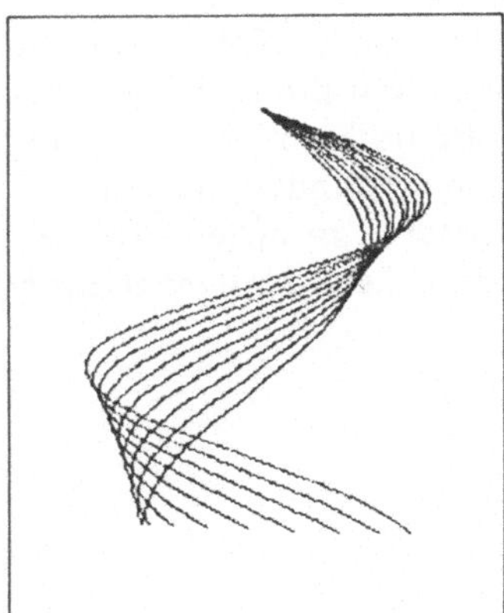 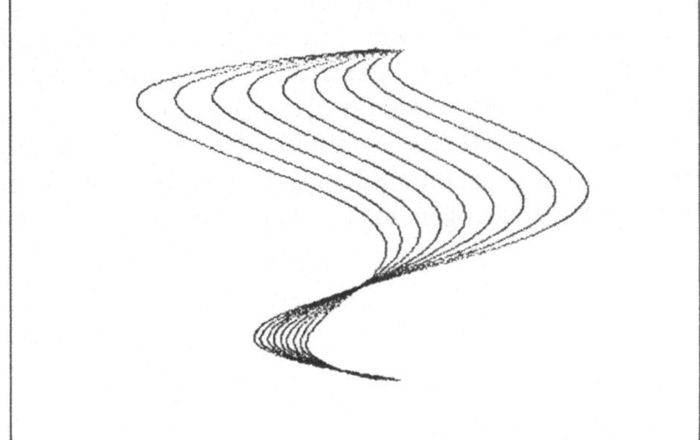

Hans-D. Litke

Integration Mikroelektronik –
Induzierte Technologien in Verwaltung
und Produktion

Stand und Diskussion

Einleitung

Der Artikel soll Anregungen für eine Aufnahme des Standes, der Formen, der Randbedingungen, der Auswirkungen und der Gestaltbarkeit der Integration mikroelektronik-induzierter Technologien in Verwaltung und Produktion liefern.

1 Technologievernetzung

Das Geräteangebot der einschlägigen Hersteller und installierte Pilotsysteme einzelner
Anwender weisen darauf hin, daß der laufende technische Wandel mittels Mikroelektronik eine neue Qualität erhalten wird: Wurden bisher einzelne Funktionen
durch preiswertere und leistungsfähigere Mikroelektronik einer flexiblen Technisierung in Einzellösungen zugänglich, so beginnt derzeit ein Prozeß der Integration von
Funktionen, Technologien und Geräten in Produktion und Verwaltung. Diese Integration („Technologievernetzung") wird nicht nur teilweise in ihren Voraussetzungen, Formen und Auswirkungen dem bisherigen technischen Wandel entsprechen,
sondern darüber hinaus – analog dem Prinzip der *Synergetik* – zu neuen Effekten
führen. Angesprochen sind Fragen vor allem der Wirtschaftlichkeit, der Organisation
und der Auswirkungen auf das Personal.

1.1 Technologieintegration und bisherige Technologiediskussion

Die Debatte des bisherigen technologischen Wandels folgt im wesentlichen folgenden Argumentationsfiguren:

- Aus Sicht der Technologieanwender begründet sich der Technologieeinsatz aus dem Wunsch nach
  - Kostensenkung durch Arbeitsersparnis,
  - verbesserter Prozeßkontrolle,
  - Unabhängigkeit vom personellen Arbeitsvermögen.

  Diese Ziele werden mit einem verschärften Wettbewerb hinsichtlich Kosten, Qualität, Lieferfähigkeit etc. auf sich ständig schneller verändernden und differenzierenden Absatzmärkten begründet.
- Aus Sicht der Technologiehersteller bietet die immer preiswertere und leistungsfähigere Mikroelektronik immer bessere Möglichkeiten, Betriebsmittel für diesen Bedarf herzustellen und abzusetzen.
- Beide Gruppen betonen die Befreiung des Menschen von Routinearbeit zugunsten von mehr höherwertigen Arbeitsanteilen wie Kreativität, Disposition etc.
- Aus Sicht der Arbeitnehmervertretungen sind in diesem sich wechselseitig beschleunigenden Prozeß zwischen Herstellern und Anwendern gravierende Auswirkungen für die Beschäftigung, vor allem hinsichtlich der Beschäftigungsverhältnisse selbst, der Leistungserbringung, der Gesundheit, der Qualifikation und der individuellen Handlungsspielräume zu erwarten; sie werden zumeist mit einer modifizierten Polarisierungsthese und mit Belastungsverschiebungen beschrieben.
- Aus volkswirtschaftlicher Sicht ergibt sich hieraus ein Konflikt zwischen den Zielen der
  - Sicherung der Wettbewerbsfähigkeit der Volkswirtschaft durch Kostenersparnis per Technisierung einerseits und der
  - Sicherung der Vollbeschäftigung andererseits,

  dessen Existenz mit längerfristig nachlassenden Wachstumsraten der Gesamtwirtschaft immer offenkundiger wird.

Unabhängig davon, welchen der o. a. Argumente größeres Gewicht beizumessen ist, dürfte der Prozeß der Integration von mikroelektronischen Technologien zumindest eine Intensivierung der oben genannten Effekte, wahrscheinlich aber sogar neue schaffen.

1.2 Linien der Integration

Der Begriff der „Integration" kann sehr unterschiedlich gefaßt werden; das Spektrum reicht von der räumlichen und organisatorischen Zusammenfassung mehrerer Betriebsmittel (z. B. in einer Fertigungszelle) über die Nutzung eines Systems (z. B. einer Datenbank) durch mehrere Nutzer (i. S. betrieblicher Abteilungen) bis hin zur gerätetechnischen personalfreien Zusammenführung unterschiedlicher Betriebsmittel und Software-Pakete.

Ohne daß ich mich auf die eine oder andere Definition festlege, geht meine Intention dahin, vor allem die technische Vernetzung mikroelektronisch bestimmter (programmierbarer) Betriebsmittel zu untersuchen. Dabei sollen unterschiedliche Technologien und Einsatzkonzepte beachtet werden. Angesichts der Vielfalt der Einzel- und der Vernetzungstechnologien kann es nicht Aufgabe dieses Artikels sein, diese im einzelnen zu beschreiben. Es sollen lediglich fünf mir wichtig erscheinende Linien der Integration zur Verdeutlichung der Problemsicht kurz skizziert werden.

Aus der Funktion der Mikroelektronik als „Intelligenzverstärker" folgt, daß eine Differenzierung der Betrachtung nach gewerblicher Produktion und Verwaltung angebracht ist.

In der stofflichen Produktion schafft der Rechner streng genommen nicht neue Kapazitäten, sondern optimiert den Einsatz der vorhandenen; lediglich auf der Ebene der Einzelbetriebsmittel ergab die Verbindung von mikroelektronischer und konventioneller Technik bisher neue Qualitäten (z. B. Industrieroboter).

Im informationsverarbeitenden Bereich („Büro", „Verwaltung") schafft der Rechner durch die Übernahme des Arbeitsprozesses neue Kapazitäten, die zur Arbeitskräfteersparnis und/oder Leistungsausweitung (z. B. CAD* mit Festigkeitsberechnungen) führen.

Eine Integration verschiedener Technologien dürfte demnach in Produktion und Verwaltung unterschiedliche Formen und Konsequenzen haben.

In der Produktion sind zwei Linien der Integration absehbar: Zum einen können Produktionssysteme aus einer Vielzahl von Betriebsmitteln (z. B. eine Roboterstraße oder ein FFS) unter einer Rechnerhierarchie nach bestimmten Optimierungskriterien (z. B. Verfügbarkeit, Durchlaufzeit) gesteuert werden, zum anderen können Daten vorgelagerter (z. B. CAD) oder übergeordneter Systeme (z. B. PPS) zur Steuerung und Disposition der Betriebsmittel genutzt werden.

Bei diesen Linien der Integration werden planende und dispositive Funktionen aus den Arbeitssystemen in das Rechnersystem bzw. diesen zugeordneten Abteilungen verlagert. Die Integration berührt hier weniger die unmittelbar produktiven Tätigkeiten (soweit noch vorhanden), als vielmehr die produktionsvorbereitenden, die produktionsunterstützenden (z. B. Überwachungstätigkeiten), sowie die Fertigungssteuerung und Materialwirtschaft. Wenn aber die Zeitwirtschaft mit einbezogen wird, wird der Einsatz von Arbeitskraft und die Leistungserbringung unmittelbar betroffen. Gerade an diesem Punkt wird deutlich, daß der von der einen Seite gesehene Vorteil einer Technologieintegration - mehr Transparenz, bessere Leistungserbringung — von der anderen Seite als Risiko — mehr Kontrolle, Leistungsverdichtung — gewertet wird.

Demgegenüber ist im informationsverarbeitenden Bereich neben den benannten beiden Integrationslinien (Vernetzung von Betriebsmitteln zur Einsatzoptimierung und Verknüpfung von Betriebsmitteln mit vorgelagerten oder übergeordneten

---

* Die verwendeten Akronyme sind am Ende des Artikels aufgelistet

Steuerungssystemen) eine dritte und vierte abzusehen: Zunächst waren einzelne, relativ leicht routinisier- und formalisierbare Prozesse der Daten- und Textverarbeitung der Automatisierung zugänglich.

Durch eine Integration verschiedener Verarbeitungs- und Kommunikationssysteme wird diese Entwicklung zu komplexeren Prozessen fortgesetzt werden. Da aber ein Gutteil der derzeitigen informationsverarbeitenden Tätigkeiten damit befaßt ist, Inkompatibilitäten zwischen den verschiedenen Arbeitsschritten der Informationsverarbeitung und den zugeordneten technischen Hilfsmitteln zu überwinden, wird zudem versucht werden, genau diese Lücken zu schließen.

Erste Ansatzpunkte dieser Integrationslinie sind z.B. die programmierte Textverarbeitung oder die Kombination von Textautomat und Kopierer. Durch beide Linien (und ihre Kombination) werden sowohl die qualifizierte Sachbearbeitertätigkeit als auch die nachfolgenden aufbereitenden Tätigkeiten (z.B. Schreibdienste) berührt — sei es im Sinne eines Wegfalls, einer Verarmung oder einer Reintegration der Tätigkeiten. Die Beurteilungsgesichtspunkte für beide Seiten entsprechen im wesentlichen den für den produktiven Sektor genannten.

Neben den beiden obigen Feldern einer Integration sind andere zu benennen, die z.T. als Zwischenformen, z.T. als Erweiterung begriffen werden können, wie z.B. Warenwirtschaftssysteme, Personalinformationssysteme, Zeitungsherstellung.

Mit den genannten vier Linien der Integration häufig verbunden ist — vor allem im Bürobereich — eine fünfte, nämlich die Zusammenfassung verschiedener Geräte zu einem einzigen mit meist höherer Leistungsfähigkeit.

Die hier angedeuteten Linien einer Technologieintegration haben in ihrer praktischen Realisierung unterschiedliche Ausprägungen des Integrationsgrades, der Integrationstiefe und der Integrationsbreite, so daß sicher eine wesentliche Leistung sein muß, begriffliche Klärungen z.B. durch geeignete Klassifizierungsmöglichkeiten zu erbringen. Zudem sind unterschiedliche Konzepte für den Realisierungsprozeß absehbar; meist wird der Risikominimierung durch gestufte Einführung (Vernetzung von Inseln) oder durch Beschränkung auf bestimmte Ausschnitte (Teilintegration) der Vorzug vor einer (sofortigen) Vollintegration gegeben.

1.3 Technische Entwicklungen

Vor allem aber sind in der Praxis noch erhebliche technische Probleme der Vernetzung zu lösen. Dabei zeichnen sich die Strukturen neuer integrierter Systemfamilien bereits sowohl netzseitig als auch endgeräteseitig deutlich ab.

Ein wesentlicher Meilenstein ist die Schaffung des dienstintegrierten digitalen Netzes (ISDN: *Integrated Services Digital Network*), mit dessen breiter Realisierung ab 1987 bis 1988 zu rechnen ist. Dieses Basissystem wird im öffentlichen Bereich die dienstseitige Integration der bisherigen definierten oder realisierten neuen Dienste (Faksimile, Teletex, Datenkommunikation, Bildschirmtext) mit den klassischen Sprachkommunikationssystemen liefern.

Mitte der 90er Jahre wird dieser Ansatz auf sogenannte breitbandige, auf Glasfaser-technologien basierende Systeme wesentlich erweiterter Leistungsfähigkeit (für z. B. zusätzliche Bewegtbildübertragung) ausgedehnt werden. Komplementär zu diesen Ansätzen entwickeln sich im „Inhouse"-Bereich sogenannte lokale Netzwerke (LANs: *Local Area Networks*) im breitbandigen Bereich bzw. auf herkömmlicher Infrastruktur (Telefonnebenstellenanlagen) aufbauende PABX-Lösungen (PABX: *Private Automated Branch Exchange*). Die im ISDN-Bereich definierten öffentlichen Dienste werden sich auch in den privaten Bereich hinein auswirken.

Wesentlich für diese Entwicklung sind die international weit fortgeschrittenen Aktivitäten im Normungsbereich. Mit ISDN, LANs und PABX-Systemen ist die netzseitige Infrastruktur für eine weitgehende Systemintegration bereitgestellt. Endgeräteseitig ist die Entwicklung nicht ganz so deutlich vorgezeichnet. Als Tendenz zu den geschaffenen Netzen stehen auf der einen Seite multifunktionale Arbeitsplatzrechner sowie auf der anderen Seite spezialisierte Systeme („Server" — z. B. *Communication Server, File Server, Print Server* etc.) extrem hoher Leistungsfähigkeit.

Klassische Bürosysteme (DV, TV, Kommunikationssysteme) sind aufwärtskompatibel einzubinden. Gerade hier liegen jedoch noch immense Schwierigkeiten in der Praxis. Momentan wird vermutet, daß die Endgerätetechnik nicht in jedem Falle mit der netzseitigen Entwicklung Schritt halten wird. Neben diesen eher banalen Problemen stellt die Integration der Anwendungssoftware eine wesentliche ungelöste Aufgabe dar. Eine erfreuliche Entwicklung zu mehr Integration ist auch im wichtigen Bereich der Benutzerschnittstellen festzustellen. Im übrigen sind für den Bürobereich erste sogenannte „Integrierte Büroinformations- und -kommunikationssysteme" am Markt erhältlich.

1.4 Voraussetzungen und Auswirkungen der Integration

Der beginnende Prozeß der Technologievernetzung ist wertend unter zwei Aspekten zu diskutieren: dem der Machbarkeit und Effektivität und dem der Wünschbarkeit und Auswirkungen, wobei letzterer Aspekt je nach Interessenlage zu unterschiedlichen Aussagen führen wird.

Bisher wurde bzgl. der Machbarkeit hier lediglich die Hardware-Seite (*Mikroelektronik*) angesprochen. Vor der Verarbeitung eines Ablaufs in der Hardware steht aber die Erstellung einer geeigneten Software und hiervor wieder ein Verständnis des realen Prozesses. D. h., vor der Einführung einer Technologieintegration (und auch beim Betrieb!) ist ein erheblicher planerischer, dispositiver und organisatorischer Aufwand erforderlich (der z. B. für ein PPS leicht 100 MJ (Mannjahre) erreichen kann), dessen Ergebnisse z. T. erhebliche Auswirkungen auf die Ablauforganisation haben können.

Damit deutet sich schon an, daß zwar sicher die Probleme und Notwendigkeiten, aber auch die Möglichkeiten einer Technologieintegration durch unterschiedliche Ressourcen (Kapital, „Know-how") zwischen den Unternehmen nach Betriebsgröße, Branche und Innovationsstand unterschiedlich verteilt sind. Da eine Technologieintegration (in bestimmten Grenzen) aber üblicherweise die Flexibilität der Unternehmen steigert, dürften bestimmte Marktsegmente, die bisher nur für kleinere Unternehmen interessant waren, in den Interessenbereich innovativer Großbetriebe gelangen.

Die Auswirkungen auf die Beschäftigten dürften — in Extrapolation der bisherigen Technologie-Diskussion — nach Beschäftigtengruppen uneinheitlich sein und wohl den Mustern der Polarisierung und der Belastungsverschiebung folgen. Inwieweit die häufig postulierte Gestaltbarkeit des Technologieeinsatzes im Sinne einer menschengerechten Arbeitsorganisation in einer realiter erfolgten Gestaltung ausgeschöpft wird, die zu einer „zivilisierten Rationalisierung" führt, läßt sich allenfalls im Zusammenhang einer konsequent geführten Diskussion der Akzeptanzfrage darstellen.

Hier nur soviel: Begreift man Technologieintegration unter der Zielsetzung einer weitgehenden Unabhängigkeit von Personal, so spielt der Akzeptanz- und Gestaltungsaspekt eine wesentlich geringere Rolle, als wenn man von einer relevanten, verantwortlichen Tätigkeit an hochwertigen Investitionsgütern ausgeht.

1.5 Erkenntnisinteresse und Handlungsbedarf

Die absehbare und zum Teil schon gegebene Verfügbarkeit von Technologien zur Integration vorhandener Technologien steht in einem gewissen Gegensatz zu dem Wissen über deren Einsatzmöglichkeiten, Einsatznotwendigkeiten und Auswirkungen. Insbesondere der Aufwand und das Risiko der erforderlichen Software-Arbeiten und der organisatorischen und personellen Anpassungen sind für den einzelnen Betrieb schwer abschätzbar.

In Analogie zu anderen Bereichen technischer Innovationen (z. B. der flexiblen Montageautomatisierung oder der Roboterisierung) steht u. E. zudem zu vermuten, daß die zwar intensiv, aber z. T. inkohärent und nicht ganz sachlich geführte und interessengeleitete Diskussion des Themas zu erheblichen Verunsicherungen geführt hat, die weit über die Bedeutung der tatsächlichen Entwicklungen hinausgehen. Das Technologiewissen der Hersteller reicht allein ebensowenig aus wie das betriebspraktische Wissen der Anwenderbetriebe, derartige komplexe Systeme mit verträglichen Reibungsverlusten zu installieren und zu betreiben.

Da das gegenwärtige Klima von dem parallelen Wirken einer Technologieangst und einer Technologieeuphorie (manche reden geradezu von einem sozialen Druck zum Technologieeinsatz) geprägt ist, erscheint es aus verschiedenen Interessenlagen heraus dringend erforderlich, das vorhandene Wissen über geplante und laufende Vorhaben der Technologieintegration unter den verschiedenen benannten Blickwinkeln zusammenzutragen und punktuell durch aktuelle Erhebungen vor Ort zu ergänzen.

Dieses Erfordernis ergibt sich u. a. aus der Verunsicherung der Masse der potentiellen Anwender und Betroffenen, die durchaus auf die Hersteller dieser Technologien zurückschlagen kann und insofern zu einem Handlungserfordernis führt.

2 Forschungsschwerpunkte

Als Forschungsschwerpunkte werden deshalb im Kern gesehen, den Stand, die Möglichkeiten, die Notwendigkeiten und die Auswirkungen auf Randbedingungen der Technologieintegration zusammenfassend aufzuzeigen, so daß Hersteller, potentielle Anwender und Betroffene sachgerechter agieren und reagieren können.

2.1 Gegenstandsbereich und Fragestellungen

Der Gegenstandsbereich und die Fragestellung der Forschungsschwerpunkte sind als komplex und vielschichtig zu beurteilen. Absehbar wird diese Einschätzung aus den folgenden, nur groben Differenzierungen des zu untersuchenden Gegenstandsbereichs und der anzusetzenden Fragestellungen:

Gegenstandsbereich

- Einzel- und Vernetzungstechnologien
- Merkmale des Einsatzbereichs
  - Branche, Betriebsgröße, spezielle Unternehmensmerkmale
  - betrieblicher Bereich (Produktion, Verwaltung mit ihren Untergliederungen)
- Ausprägungsformen der Integration
  - Art der integrierten Technologien bzw. Funktionen
  - Reichweite der Integration
- Organisationsformen und Maßnahmen
  - im Einführungsprozeß
  - im Betrieb der integrierten Lösung
- betroffene Arbeitskräfte

Fragestellung

- Untersuchungsebene
  - (technische) Mikrostrukturen (z. B. Hardware- oder Software-Strukturen innerhalb eines Gerätes)
  - Einzelgeräte, Einzelarbeitsplätze
  - integrierte Systeme, betriebliche Abteilungen/Betrieb
  - Unternehmen
  - Volkswirtschaft, Gesellschaft
- Untersuchungsdimension
  - technisch
  - wirtschaftlich
  - organisatorisch (Aufbau- und Ablauforganisation)
  - arbeitskräftebezogen-funktional (z. B. Personalentwicklungsplanung)
  - arbeitskräftebezogene Auswirkungen

- Niveau der Fragestellung
  - beschreibend: Ist-Situation, Problemlagen
  - beurteilend: Ursache-Wirkungszusammenhänge, Bewertungen (z. B. Wirtschaftlichkeit, Humanität)
  - prognostizierend: Trends, Erwartungen
  - handlungsleitend: Empfehlungen
- Interessenstandpunkt der Fragestellung
  - herstellerorientiert
  - anwenderorientiert
  - arbeitnehmerorientiert
- Zeithorizont der Fragestellung.

Bei den folgenden, inhaltlich vertiefenden Erläuterungen der Forschungsschwerpunkte stehen fünf Untersuchungsziele im Mittelpunkt:

- Stand der Systemintegration in der Wirtschaft
- Volks- und betriebswirtschaftliche Folgewirkungen
- Praktizierte und geplante arbeitsorganisatorische Maßnahmen
- Quantitative und qualitative Folgewirkungen für die Beschäftigten
- Effizienz der praktizierten und geplanten Formen der Systemintegration im Hinblick auf die Arbeitsorganisation, die Arbeitsplatzgestaltung und die soziale Verträglichkeit.

Als Ausgangspunkt der Forschungsschwerpunkte dienen die unterschiedlichen Integrationskonzepte (Teil-/Vollintegration).

2.1.1 Stand der Systemintegration in der Wirtschaft

Im Bereich dieses Untersuchungszieles ist zu prüfen, für welche Integrationskonzepte, für welche Aufgabenstellungen sich die Mehrzahl der Unternehmen/Branchen bereits heute entschieden hat oder zumindest Neigungen zeigt.

Dabei sind vor allem die Argumente zu berücksichtigen, die zu den jeweiligen Integrationskonzepten führen.

Der gegenwärtige relativ niedrige Stand des integrierten Computereinsatzes zeigt deutlich, daß bei der Konzeption bereits große Anstrengungen erforderlich sind, um auch nur teilintegrierte Systeme aufzubauen.

Drei Untersuchungsfehler erscheinen mir dabei vorrangig:

- im administrativen Büro die Integration der verschiedenen Datenverarbeitungs-, Textverarbeitungs- und Kommunikationstechnologien;
- im technischen Büro und in der Produktion die Komponenten und Entwicklungstendenzen von CIM (also vor allem CAD, CAP, BDE, PPS etc. in Verbindung mit CNC/DNC, Industrieroboter etc.);
- spezielle thematisch gefaßte Integrationsbemühungen wie Warenwirtschaftssysteme oder Zeitungsherstellung.

Es kann festgestellt werden, daß gegenwärtig ein starker Innovationsschub auf gerätetechnischem Gebiet zu verzeichnen ist: Die technische Integration von Graphik, Festbild, gesprochener Sprache in textorientierten Kommunikationssystemen nimmt rasch zu; das Angebot auf dem Gebiet der lokalen Netze bietet die Voraussetzung für in ihrer Dimension völlig neuartige Informations-Infrastrukturen, die ein Zusammenwachsen der Bereiche Datenverarbeitung, Textverarbeitung, Nachrichtenübermittlung zusammen mit einer Erweiterung auf graphische und akustische Informationsdarstellung erlauben. Daher ist es notwendig, auch dort eine Bestandsaufnahme zu initiieren.

2.1.2 Volks- und betriebswirtschaftliche Folgewirkungen

Negative Erfahrungen z. B. mit der Einführung zentraler Schreibdienste führten dazu, von einer „isolierten" Wirtschaftlichkeitsüberlegung Abstand zu nehmen. Daraus resultierten mehrstufige Wirtschaftlichkeitsansätze.

Im Rahmen der Forschungsschwerpunkte wird von einem mehrstufigen Wirtschaftlichkeitsansatz ausgegangen: *Ebene I* (isolierte Wirtschaftlichkeit) bezieht sich auf die möglichen Effekte am Arbeitsplatz in Form von Leistungen und Kosten. *Ebene II* (erweiterte Wirtschaftlichkeit) stellt die möglichen zusätzlichen Effekte (Nutzen) am Arbeitsplatz dar. In *Ebene III* (gesamtorganisatorische Wirtschaftlichkeit) und *Ebene IV* (gesamtgesellschaftliche Wirtschaftlichkeit) werden Effekte im Bereich der Organisationsstruktur und Arbeitsbedingungen sowie der gesellschaftlichen Umwelt einbezogen.

Aus den bisherigen Erfahrungen ist zu schließen, daß das eigentliche Potential der integrierten Systeme aus der Sicht der Unternehmen in den Ebenen II und III zu finden ist. Hierzu sollten dringend vertiefende und für Ebene I und IV ergänzende Untersuchungen durchgeführt werden.

2.1.3 Praktizierte und geplante arbeitsorganisatorische Maßnahmen

Der Einsatz integrierter mikroelektronischer Systeme hat Auswirkungen auf Arbeitsplätze und organisatorische Strukturen, ein existierendes System wird „gestört". Wie können die hiermit verbundenen Einführungsprobleme reduziert werden? Die Nutzung von Informationssystemen soll zu einer höheren Effizienz einer Organisation führen. Wie kann diese charakterisiert, gemessen und in ihren Auswirkungen vorher abgeschätzt werden?

Leider gibt es zu diesen wichtigen Fragen keine allgemein anerkannten Antworten. Die Crux der vorliegenden Literatur ist, daß technisch-betriebswirtschaftliche Studien vor allem die Systemkonfiguration und die (pauschalen!) Wirtschaftlichkeitsergebnisse betonen, während sozialwissenschaftliche Studien vor allem arbeitskräftebezogene Defizite darlegen, ohne auch nur annähernd entscheidungsfähige Alternativen zu entwickeln.

Sofern die Datenlage es erlaubt sollen genau die Wechselwirkungen dieser beiden Komponenten der Integration und Möglichkeiten ihrer Beeinflußbarkeit aufgezeigt werden. Aus diesem Grunde sollen im Rahmen der Forschungsschwerpunkte Ansätze erarbeitet werden, die dazu dienen, Entscheidungsträgern in der Organisation einige Hinweise zur Erarbeitung eigener Strategien zu geben.

2.1.4 Quantitative und qualitative Folgewirkungen für die Beschäftigen

Im Bereich dieses Fragenkomplexes ist zu klären, welche Auswirkungen die Systemintegration auf die Beschäftigten hat.

Die erkennbare Unsicherheit rührt daher, daß die Mikroelektronik eine Querschnittstechnologie ist, von deren Einführung nicht nur gewisse sektorale Veränderungen zu erwarten sind, sondern auch Veränderungen in vielen Bereichen des wirtschaftlichen und gesellschaftlichen Lebens, ohne daß immer strenge Ursache-Wirkung-Zusammenhänge faßbar wären.

Sicher ist, daß sich die Arbeitssituation für die Mehrzahl der Beschäftigten mit der wachsenden Einführung der integrierten Informationsverarbeitung in der Fertigung und Verwaltung verändern wird. Unsicher ist aber, wie sie sich verändern wird – zum Positiven, wie von den Unternehmern postuliert, oder, wie vor allem von Gewerkschaftsvertretern befürchtet, zum Negativen.

2.1.5 Effizienz der praktischen und geplanten Formen der Systemintegration im Hinblick auf die Arbeitsorganisation, die Arbeitsgestaltung und die soziale Verträglichkeit

Die Gestaltung der Arbeitsplatz- und Organisationsstruktur im Fertigungs- und Verwaltungsbereich ist als integraler Bestandteil von integrierten Technologiesystemen zu verstehen. Die Grundfrage der betrieblichen Arbeitsorganisation besteht darin, welche Tätigkeiten (Arbeitsteilung) von wem (Personaleinsatz), wie (Verfahren), in Zusammenarbeit/Abstimmung mit wem (Kooperation) ausgeführt werden sollen.

Die humanitären und sozialen Folgen der Systemintegration bilden deshalb einen weiteren Untersuchungsschwerpunkt. Dabei sollen nicht nur Defizite beschrieben werden, sondern soweit als möglich auch realisierte oder denkbare Gestaltungsalternativen bzgl.

- Arbeitsplatzgestaltung
- Arbeitsinhaltsgestaltung
- Zeitstruktur
- Kooperationsstrukturen
- Verteilung der Produktivitätseffekte (z. B. zum Abbau von Hektik und Streß)
- Transparenz vs. Kontrolle
- rechtliche Rahmenbedingungen
- Personalplanung, Personaleinsatzplanung
- Qualifizierung

berücksichtigt werden.

2.2 Resümee

Durch die aufgezeigten Forschungsschwerpunkte und deren zu erwartende Ergebnisse wird eine Übertragung für einen breiten Interessentenkreis ermöglicht. Dabei sollten in anwendungsnaher, leicht verständlicher Form Aussagen zu den o. a. Forschungsschwerpunkten gemacht werden. Daraus ist dann für die betroffenen gesellschaftlichen Gruppen der Handlungsbedarf ableitbar.

Verwendete Akronyme

BDE : Betriebsdatenerfassung
CAD : Computer Aided Design (Computerunterstütztes Konstruieren)
CAP : Computer Aided Planning
CIM : Computer Integrated Manufacturing
CNC : Computer Numeric Control
DNC : Distributed oder Direct Numeric Control
DV : Datenverarbeitung
FFS : Flexible Fertigungssysteme
PPS : Produktionsplanung und -Steuerung
TV : Textverarbeitung

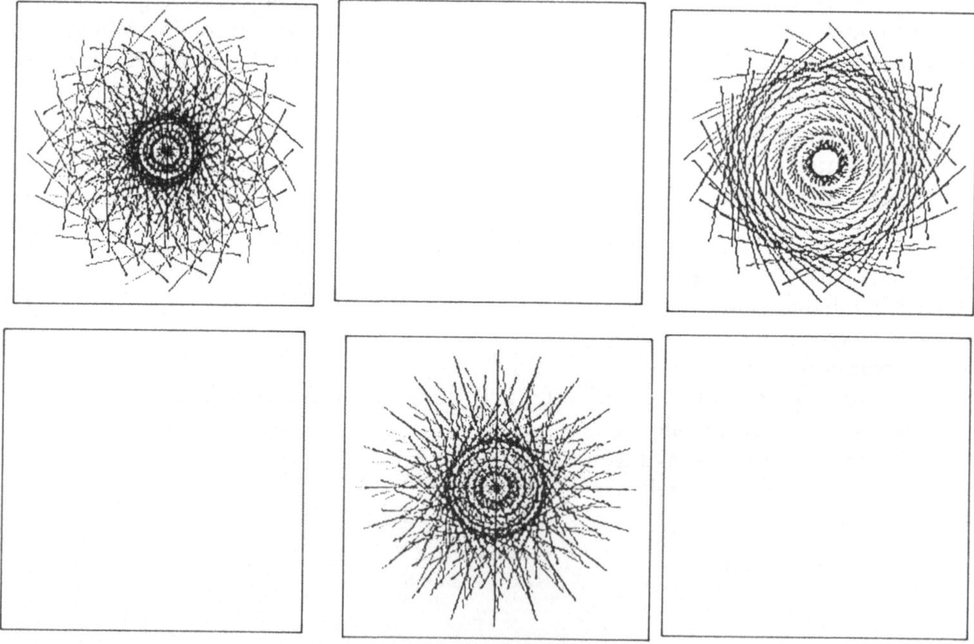

Anwendungen

Eine repräsentative Auswahl von Anwendungen lokaler PC-Netzwerke füllt den dritten Teil dieses Buches. *Karl Hainer* und *Wolfgang J. Weber* beschreiben zu Anfang vernetzte PCs an der Universität in Frankfurt. Erfahrungen in Lehrveranstaltungen mit Bewertung, Kritik und Anregungen werden weitergegeben. Ein Resümee ist, daß es beim Einsatz von PC-Netzwerken zu Unterrichtszwecken konfliktträchtige Zielsetzungen gibt.

Ekkehard Schumacher berichtet dann über Planung und Realisierung eines PC-Netzwerks für die Materialwirtschaft. Sein Ziel ist, „den praxisorientierten Weg für die Planung und Realisierung eines Personalcomputer-Netzwerks" anhand dieser speziellen Lösung vorzustellen. Planungsphase und Realisierungsphase werden untersucht, bei der Ausführung gewonnene Erfahrungen weitergegeben.

Vom unvernetzten PC zu einem geschlossenen System mit Serverfunktionen hat *Jürgen Schaumann* seinen Beitrag genannt. Anforderungen an ein LAN mit Serverfunktionen sowie Hardware- und Softwareaspekte sind angesprochen.

Christina Ewald spricht danach einige Probleme und Lösungen zur PC-Vernetzung an. Unternehmenswünsche und der PC-Kommunikationsmarkt sind aufgezeichnet. Als konkretes Beispiel ist die Software VINES der Firma Banyan vorgestellt.

Abschließend beschreibt *Holger Utermark* das Nokia PC-Netzwerk als „Mikro-Mainframelink". Interessant ist die Darstellung des historisch bedingten Konzepts und der daraus unter anderem entstandene Betriebssystem-Kern NIOS, dem das Multitasking-Betriebssystem iRMX von Intel zugrunde liegt. MS-DOS-Programme und Verbindungen zu Großrechnern können simultan genutzt werden

Diese kleine Auswahl wird im Datenteil ergänzt durch eine Tabelle mit Kurzvorstellung von 100 Lokalen PC-Netzwerken.

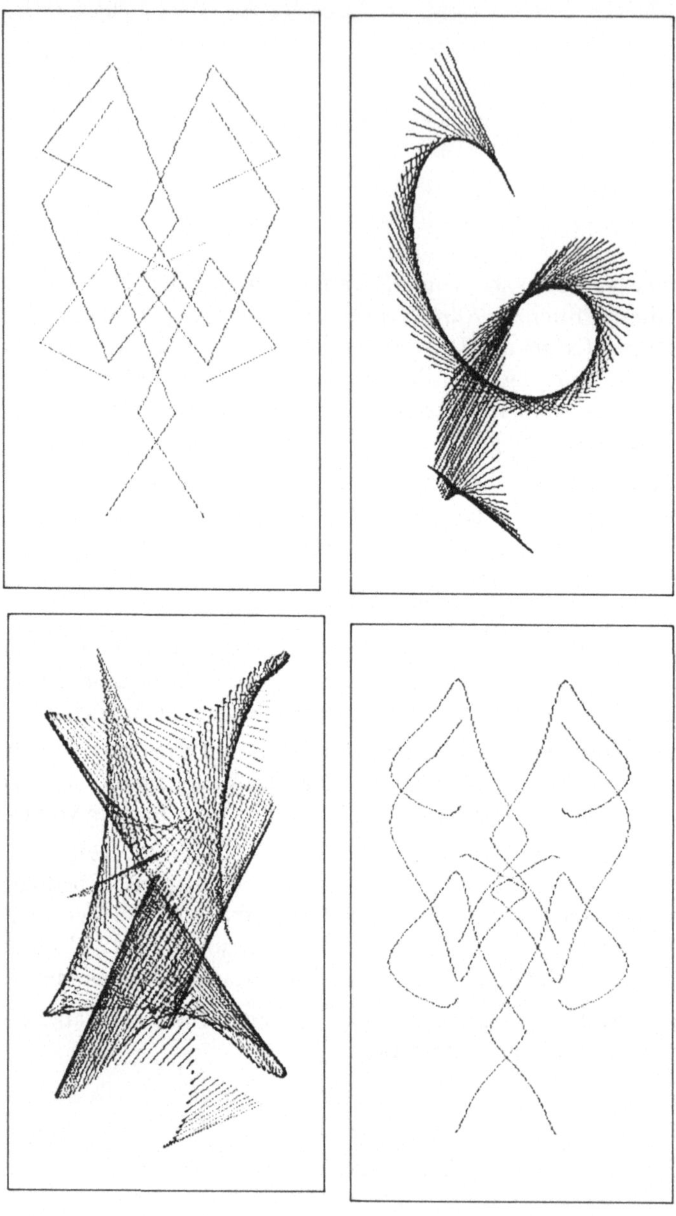

Karl Hainer und Wolfgang J. Weber

Vernetzte PCs an der Universität

Erfahrungen in Lehrveranstaltungen: Bewertung, Kritik und Anregungen

An der Johann Wolfgang Goethe-Universität Frankfurt sind seit dem Wintersemester 1985/86 drei gleich ausgestattete Mikrocomputer-Netzwerke (Rechner-„pools", *clusters*) installiert, die aus dem Computer-Investitionsprogramm („CIP", s. [3], [5]) finanziert wurden. Sie werden hochschulintern auch als „Zentrale Mikrocomputer für die Lehre" bezeichnet und sind ausschließlich Unterrichtszwecken vorbehalten. Dies bedeutet, daß an diesen Geräten keine Forschungsarbeiten vorgenommen werden können und auch unbeaufsichtigte Übungsmöglichkeiten nicht gewährt werden. Jedes Netzwerk ist in einem eigenen Unterrichtsraum aufgestellt, der unabhängig von den anderen Installationen ist und innerhalb der Universität zentral liegt. Organisatorisch unterstehen diese Einrichtungen dem Hochschulrechenzentrum der Universität.

Wir berichten über Erfahrungen, die wir in eigenen Veranstaltungen an PC-„Clustern" sammeln konnten[1]. Einen Praxisbericht aus etwas anderer Sicht geben Romeyke und v. Almelo in [4].

Ziel der Investitionsmaßnahme CIP war es, (1) mit amerikanischen Hochschulen im Bereich der Computerausstattung konkurrenzfähig zu bleiben, (2) Hochschulabsolventen die Möglichkeit zu einer informationstechnischen Grundqualifikation an den zunehmend weiter verbreiteten Kleincomputern zu bieten (insbesondere im Hinblick auf die Disziplinen außerhalb des naturwissenschaftlich-technischen Bereichs) und (3) die Kapazitäten für die Rechnerbenutzung insgesamt zu vergrößern. Inhaltlich wurde zur Frage einer Computer-Grundausbildung vorgesehen, daß Studenten

- mit den logischen und mathematischen Grundlagen der Informatik vertraut werden sollen,
- für die Funktionsweise von DV-Anlagen, speziell Mikrocomputer, Verständnis entwickeln,
- problemorientierte Programmiersprachen erlernen können,
- die Probleme des Datenschutzes und der Datensicherheit kennenlernen sollen,
- Beurteilungskriterien für vorgelegte Programme und Problemlösungen entwickeln.

---

1 Die hier wiedergegebene Meinung ist keine offizielle Stellungnahme des Hochschulrechenzentrums der Universität Frankfurt.

Außerdem soll durch Rechnereinsatz das interaktive Lernen und das Lernen anhand von Simulationen gefördert werden. Unausgesprochen besteht prinzipiell auch die Möglichkeit, durch den Einsatz tutorieller Programme autonome Lernphasen der Studenten zu fördern.

Ausstattung und Funktion der Netzwerke

Jedes der drei Mikrocomputer-Netze besteht aus neun Geräten IBM PC-AT 01 sowie aus einem Gerät IBM PC-AT 02 und einem IBM-Graphik-Drucker II (Proprinter); diese sind jeweils durch ein lokales Netzwerk miteinander verbunden (*IBM PC Network* mit „Breitband"-Kabeln).

Die AT-01-Geräte besitzen einen Hauptspeicher von 512 Kbyte, das Gerät AT 02 verfügt über 640 Kbyte Hauptspeicher sowie über ein Festplatten-Laufwerk mit 20 Mbyte Kapazität; in jedem Gerät ist ein Disketten-Laufwerk mit hoher Kapazität (1,2 Mbyte) vorhanden. Das Modell AT 02 dient in dem Netzwerk als Zentralrechner (*Server*); der Drucker ist mit diesem Zentralgerät physikalisch verbunden. Das Netzwerk selbst ist sternförmig aufgebaut (s. **Fig. 1**) und wird unter der Betriebssystem-Version DOS 3.10 mit Hilfe des IBM-Netzwerk-Programms betrieben; hierbei brauchen nicht alle AT-01-Geräte gleichzeitig eingeschaltet zu sein.

Das Netzwerk-Programmsystem bietet zahlreiche Möglichkeiten zur Kommunikation zwischen allen am Netz angeschlossenen Geräten. Zur Benutzung für Unterrichts-

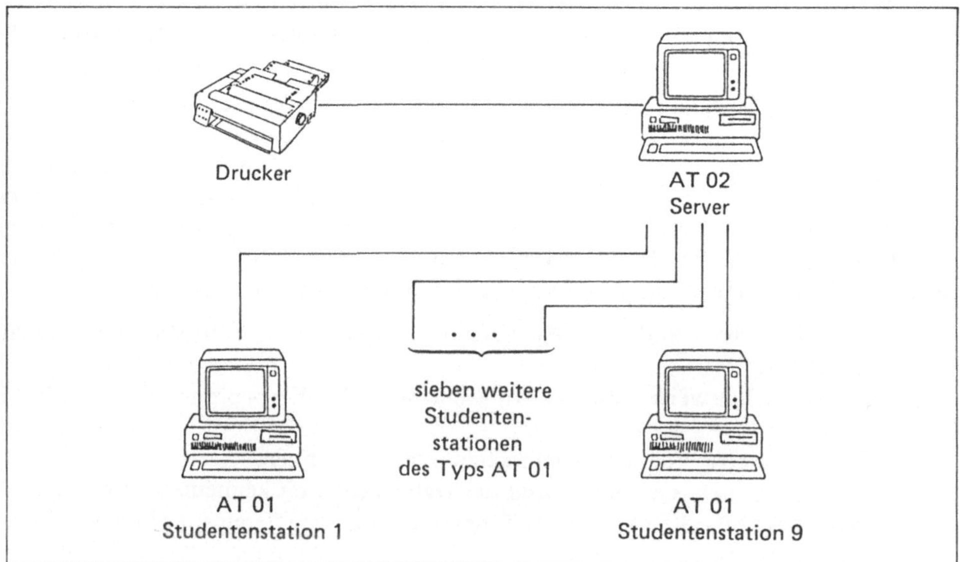

Fig. 1 Sternförmige Struktur des Netzwerks

zwecke sind davon einige Konzepte von besonderem Interesse. Das Hochschulrechenzentrum berät die Kursusleiter bei der Auswahl, so daß die jeweils eingerichtete Konfiguration auch auf Sonderbedürfnisse zugeschnitten werden kann. Generell werden die folgenden Optionen genutzt:

(1) Jeder Kursusteilnehmer verfügt neben dem Diskettenlaufwerk des eigenen AT-01-Gerätes über einen individuellen Notizbereich (*work area*) auf der Festplatte des Zentralrechners; dieser Bereich ist im Sinn eines zweiten, logischen Diskettenlaufwerks benutzbar, und er ist von den Notizbereichen der anderen Geräte getrennt.

(2) Darüber hinaus steht allen Teilnehmern gemeinsam ein bestimmter Bereich der Festplatte zur Verfügung, auf dem öffentlich zugängliche Dateien mit Programmen oder Daten bereitgestellt sein können; die Teilnehmer können sie abrufen, jedoch nicht ändern und auch keine neuen Eintragungen vornehmen (*Read-only-Modus*). Die sonstigen Bereiche der Festplatte sind nur vom Zentralrechner aus zugänglich; sie enthalten weitere Hilfsmittel, Programme und Mitteilungen für den Kursusleiter.

(3) Je nach Entscheidung des Kursusleiters können die Teilnehmer von ihren Geräten aus auch auf das Diskettenlaufwerk des Zentralrechners zugreifen; hier wird ebenfalls nur lesender Zugriff zugelassen (*read only*).

Für die Herstellung dieser verschiedenen Zugriffsmöglichkeiten sind beim Einschalten jedes Gerätes zahlreiche Befehlsfolgen aus dem Netzwerk-Programmsystem erforderlich, die individuell bei jedem Teilnehmergerät auszuführen sind. Sinnvollerweise sind diese Netzwerkbefehle in der Stapelverarbeitungsdatei (*Batch-Datei*) AUTOEXEC. BAT der Teilnehmerdiskette zusammengefaßt, so daß die entsprechenden Zugriffe beim Einschalten des jeweiligen Gerätes selbsttätig eingerichtet werden. Innerhalb gewisser Grenzen ist es auch möglich, nachträglich Ergänzungen vorzunehmen, z. B. durch PERMIT-Befehle.

Einsatz der Netzwerke

An den Netzwerken finden die verschiedensten rechnerbezogenen Lehrveranstaltungen statt, und zusätzlich werden dort computerbezogene Übungen weiterer Vorlesungen durchgeführt. Hierzu gehören:

— Einführungen in problemorientierte Programmiersprachen für Studenten wie BASIC, Pascal und COBOL; geplant sind auch Einführungen in FORTRAN und Modula-2,
— Einführungskurse in die Benutzung von Mikrocomputern, auch für Benutzer von Einzelplatzgeräten an Arbeitsplätzen innerhalb der Universität (sowohl Forschung als auch Verwaltung),
— Anleitungen zum Einsatz spezieller Programmpakete (Standard-Software) wie zum Beispiel zur Textverarbeitung, Tabellenkalkulation und Datenbankverwaltung,

– Übungen und Praktika zu Lehrveranstaltungen über den Einsatz von Mikrocomputern im Schulunterricht im Rahmen der Lehrerausbildung und der Lehrerfortbildung.

Die Veranstalter solcher Kurse an den Netzwerken stammen aus unterschiedlichen
Fachbereichen der Universität, neben den klassischen mathematisch-naturwissenschaftlichen Fächern sind dies u. a. die Disziplinen Informatik, Wirtschaftswissenschaften, Soziologie, Germanistik und Rechtswissenschaften.

Der jeweilige Kursusleiter kann im Übungsraum an den Rechnern des Netzwerkes bis
zu 18 Teilnehmer betreuen (zwei Personen pro Studentenstation). Dabei zeigen sich
die besonderen Vorteile dieser Einrichtung gegenüber Konstellationen, bei denen
eine entsprechende Anzahl getrennter Einzelplatzgeräte in einem Unterrichtsraum
gemeinsam aufgestellt wären:

– Jeder Teilnehmer kann von seinem Platz aus über das Netzwerk den Drucker
  benutzen.
– Zusätzlich zum Diskettenlaufwerk seines Rechners kann er seine Arbeitsergebnisse
  im Notizbereich auf der Festplatte zum Zwischenspeichern ablegen; von dort
  kann sie der Kursusleiter in einfacher Weise auf dem Zentralrechner überprüfen
  und den Lernenden bei der Weiterentwicklung beraten. Der Notizbereich ist auf
  das Teilnehmergerät bezogen und bleibt permanent gespeichert, so daß eventuell
  in der nächsten Kursusstunde wieder darauf zugegriffen werden kann. (Sicherer ist
  allerdings die Speicherung auf eigenen Disketten, denn die Notizbereiche sind auf
  dem *Server* uneingeschränkt zugänglich.)
– Auf dem offenen Bereich der Festplatte stehen Standardprogramme für die
  Benutzer zur Verfügung, wie zum Beispiel Programmpakete zur Textverarbeitung oder auch Übersetzer (Compiler) für entsprechende Programmiersprachen.
  Moderne Standardprogramme sind von erheblichem Umfang und erfordern
  während des Betriebes häufiges Nachladen von Programmteilen (*Overlays*); das
  Arbeiten mit einer Diskettenstation führt in diesem Zusammenhang zu langen
  Laufzeiten, die bei Benutzung der Festplatte über das Netzwerk reduziert werden
  können. Greifen allerdings mehrere Benutzer gleichzeitig zu, dann treten z. T.
  auch unannehmbar lange Wartezeiten auf (vgl. [4]). Abhilfe schafft hier das
  Benutzen einer „virtuellen Diskette" (RAM-Disk), in die wichtige Programmteile
  geladen werden können.
– Der Kursusleiter kann sowohl im offenen Bereich als auch im Diskettenlaufwerk
  des Zentralrechners öffentlich zugängliche Kursusmaterialien bereitlegen, wie
  etwa Ausgangsdaten, Beispielentwicklungen, Kontrollergebnisse, Musterprogramme oder allgemeine Texte. Neben Quellprogrammen kann es sich dabei auch um
  Programme handeln, bei denen der Quellcode für die Teilnehmer nicht zugänglich
  ist – wenn z. B. die Wirkungsweise des Programms in Abhängigkeit von verschiedenen Eingabedaten zu untersuchen ist[2].

---

2 Diese Situation liegt bei kompilierten Programmen vor, aber auch im interpretierten BASIC kann man durch
   geschütztes Abspeichern erreichen, daß der Text des Quellprogramms nicht gelesen, das Programm aber
   trotzdem ausgeführt werden kann.

Die beschriebene Ausstattung ermöglicht als Unterrichtsform das unmittelbare Wechseln von Dozentenvortrag und Unterrichtsgespräch einerseits, zu Teilnehmeraktivität am Computer andererseits. So können theoretische Erläuterungen, die z. B. an der Tafel entwickelt wurden, innerhalb kurzer Zeit praktisch nachvollzogen werden. Es versteht sich von selbst, daß die Teilnehmeraktivitäten durch den Veranstalter induziert und gelenkt werden müssen; damit steigt natürlich auch dessen Vorbereitungsaufwand. Als methodisch sinnvoll erweist sich zumeist aber doch eine strenge zeitliche Trennung zwischen Unterrichtsgespräch und praktischen Übungen am Computer (z. B. in der ersten Hälfte reiner Vortrag, in der zweiten praktisches Arbeiten an den Geräten).

Die Größe der Lerngruppe ist streng nach oben begrenzt: pro Studentenstation sollten nicht mehr als zwei Personen zugelassen werden, so daß eine Veranstaltung höchstens jeweils 18 Teilnehmer zählen kann.

Kritik und Wünsche

Die *Ausstattung der Geräte* mit jeweils nur einem Diskettenlaufwerk wurde wohl unter dem Gesichtspunkt gewählt, daß bei der Benutzung innerhalb des Netzwerks ein zweites physikalisches Laufwerk nicht erforderlich sei, weil bei Bedarf ja der Notizbereich als logisches Diskettenlaufwerk zur Verfügung stehe. Von der Seite der Benutzer wird jedoch das Fehlen eines zweiten physikalischen Laufwerks als Mangel empfunden. Beispielsweise ergeben sich häufig bei der Herstellung von Sicherungskopien mit Hilfe des DISKCOPY-Befehls Fehlerquellen, wenn wiederholt die Quellendiskette und die Zieldiskette getauscht werden müssen.

Auch der folgende Gesichtspunkt spricht für den Einbau jeweils eines zweiten Diskettenlaufwerks mit dem (älteren) 360-Kbyte-Format, wie es in den Geräten PC und PC-XT verwendet wird: Laufwerke mit hoher Speicherkapazität (1,2 Mbyte), wie sie bei uns Verwendung finden, nehmen den Benutzern die Möglichkeit, im Kursus entwickelte Ergebnisse auf ähnlichen Geräten weiter zu bearbeiten, wenn dort nur 360-KByte-Laufwerke vorhanden sind. Die Diskettenlaufwerke der ATs sind zwar aufwärtskompatibel, so daß Disketten im 360-Kbyte-Format von den vorliegenden Laufwerken korrekt gelesen werden; beim Beschreiben solcher Disketten bleibt jedoch ihre weitere Verwendung auf Laufwerke mit hoher Dichte beschränkt, da die aufgebrachten Spuren schmaler sind und so die Lesbarkeit durch ältere Diskettenlaufwerke nicht garantiert ist.

Die *Tastatur* der vorhandenen Geräte ist für den Einsatz im deutschsprachigen Raum ausgestattet. Grundsätzlich zu begrüßen sind das Vorhandensein der Umlaute und des ß sowie die QWERTZ-Anordnung. Sie entsprechen (fast) der DIN-Vorgabe 2137. Bei Verwendung der Geräte außerhalb technisch-naturwissenschaftlicher Gebiete, und insbesondere im Zusammenhang mit der Textverarbeitung, ist dies ja unabdingbar. Daneben sind aber leider auch, entgegen der bisher üblichen Praxis, die Zusatztasten deutsch beschriftet.

So ist z. B. die CONTROL-Taste anstelle des früheren „CTRL" durch „STRG" (Steuerung) gekennzeichnet, bei der ESCAPE-Taste tritt an die Stelle von „ESC" jetzt „EING.LÖSCH". Dies mag helfen, bei Computer-Neulingen vorhandene Sprachbarrieren abzubauen; es ist jedoch bei der Benutzung von Standard-Software problematisch: so geben verschiedene deutschsprachig ausgelegte Programmsysteme im Blick auf die älteren Tastaturbeschriftungen zum Beispiel Hinweise wie „weiter mit ESC-Taste", und ein Anfänger benötigt nun noch zusätzliche Übersetzungshinweise der Art „ESC = EING.LÖSCH" etc. Ähnlich verhält es sich bei verschiedenen Aufforderungen durch das Netzwerkprogramm.

Zu konstatieren sind auch *Einschränkungen der Funktionen des Betriebssystems:* Im Unterschied zu Einzelplatzgeräten erlauben die Geräte im Netzwerk nicht, den vorhandenen Drucker als Protokolldrucker einem Lauf zuzuschalten (DOS-Befehle CTRL P bzw. CTRL PRTSC); ebensowenig ist es möglich, den jeweiligen Bildschirminhalt seitenweise auszudrucken (SHIFT PRTSC). Dies erweist sich im Zusammenhang mit Programmierübungen als grober Mangel, denn in der Anfängerausbildung des Programmierens wird in der Regel dazu angeleitet, interaktiv angelegte Programme mit Bildschirmausgabe zu entwickeln. Die Protokollierung einer Bildschirm-Eingabe und -Ausgabe ist dann ein bewährtes Mittel zur Dokumentation.

Im Netzwerkbetrieb muß der Drucker mit zusätzlichen Anweisungen angesprochen werden, was eine Änderung des Programms erfordert; für Anfänger bedeuten nachträgliche Programmänderungen jedoch stets weitere mögliche Fehlerquellen. Liegt andererseits ein Programm des Kursusleiters mit Bildschirmausgabe ohne Zugang zum Quellcode vor, so kann im Netzwerkbetrieb davon überhaupt keine automatische Laufdokumentation über den Drucker erhalten werden.

Auch die Organisation des *Zugriffs zum Drucker* über das Netzwerk führt in manchen Zusammenhängen zu Schwierigkeiten. Die Druckaufträge der verschiedenen Teilnehmer werden zunächst gesammelt, und mit der Druckausgabe kann erst dann begonnen werden, wenn der zugehörige Programmlauf abgeschlossen ist. Bei Testläufen und numerischen Auswertungen ist dies eine sehr zweckmäßige Verfahrensweise; insbesondere wird dadurch vermieden, daß ein rechenintensiver Programmlauf die Benutzbarkeit des Druckers für die anderen Teilnehmer behindert. Jedoch bleibt die Druckausgabe auch dann zurückgehalten, wenn z. B. ein Textverarbeitungsprogramm aktiv ist; erst wenn das Programm verlassen wird und man zur Betriebssystem-Ebene zurückkehrt, beginnt die Druckausgabe. Bei Korrekturen und Überprüfungs-Arbeitsgängen ist dies eine unangemessene Situation.

Als zusätzlich erschwerend erweist es sich, daß es dem einzelnen Netzwerkteilnehmer nicht möglich ist, in die Drucker-Warteschlange einzugreifen, etwa um ein versehentlich zum Drucken gegebenes Dokument zurückzunehmen; dies ist nur über den Zentralrechner möglich, der dann eine Rolle ähnlich der einer Konsole bei einem Großrechner übernimmt (*Print-Queue-Manager*). Ein prinzipielles Problem ist bei dem derzeit angebotenen Netzwerkprogramm die Verwaltung mehrerer Ausgabegeräte (Drucker und Plotter, zwei Drucker etc.). In der jetzt gewählten Konfiguration tritt dieses aber nicht zutage.

Für den praktischen Betrieb während Veranstaltungen ist der gewählte Drucker störend laut und beeindruckt nicht durch Schnelligkeit. Die Unterbringung in einem eigenen Raum war in unserem Fall nicht zu realisieren und hätte im übrigen den Nachteil, daß unter Umständen häufiges Aufsuchen des Druckers zusätzliche Unruhe mit sich bringen müßte.

Ergonomische Aspekte: Trivial muß dem unbeteiligten Beobachter der Hinweis erscheinen, daß PC-Arbeitsplätze in besonderem Maße ergonomische Anforderungen erfüllen sollten, wie z. B. höhenverstellbare Bildschirme, angepaßte Lichtverhältnisse, Reflexminderung. In der Praxis werden derartige Nebenbedingungen aber leider oftmals nicht beachtet, so auch an den PC-Clustern der Universität Frankfurt. Auch die Raumgröße, die akustischen Verhältnisse und die pro Person zur Verfügung stehende Arbeitsfläche bieten noch zahlreiche Ansatzpunkte für Verbesserungen.

Auch die derzeit gewählte *Organisation der Festplatte* und die Sicherung der darauf befindlichen Daten hat sich bei der Nutzung als verbesserungswürdig erwiesen.

(1)   Die Notizbereiche sind den Teilnehmergeräten zugeordnet, jedoch greifen die Teilnehmer verschiedener Kurse, die im Laufe einer Woche an demselben Gerät arbeiten, immer wieder auf denselben Notizbereich lesend und schreibend zu. In der Frage des Schutzes wichtiger Dateien bietet die Diskette für jeden Teilnehmer die Möglichkeit, eigene Entwicklungen vor Löschung und Inspektion durch Fremde zu sichern; daher ist auch das wiederholte Erstellen von Sicherungskopien auf eigenen Disketten angezeigt.

(2)   Entsprechend ist der offene Bereich der Festplatte für die verschiedenen Kurse gemeinsam angelegt. Das stellt zwar hinsichtlich der Aufnahme von Standard-Software eine Erleichterung dar, ist jedoch für kursusspezifische Materialien ungünstig. Stets verfügt der jeweilige Kursusleiter mit Hilfe des *Servers* uneingeschränkt über den gesamten Inhalt der Festplatte. Aufgrund der Ausbildungssituation in einer Universität handelt es sich dabei um zahlreiche gleichberechtigte und voneinander unabhängige Personen, die sich teilweise gegenseitig unbekannt sind. Es fehlen in diesem Zusammenhang verschiedene Berechtigungsstufen zur Benutzung des *Servers* und getrennt gesicherter Plattenbereiche, die durch ein Kennwortsystem realisiert werden könnten.

Als Alptraum gilt, daß ein Kursusleiter versehentlich die Festplatte neu formatieren könnte und damit die gesamten aufgebrachten Daten- und Programmsammlungen löscht.

Von manchen Kursusleitern wird die Tatsache, daß der öffentliche Bereich der Festplatte im Hinblick auf die verwendeten Daten und Programme nicht kursusspezifisch gesichert ist, mit Vorbehalten aufgenommen; sie weichen dann auf das Diskettenlaufwerk des Zentralrechners aus und stellen dort kursusspezifische Materialien zur Verfügung.

Fehlende Netzwerkfunktionen: Für eine intensive Betreuung der Teilnehmer durch den Kursusleiter wäre es außerordentlich wünschenswert, wenn der Kursusleiter vom Zentralrechner aus auf das Bildschirmgerät jedes Teilnehmers zugreifen könnte (Monitor-Funktion). Das IBM-Netzwerk-Programmsystem gestattet bei entsprechender Auswahl (PERMIT-Befehl) zwar den Zugriff auf das Diskettenlaufwerk jeweils eines der Teilnehmer, jedoch ist es weder möglich, das im Programmspeicher aktive Programm direkt zu übernehmen, noch den Bildschirminhalt zu übertragen. Auch eine Übergabemöglichkeit von Bildschirminhalten des Zentralrechners an die Teilnehmer wäre für Unterrichtszwecke extrem hilfreich; sie könnte z. B. zum Vorführen interessanter Entwicklungen wie auch der Erläuterung typischer Fehler und dem Ausräumen von Mißverständnissen dienen.

Wir sehen an dieser Stelle, daß das benutzte Netzwerkprogramm offensichtlich nicht für Ausbildungszwecke konzipiert ist, sondern für den kommerziellen Gebrauch. Dort wäre eine Monitorfunktion aus Gründen des Datenschutzes wenig wünschenswert, in der Ausbildung hingegen ist ihr Fehlen ein ganz entscheidender Mangel[3]. Generell darf erwartet werden, daß die zur Zeit benutzte Netzwerk-Software im Verlauf der Zeit verbessert und ergänzt werden wird. Auch neue Versionen dürften allerdings im Hinblick auf die Mehrzahl der Anwender zugeschnitten sein, d. h. am kommerziellen Einsatz orientiert sein. Wie erwähnt gibt es damit unverträgliche Zielsetzungen beim Einsatz zu Unterrichtszwecken.

Resümee

Das IBM-Netzwerk-Programmsystem bietet zahlreiche Kommunikationsmöglichkeiten zwischen den beteiligten Rechnern: Zum Vorteil der gemeinsamen Benutzung des Druckers und des Zugriffs auf die Festplatte des Zentralrechners treten noch gegenseitige Zugriffsmöglichkeiten auf die Diskettenlaufwerke aller beteiligten Rechner nach individueller Vereinbarung und die Übermittlung von Nachrichten zwischen den Netzwerk-Teilnehmern. Diese letztgenannte Möglichkeit ist im kommerziellen Einsatz von Bedeutung, besonders bei räumlich getrennter Aufstellung; bei dem hier geschilderten Konzept eines jeweils einzelnen Übungsraumes wird sie jedoch nicht benötigt. Bei Ausbildungsveranstaltungen ist es häufig sogar unerwünscht und störend, wenn sich die Teilnehmer mit Hilfe dieser Netzwerk-Funktion untereinander austauschen können.

Zwar gehen die interaktiven Möglichkeiten des Mikrocomputer-Einsatzes bei dem geschilderten Netzwerkkonzept teilweise verloren, jedoch zeigte es sich in der täglichen Praxis an der Universität Frankfurt, daß die Netzwerke wesentliche Bereicherungen und zusätzliche Möglichkeiten für Lehrveranstaltungen bieten und daß diese auch wahrgenommen werden. Eine so hohe Auslastung von 75 Stunden je Woche, wie sie bei der Planung des CIP-Programms angestrebt wurde (s. [5]), ist allerdings ohne zusätzliches Personal nicht realisierbar. Der Kursusleiter übernimmt für die Dauer der Lehrveranstaltung die Verantwortung für die Geräte, und zusätzliche freie Übungszeiten ohne Aufsicht können aus Sicherheitsgründen bislang nicht angeboten werden.

---

3 Als technische Alternative könnte zur Darbietung von Lehrerprogrammen für alle Teilnehmer eine Groß-
   bildprojektion für Videosignale („Beamer") dienen. Ein solches Gerät fehlt an unseren PC-Clustern.

Hinzu treten noch urheberrechtliche Fragen im Zusammenhang mit den eingesetzten Programmpaketen; die Programme dürfen nur von Universitätsangehörigen für Ausbildungszwecke benutzt werden, und sie dürfen natürlich nicht beliebig kopiert werden. Der Schutz vor unerlaubtem Kopieren könnte bei freiem Zugang nicht garantiert werden. Sehr sinnvoll ist übrigens auch ein zeitlicher „Überlaufpuffer" zwischen aufeinanderfolgenden Veranstaltungen, in denen noch anhängige Fragen geklärt werden können und der Leiter der folgenden Veranstaltung spezielle Vorbereitungen treffen kann.

Es ist ohne Vorbehalte zu vermuten, daß die Auslastung der *Cluster* durch den regulären Kursusbetrieb im weiteren Verlauf zunehmen wird.

Die eingangs zitierten Ziele des CIP bezüglich einer anzustrebenden Computer-Grundausbildung für eine *große* Zahl von Studenten konnten bisher sicherlich nur in Ansätzen verwirklicht werden. Nimmt man diese Ziele ernst, dann sind wesentliche Verbesserungen bei der personellen Ausstattung unumgänglich, damit neben der technischen Betreuung auch (1) curricular-planende und (2) empirisch-evaluierende Aufgaben übernommen werden können. Eine solche Ausstattung mit „Brainware" ist besonders deshalb erforderlich, weil es auf weiten Strecken heute noch ungeklärt ist, was eine informationstechnische Grundqualifikation inhaltlich ist, die nicht lediglich der verlängerte Arm kommerzieller Interessen sein sollte[4]).

Literatur

[1] *Berry, P.:* Operating the IBM PC Networks. Berkeley usw. Sybex 1986.

[2] Empfehlungen der Kommission für Rechenanlagen der Deutschen Forschungsgemeinschaft: Zur Ausstattung der Hochschulen in der Bundesrepublik Deutschland mit Datenverarbeitungskapazität für die Jahre 1984—1987. Bonn-Bad Godesberg: DFG 1984.

[3] *Krüger, G.:* Entwicklungstendenzen in der Unterstützung des Hochschulunterrichts durch Rechner (Computer Investitions Programm). In: Computer Theoretikum und Praktikum für Physiker, Nr. 1; (Hrsg. G. Höhler, H. M. Staudenmaier); Karlsruhe: Fachinformationszentrum Energie, Physik, Mathematik 1985, 5.

[4] *Romeyke, T.; v. Almelo, J.:* PC-Network in der Praxis — Erfahrungsbericht eines der ersten Network-User Deutschlands. In: PC Magazin Nr. 12, 1986, 74.

[5] *Swatek, D.:* Das Computer-Investitionsprogramm des Planungsausschusses für Hochschulbau: Zielsetzungen, Ansätze und Erfahrungen. In: Neue Technologien, Hochschule und Wirtschaft (Hrsg. N. Meyer, H. R. Friedrich); Köln: Verlagsgesellschaft Schulfernsehen 1985, 86.

[6] IBM Personal Computer Seminar Proceedings. Vol. 2 No. 5 September 1984.

---

4 Man beachte in diesem Zusammenhang auch die stark divergierenden Ansätze der einzelnen Bundesländer in bezug auf entsprechende Curricula für die allgemeinbildenden Schulen.

Ekkehard Schumacher

Planung und Realisierung eines PC-Netzwerks für die Materialwirtschaft

1 Zielsetzung und Problemstellung

Ziel des Beitrags ist es, den praxisorientierten Weg für die Planung und Realisierung eines Personalcomputer-Netzwerks anhand einer Lösung für den Bereich Materialwirtschaft vorzustellen (siehe **Fig. 1**).

Dieses Projekt umfaßt die integrierte Kundenauftragsbearbeitung und Lagerbestandsführung sowie Materialwirtschaft eines Fertigungsunternehmens mit lagerbezogener Produktion.

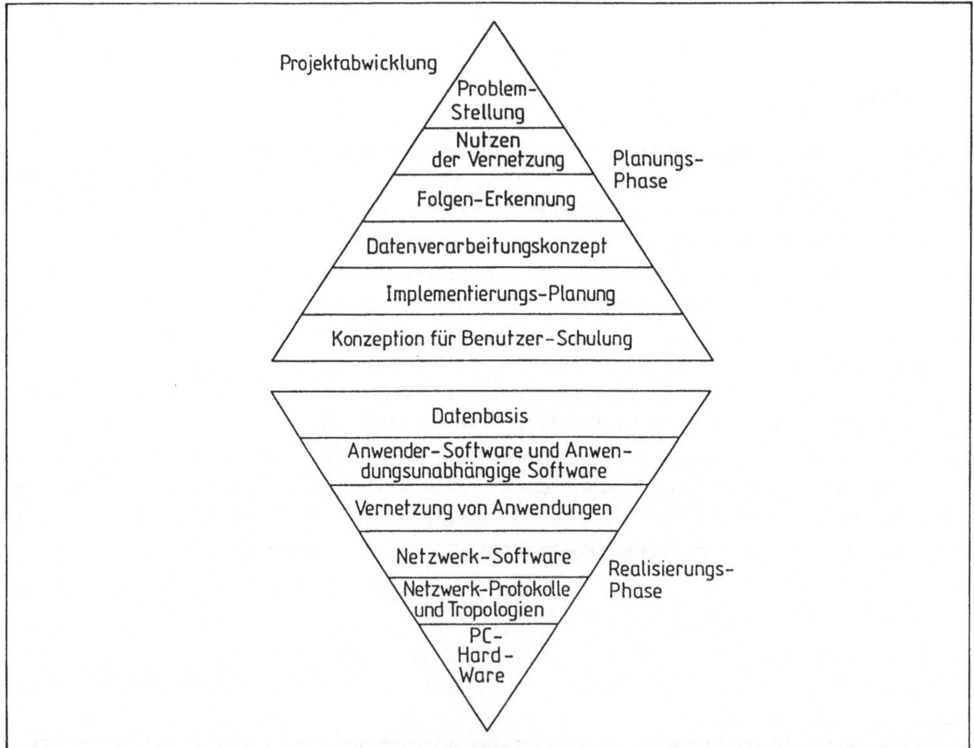

Fig. 1 Planung und Realisierung eines Personalcomputer-Netzwerks für die Materialwirtschaft

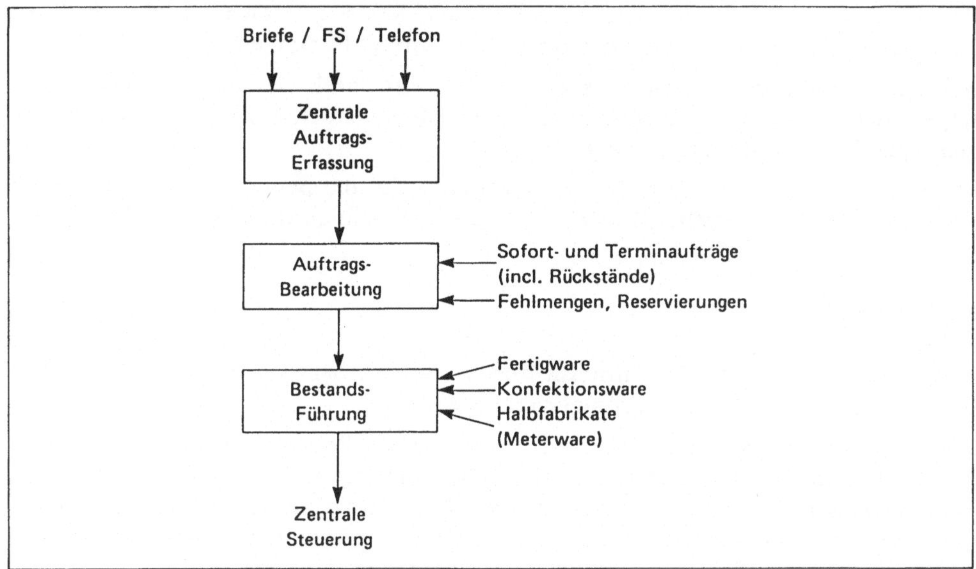

Fig. 2 Auftragsabwicklung und Bestandsführung

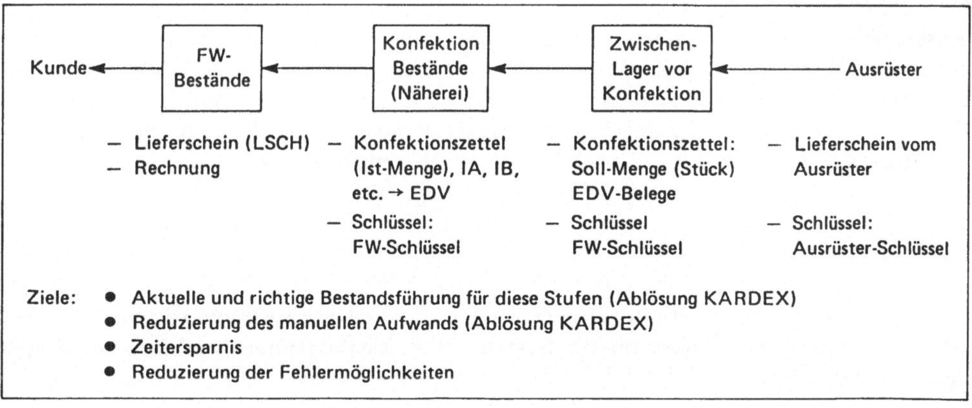

Fig. 3 PC-Netzwerk: EDV-Bestandsführung, Fertigwaren, Konfekionierte und ausgerüstete Ware

Bei der zentralen Auftragserfassung sollten alle Kundenaufträge, die mit der Post oder per FS bzw. per Telefon eintreffen, direkt am Bildschirm erfaßt werden.

Bei der anschließenden Auftragsbearbeitung wird nach Sofort- und Terminaufträgen incl. Rückständen unterschieden. Außerdem werden Fehlmengen und Reservierungen berücksichtigt (siehe **Fig. 2**).

Wesentliche Vorgabe für die Bestandsführung sollte die Berücksichtigung mehrerer Lagerarten, z. B. Fertigware, Konfektionsware und Halbfabrikate, sein (siehe **Fig. 3**).

2 Planungsphase

Aufgaben und Ziele mußten intensiv formal beschrieben werden, damit diese eindeutig programmierbar und automatisierbar wurden.

Die sorgfältige und solide Betrachtung des erwarteten Projektnutzens, der möglichen Konsequenzen sowie des Datenverarbeitungskonzepts und der Implementierungsplanung einschließlich eines Konzepts für die Benutzerschulung bildeten deshalb die notwendige Basis für die solide Projektabwicklung. Dadurch konnten gravierende Fehler in den ersten Lebensphasen des Projektes vermieden werden.

2.1 Nutzen-Betrachtung

Kundenservice verbessern *und* Kosten senken — das ist die anerkannte Zielsetzung auch für dieses Projekt.

Wesentliche Vorteile ergeben sich durch aktuelle und richtige Information — vor allem über Bestände und Lieferservice — für den Vertrieb. Dazu gehören aktuelle und richtige Informationen über Bestände bei Fertigwaren, Halbfabrikaten und Rohmaterialien sowie vorliegende Kundenaufträge. Dadurch wird die schnellere Reaktion auf Anforderungen durch den Vertrieb gewährleistet.

2.2 Folgen-Erkennung

Die Einführung eines komplexen Personalcomputer-Netzwerks wurde von Anfang an als einschneidende Änderung der bestehenden Organisationsabwicklung im Unternehmen angesehen.

Ausgehend von dem organisatorischen SOLL-Konzept, wurden verschiedene Alternativen der dezentralen Dialogverarbeitung einschließlich Implementierungs-Planung und Benutzer-Schulung geprüft. Vor allem wurde dabei versucht, die potentiellen Projektrisiken — bezogen auf Kosten, Zeitplanung und Qualität der Ergebnisse (z. B. Antwortzeiten für den Endbenutzer) — zu berücksichtigen.

2.3 Datenverarbeitungskonzept

Nachdem feststand, daß die Datenverarbeitung für diesen Teilbereich möglichst autonom vor Ort gelöst werden sollte, wurde daraufhin ein entsprechend detailliertes DV-Konzept entwickelt. Dementsprechend wurde ein integriertes Kommunikations-System vor Ort vorgesehen, das aus IBM-Personalcomputern besteht. Dabei übernehmen ein bzw. zwei Personalcomputer IBM AT die Rolle des *Netzwerk-File-Servers*. An diese IBM ATs werden zunächst etwa zehn IBM PCs mit Hilfe eines Netzwerk (ARC NET und Netzwerk-Software von *Novell*) angeschlossen.

ARC NET wurde von der Firma *Data-Point* entwickelt. Dieses Netzwerk wurde ausgewählt, weil es für eine gleichmäßige Auslastung der Benutzer-Arbeitsplätze sorgt und relativ kostengünstig ist. Die Topologie weist eine Mischform von Linien- und Sternnetzen auf, wobei die Übertragungsrate 2,5 Mbit/s beträgt. TOKEN-PASSING wird als Datenübertragungsprozedur eingesetzt.

Der Datenaustausch zum IBM-Rechner 4341 im Hauptwerk erfolgt zunächst nur über Diskette und wurde anschließend über ein *Gateway* direkt im 3270-Modus realisiert.

Dadurch wird die datentechnische Integration mit der Zentrale voll gewährleistet. Positive Erfahrungen über den *File-Transfer* Host/IBM PC-XT mit 3270-*Emulation* liegen dort von einem Projekt aus dem Bereich Fertigungssteuerung vor.

2.4 Implementierungs-Planung

Die vorausschauende Planung in mehreren Stufen erwies sich als absolutes ,,MUSS" zur Einführung dieser neuen Netzwerk-Technologie auf der Basis von Personalcomputern.

In einer Vorphase wurden Ergebnisse von *Benchmark-Tests* vor allem aus den USA beschafft und ausgewertet. Ferner konnten Netzwerke von verschiedenen Herstellern im Einsatz getestet werden. Die Verwendung des IBM-Netzwerks wurde ebenfalls geprüft, mußte jedoch zurückgestellt werden, da dieses Netzwerk zu dem gewünschten Zeitpunkt nicht zur Verfügung stand.

2.5 Konzept für Benutzer-Schulung

Der Einsatz eines Personalcomputer-Netzwerks für mehr als zehn Benutzer-Arbeitsplätze in Vertrieb, Verwaltung und Fertigung machte die frühzeitige Information und Schulung der Anwender erforderlich, um die notwendige Motivation zu jeder Zeit zu gewährleisten. Dieses Training erfolgte vor allem vor Ort am Bildschirm in kleinen Gruppen.

3 Realisierungsphase

Die wesentlichen Voraussetzungen für die rasche und reibungsarme Realisierung des Projekts waren:

— die Auflösung komplexer Betriebsabläufe in einfache Teilsysteme
— die Orientierung an praxisbewährten Organisationskonzepten
— langjährige Erfahrung bei der Projektabwicklung zur Einführung dezentraler Dialogverarbeitung.

3.1 Datenbasis

Die genaue Kenntnis der zu verwaltenden Daten war neben den betriebsspezifischen Anforderungen Ausgangspunkt für die Programmierung. Dabei galt es, ca. 5000 Kundenstammdaten und bis zu 10000 Artikelstammdaten anzulegen und permanent zu pflegen. Täglich werden ca. 100 Kundenaufträge mit durchschnittlich 5 Artikelpositionen erfaßt und verarbeitet.

Dieses Mengengerüst konnte ohne weiteres im Rahmen der normalen Speicherkapazität des IBM AT abgedeckt werden.

3.2 Anwender-Software

Leistungsfähige Anwender-Software für Netzwerke ist generell noch Mangelware.

Im speziellen Fall war zwar eine zufriedenstellende Software für die Mehr-Lagerbestandsführung auf dem Markt verfügbar, jedoch fehlte der Teil der Software für die Auftragsbearbeitung und Vertriebssteuerung, welcher die vertriebsspezifischen Anforderungen weitgehend berücksichtigte. Aus diesen Gründen wurde die Software auf Basis von LEVEL II COBOL von *Micro Focus* selbst erstellt. Dabei hat sich herausgestellt, daß die Programmierung mit dieser Programmiersprache besonders leistungsfähig ist.

Die höhere Rechengeschwindigkeit beim IBM AT im Vergleich zum Personalcomputer IBM XT macht sich dabei gut bemerkbar. Verschiedene anwendungsunabhängige Software kann im ,,Single''- bzw. ,,Multi-user''-Betrieb eingesetzt werden (Kalkulation-, Graphik-Programme, Textverarbeitungs-, Datenbank-Software).

3.3 Vernetzung von Anwendungen

Da mehrere verschiedene Anwendungen aus den Bereichen Vertrieb, Disposition, Produktion und Lagerverwaltung mit dem Netzwerk abgewickelt werden, müssen hohe Anforderungen an die Daten- und Systemsicherheit und die Antwortzeiten für die Benutzer gestellt werden.

Für die Vernetzung dieser Anwendungen sind Sicherheit, Geschwindigkeit und Komfort des gesamten Netzwerk-Systems entscheidend von der Leistungsfähigkeit des Netzwerk-Servers und der Netzwerk-Software abhängig.

Zur Erfüllung dieser hohen Anforderungen werden ein bis zwei als *File-Server* eingesetzt. Die Leistungsfähigkeit dieser *File-Server* auf der Basis von DOS und der File-Server-Software — *Netware von Novell* — als ein wichtiger Teil des LAN-Betriebssystems, garantiert die Erfüllung der hohen Anforderungen bezüglich Datensicherheit, Antwortzeitverhalten, Zuverlässigkeit etc. des gesamten Netzwerks.

3.4 Netzwerk-Software

Der dritte integrale Bestandteil des LAN-Betriebssystems — neben File-Server-Software und PC-Betriebssystem (DOS) — ist die eigentliche Netzwerk-Software.

Die Aufgabe dieser Netzwerk-Software besteht darin, alle Zugriffe auf Dateien für die Benutzer des Netzwerks zu steuern und zu kontrollieren. Die ausgewählte Netzwerk-Software von *Novell* hat insbesondere folgende Vorteile:

— umfangreiche Datensicherheit
— schnelle Datenübertragung
— weniger Speicherbedarf (dynamische Speicherplatzverwaltung)
— flexible Ausbaumöglichkeit des Netzwerks
— einfache Einsatzmöglichkeit von Daten-Software bzw. *Electronic Mail*
— Verknüpfung verschiedener Betriebssysteme ist möglich.

Außerdem sind verschiedene wichtige Software-Funktionen geprüft worden, wie z. B. „Logon"-Prozedur, Paßwort-Vergabe, Zugriffsrechte, Sperren auf Satz- bzw. Datei-Ebene (*record* bzw. *file locking*), Drucker-Zuweisung bzw. *Print-Spooling*, Kommunikation mit Großrechnern bzw. anderen LANs etc., bevor über die Kosten des Netzwerks und den Installationsaufwand nachgedacht wurde.

Das LAN-Betriebssystem von *Novell* wurde in wesentlichen Punkten mit der angekündigten Netzwerk-Software von IBM verglichen.

3.5 Netzwerk-Protokolle und Topologien

Das ARC-NET-Protokoll auf der Basis des *Token Passing* wird verwendet, wobei die Übertragungsgeschwindigkeit im Netz 2,6 Mbit/s beträgt. Zur Verkabelung wird Koax-Kabel (90 Ohm) eingesetzt. Der Einfluß des ausgewählten Netzwerk-Protokolls und der Topologie hatte nur geringe Auswirkung auf die Leistungsfähigkeit des gesamten Netzwerks und soll deswegen hier nicht ausführlicher beschrieben werden.

3.6 PC-Hardware

Der Einsatz von IBM-PC-Hardware (IBM PCs und IBM ATs) auf der Basis von
MS-DOS hat sich voll bewährt. Insbesondere hat der IBM AT bisher die geforderten
Erwartungen erfüllt. Die Leistungen des IBM AT und des IBM XT wurden verglichen.
Später wurde der direkte Anschluß an den *IBM-Host* im 3270-Modus realisiert.

4 Erfahrungen und Ausblick

Durch den Einsatz leistungsfähiger, d. h. vor allem realzeitfähiger Mini-Computer
seit Mitte der 70er Jahre, ergaben sich neue Möglichkeiten, wobei die Nachteile
früherer Lösungen weitgehend vermieden werden konnten.

Diese Tendenz verstärkte sich zunehmend vor allem durch das Auftauchen leistungs-
starker Personal- und Arbeitsplatzcomputer, die im Vorfeld einer zentralen EDV-
Anlage zusammengebunden werden können.

Die Vorzüge von — zum jeweiligen Zeitpunkt — neuen EDV-Technologien für die
dezentrale Dialogverarbeitung (*distributed processing*) im Bereich der Logistik und
des Material-Managements werden anhand eigener Projekte verglichen:

— Vertriebs-Logistik mit Mini-Computern (1975)
— Hochregallager- und Materialflußsteuerung mit Prozeßrechnern/Mikrocomputern
  (1980)
— Materialwirtschaft mit PC-Netzwerk (1985).

Die Hauptvorteile dieser realisierten dezentralen Systeme sind nicht zu übersehen:

— aktuelle Erfassung aller wichtigen Daten dort, wo sie entstehen
— automtisch anfallende Daten werden allen Systemen zugänglich gemacht, z. B.
  Datenaustausch mit Zentralrechner
— wesentliche Verbesserung der Datenqualität, die insbesondere verhindert, daß die
  Bestandsführung- und Produktionsplanungssysteme auseinanderlaufen
— relativ niedrige Kosten für Hard- und Software
— sehr gute Leistungseigenschaften (kurze Antwortzeiten für den Benutzer, offenes
  System, hohe Ausfallsicherheit)
— einfache Implementierung, Handhabung und Wartung.

Ausgehend von diesen überraschend positiven Erfahrungen bietet sich der Einsatz
von Personalcomputer-Netzwerken für bestimmte Problemstellungen in Fertigung
und Verwaltung jetzt als neue Perspektive an.

Literatur

[1] *Schumacher, E.:* Integriertes Material- und Informations-Management; Handbuch der modernen Datenverarbeitung, Forkel-Verlag, Heft 122, 1985

[2] *Schumacher, E.* und *Bechte, W.:* Design and implementation of a flow-oriented Manufacturing Control System, 1. World Congress Production and Inventory Control, Wien 1985

[3] *Schumacher, E.:* Projektrisiken im Griff, Compas '84, Berlin, Oktober 1984

[4] *Franck, A.:* Des Pudels Kern sitzt im Hochregallager; Computer-Woche, 16.10.1981

[5] *Schumacher, E.* und *Winkler, H.:* Neue Perspektiven für die Lager- und Lieferorganisation; Materialfluß 12/1975

[6] *Schumacher, E.:* Kleincomputer im Lager; in Distribution Nr. 6/1973

Jürgen Schaumann

Vom unvernetzten PC zu einem geschlossenen System mit Serverfunktionen

1 Der unvernetzte Personalcomputer und die traditionelle Datenverarbeitung

Der Personalcomputer bietet für viele Arbeitsplätze eine ausreichende Prozessorleistung für die Datenerfassung, Datenänderungen und Berechnungen. Durch ein umfangreiches Softwareangebot und beispielhaft gute Benutzerschnittstellen hat der Personalcomputer einen festen Platz in der Informationsverarbeitung der Unternehmen gefunden. Ein umfangreiches Angebot an Zusatzhardware ermöglicht u. a. auch den Anschluß an Großrechner mit *Terminalemulationen* und hat dadurch auch einen Einfluß auf das Selbstverständnis der traditionellen Datenverarbeitung.

Neben den bekannten Vorteilen eines Personalcomputers sollte man auch die folgenden Nachteile und Gefahren berücksichtigen:

- niedriger Organisationsgrad mit einem Datenchaos auf den Disketten
- unübersichtliches Softwareangebot ohne fachgerechte Beratung
- Überforderung von nicht ausreichend geschulten Anwendern

Die traditionelle Datenverarbeitung hat zumeist stark zentralisierte Funktionen für die Verarbeitung (Prozessor) die Datenspeicherung (Plattenspeicher oder Bandeinheiten) und das Drucken.

Bei der traditionellen Datenverarbeitung wirken sich folgende Punkte vorteilhaft aus:

- verfügbares hohes Fachwissen in Hardware und Software
- Weiterentwicklung abschätzbar
- Standardsoftware für einen großen Anwenderkreis.

Nachteilig sind vor allem:

- die schwierige bis unmögliche Anpassung an individuelle Aufgabenstellungen vorzunehmen
- flexibler Organisationsgrad.

2 Anforderungen an ein LAN mit Serverfunktionen

Ein *Local Area Network* weist die folgenden Vorteile auf:

- große Prozessorleistung kann angebunden werden bzw. ist im Netz vorhanden
- verschiedenartige Endgeräte wie Drucker, Plotter, ... können von den angeschlossenen Personalcomputern gemeinsam genutzt werden
- Datenbestände können für die gemeinsame Bearbeitung auf *einem* Personalcomputer gespeichert werden
- Nachrichten und Dokumente können zwischen den einzelnen Personalcomputern ausgetauscht werden.

Die in **Fig. 1** dargestellten Funktionen bedeuten:

(1) PC 1   schickt eine Nachricht an PC 2 (*electronic mail*)

(2) PC 2   ruft Daten vom *Server* ab. Der Server hat also die Funktion eines Dateiservers

(3) PC 3   erteilt einen Druckauftrag an den Server, der seinen Drucker den PCs im Netz zur Verfügung stellt.

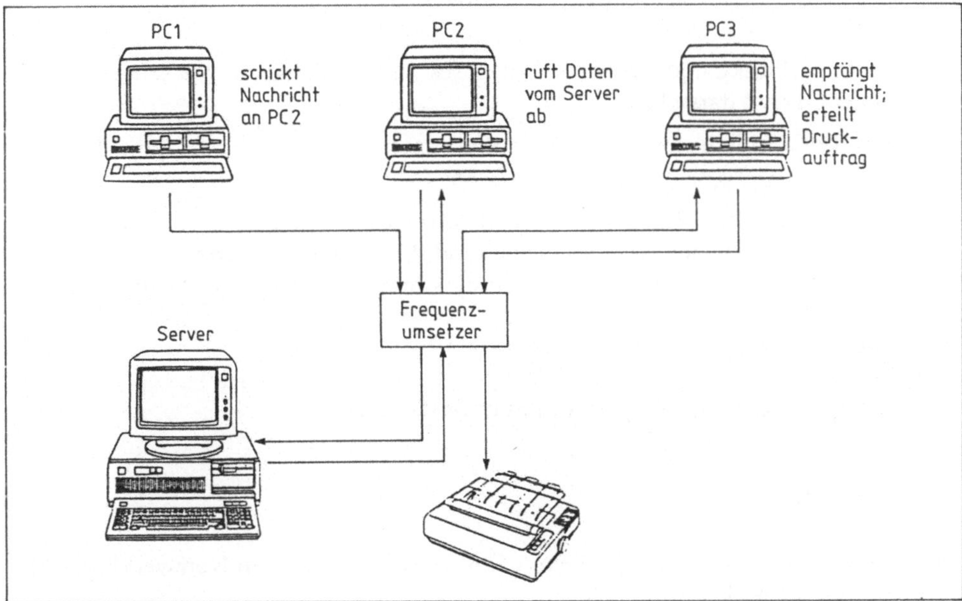

Fig. 1 LAN mit Serverfunktion

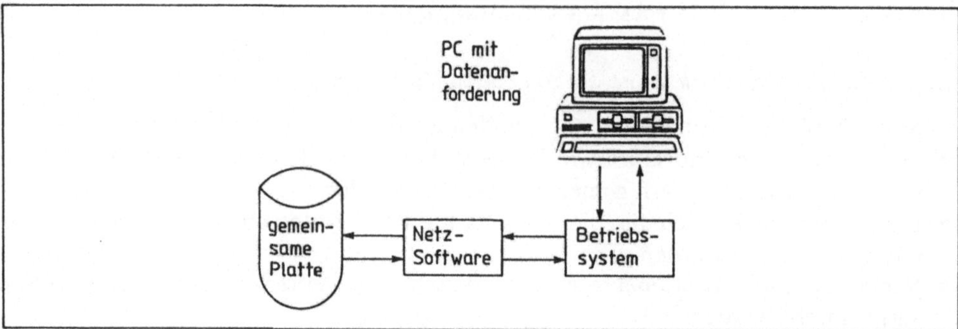

Fig. 2 Netzsoftware

Das PC-LAN besteht aus den folgenden Komponenten:

- Personalcomputer mit angeschlossener Peripherie
- Hardwarekomponenten in jedem PC zur Übertragung der digitalen Daten
- Übertragungsmedium wie Kabel und Frequenzumsetzer
- Anwendungssoftware (z. B. für die gemeinsame Nutzung von Datenbanken)
- Netzsoftware in jedem PC des Netzes neben dem auf das Netz angepaßten Betriebs-
  system.

Die im letzten Punkt angesprochene Netzsoftware läßt sich dann von seiner Aufgabe
entsprechend **Fig. 2** darstellen.

Bei der Servertechnik unterscheidet man die Typen:

- Ein-/Ausgabe wie Drucker, Plotter
- Kommunikation wie *Mailing* aber auch *Gatewayfunktion* zu einem Großrechner
  oder einem öffentlichen Netz mit Code- und Protokollumsetzung
- Ablage zur Bereitstellung und Verwaltung von Speicherplatz für Dateien mit den
  Basisdiensten
  – Datensicherung
  – Datenschutz
  – Mehrfachzugriff (*Locking* von Files bzw. Record).

3 Hardwareaspekte

Die einzelnen PCs müssen z. B. beim „IBM-Network" mit den Netzwerkkarten bestückt werden (**Fig. 3**).

Diese Adapterkarten werden in einen freien Steckplatz auf der Hauptplatine eingesteckt. Über ein Koaxialkabel werden die PCs mit dem zentralen Frequenzumsetzer
verbunden, der die Aufgabe hat, die Befehle und Daten der verbundenen PCs an die
richtige Stelle weiterzuleiten (TAP: *Terminal Access Point*).

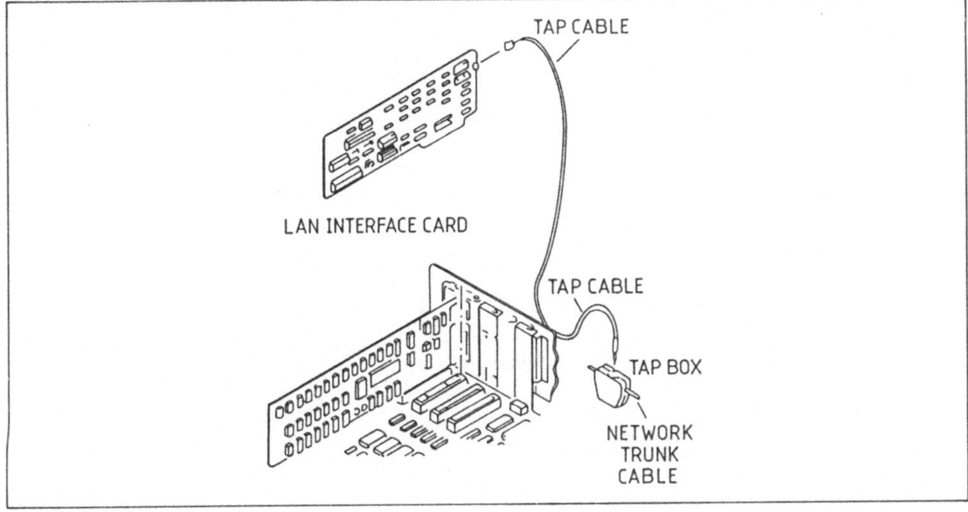

Fig. 3 PC-Einsteckkarte

4 Softwareaspekte

Die Anforderung an den Fileserver aus der Sicht der Anwendung stellt sich dann so
dar (**Fig. 4**):

1. Die Anwendung, z. B. eine netzwerkfähige Datenbankanwendung (dBASE III
   PLUS), (APPLICATION) ruft das Betriebssystem DOS.
2. Der Interrupt 21H wird vom REDIRECTOR der lokalen Netzwerksoftware untersucht und nach Anwendungsfall an das BIOS des eigenen PC oder an das NET-
   BIOS weitergeleitet.
3. Der Aufruf gelangt über die Kabelverbindung an den Server-PC. Hier läuft eine
   Anwendung (APPLICATION), z. B. der Administrator von dBASE III PLUS, der
   die Anforderung an das eigene BIOS weiterleitet.
4. Die vom BIOS bereitgestellten Daten werden über den gleichen Weg zurücktrans-
   portiert.

Die Bestandteile sind im einzelnen:

— DOS 3.1 oder höher
— Redirector
— Netzwerkfähige File Server Software.

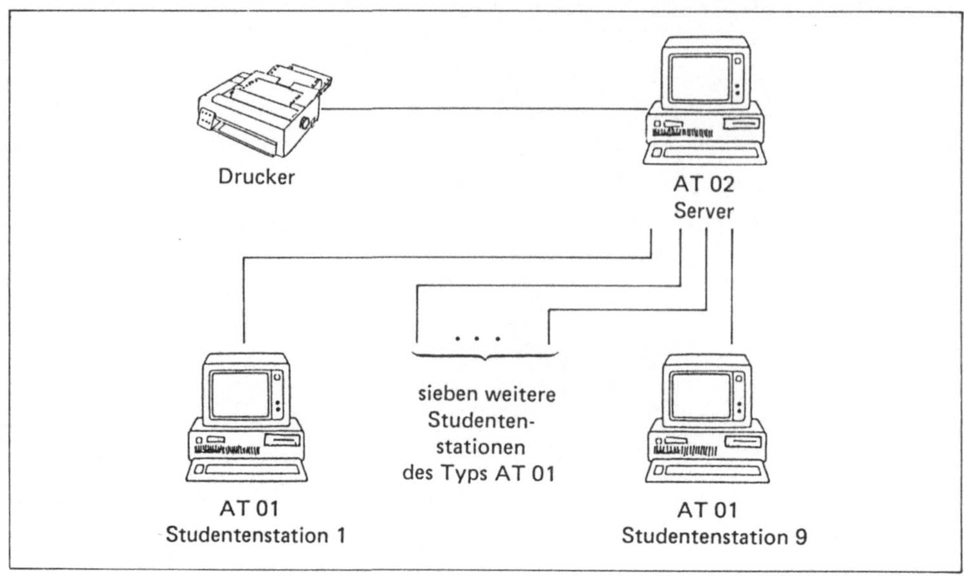

Fig. 4 Fileserver

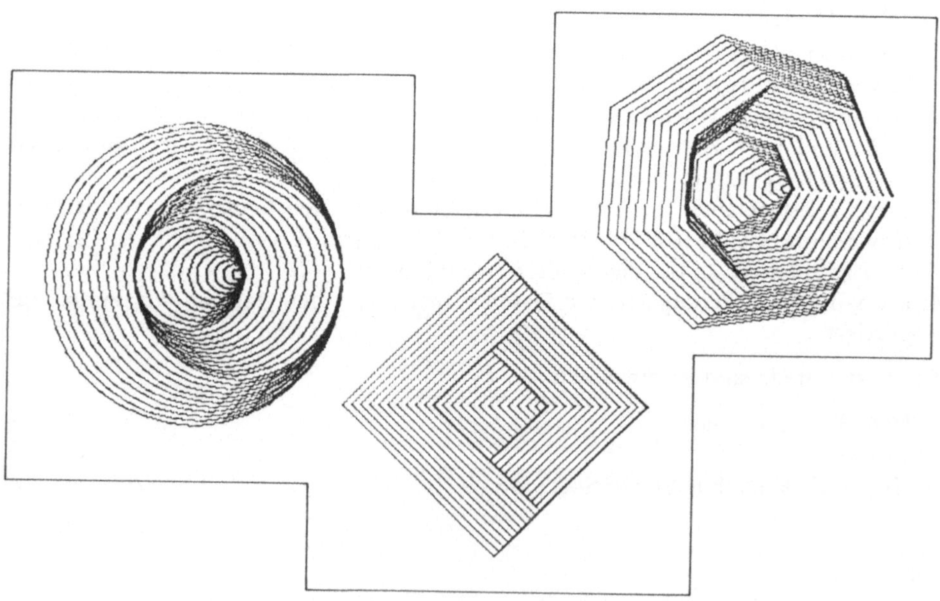

Christina Ewald

PC-Vernetzung: Probleme und Lösungen

1 Personal-Computer: Markt mit Zukunft

Personal-Computer sind überall im Einsatz und aus der Geschäftswelt nicht mehr wegzudenken. Die Statistik gibt eine Vorstellung vom Ausmaß des PC-Einsatzes: 1988 wird der PC den Prognosen zufolge bereits auf jedem zweiten Arbeitsplatz zu finden sein. Die Mehrzahl dieser PCs wurde bisher als individueller Arbeitsplatz-Rechner eingesetzt.

Der spaßige Begriff des „adidas-Networking" (der PC-Benutzer trägt seine Diskette zu der oft weit entfernt stehenden Peripherie, einem Drucker beispielsweise, um sie zu nutzen) veranschaulicht, was dabei schon früh für viele PC-Benutzer zum Problem wurde: der Informationsaustausch zwischen den Arbeitsplätzen.

2 Unternehmenswünsche

Den meisten großen Unternehmen ist eines gemeinsam: das Bedürfnis nach „sharing", dem gemeinsamen Nutzen der nicht gerade billigen PC-Peripherie. Dieses Bedürfnis läßt sich noch genauer analysieren.

Group-sharing

Dringendster Wunsch ist das *Group-sharing*, d. h. Arbeitsgruppen innerhalb des Unternehmens sollen die Peripherie gemeinsam nutzen und Informationen austauschen können.

Unternehmensweite Kommunikation

Eine weitere Forderung ist der unternehmensweite Informationsfluß. Externe Büros oder Geschäftsstellen sollen der hauseigenen EDV angegliedert werden, um die Ressourcen genauso effizient nutzen zu können, wie die lokalen PCs. Dies ist eine Aufgabenstellung für ein *Wide-Area Network* (WAN).

Informationsaustausch zwischen PCs und Großrechnern

Es gibt auch kaum ein Unternehmen, das nicht den Wunsch hätte, Informationen zwischen den großen Systemen und der PC-Welt auszutauschen.

Die Meinung einiger Fachleute, der PC werde irgendwann die zentralen Systeme ersetzen, wird sich kaum bewahrheiten. Dazu sind die Anwendungen zu unterschiedlich. Während sie auf den *Minis* und *Mainframes* sehr spezifisch sind, ist der PC derzeit noch ein Werkzeug zur allgemeinen Unterstützung und Produktivitätssteigerung.

Diese Anwendungen so zusammenzuführen, daß ein Sachbearbeiter mit seinem Personal-Computer jederzeit mittels Knopfdruck Zugriff auf die vorhandenen Informationen anderer Systeme erhält, ist Ziel vieler Unternehmen.

Zusammengefaßt haben wir es also mit folgenden Wünschen zu tun:

- Informationsaustausch auf Gruppen- oder Abteilungsebene
- Integration auf Unternehmensebene
- Zugriff auf andere Computersysteme einer Organisation

3 Der PC-Kommunikationsmarkt

Wo Wünsche sind, gibt es auch Angebote zur Lösung. Viele Technologie-Anbieter haben Teile der Wünsche der Anwender erfüllt.

Bestehende Lösungen: Informationsaustausch auf Abteilungsebene

Ein ganz einfaches Verfahren ist ein kleines *LAN mit einem Server*. Diese Kombination ermöglicht die gemeinsame Nutzung von Peripherie, wie Plotter oder Drucker dieses Servers, so daß z. B. nicht mehr jeder PC mit einer 10-Mbyte-Platte ausgerüstet sein muß.

Dabei handelt es sich im übrigen nicht um ein LAN im klassischen Sinne, vielmehr um ein *Abteilungs-Cluster*.

Es gibt einige Anbieter in diesem Bereich, die mit ihren Lösungen Pionierarbeit geleistet haben. Damit kann man die Platten und Drucker von allen PCs gleichzeitig nutzen.

Andere Lösungen erlauben dagegen schon die gemeinsame Nutzung gespeicherter Dateien. Hier zeigt sich der Unterschied zwischen *Disk-* und *File-Servern*.

Große Netzwerke

Im Vergleich zu den diskutierten Lösungen stehen große *Local Area Networks* und *Wide Area Telecommunication Networks*. Das sind komplexe Lösungen, um jedes Terminal des Unternehmens — intern oder extern eines Gebäudekomplexes — mit einer Gruppe von *Minis* oder *Mainframes* zu verbinden.

Mit diesen Netzwerken ergeben sich eine Fülle interessanter Kommunikationsmöglichkeiten. Die Verbindungen dieser Konfiguration sind allerdings meist terminalorientiert. Es fehlen also Möglichkeiten, den PC als *Workstation* voll zu integrieren!

Das war die Ausgangsbasis zu der Entwicklung des im folgenden vorgestellten Systems.

4 BANYAN Virtual Networking System: Neue Lösungen integrierter PC/Host-Kommunikation

BANYAN Inc. stellte jetzt ein Software-Paket vor, das neue, einfache Lösungen für diesen Aufgabenbereich anbietet; das *VIrtual NEtworking System*, VINES.

Ziel der Entwicklungsarbeit, die für VINES geleistet wurde, waren drei Punkte:

— Anwender sollen Zugriff auf die Netzwerk-Ressourcen, Minis und Mainframes haben, um Peripherie und Kommunikationseinrichtungen wirtschaftlich zu nutzen.
— Sicherheit und Kontrolle über den Informationsfluß muß durch zentrale Administrierung gewährleistet sein.
— Das System soll bei Bedarf entsprechend den unternehmerischen Anforderungen problemlos auszubauen sein.

Zu den Komponenten des VINES-Konzeptes gehören sowohl Hardware als auch Software-Lösungen.

Hardware

Herzstück der Hardware ist der *Multifunktions-Network-Server*, der sowohl als *File-Server, Print-Server* und als Kommunikations-*Gateway-Server* zur Verfügung steht. Die wichtigsten Daten:

— 32 bit *Super-Micro* M 68000
— 10 MHz
— bis 8 Mbyte Hauptspeicher-RAM
— von 42 Mbyte — 480 Mbyte Plattenkapazität
— *Streamer-Tape* mit 60 Mbyte zur Datensicherung.

Wichtiger Bestandteil des Servers: das *Battery back up* zur Datensicherheit.

Integrierter PC-Bus

Um dem Anspruch der Wirtschaftlichkeit zu entsprechen, aber auch zur Erhöhung der Flexibilität, wurde der IBM-PC-Bus integriert. Der **Multifunktions-Netzwerk-Server** ist der einzige 32 bit Super-Micro auf dem Markt, der fast alle populären lokalen Netze unterstützt.

Verkabelung

Die PCs werden mit dem multifunktionalen Netzwerk-Server über das LAN-Netzwerk verbunden. Sie haben damit Zugriff zu allen Ressourcen. Über bis zu 12 asynchrone Anschlüsse können PCs sowohl direkt wie auch über das öffentliche Netz an den Server angeschlossen werden.

Zur Kommunikation mit zentralen IBM-Systemen oder unterschiedlichen Minis (DEC, HP, IBM) benötigt der Server nur ein einziges Kommunikationsboard.

Für den Anwender bedeutet die Vernetzung einen beträchtlichen wirtschaftlichen Vorteil. Nur eine einzige Kommunikationskarte und die entsprechende Emulationssoftware, nicht aber ein separater *Gateway-Rechner* ist notwendig, um allen PC-Benutzern *Host-Funktionen* zur Verfügung zu stellen.

In der Anwendung IBM 3270/SNA SDLC emuliert der BANYAN Server dabei eine 3274 *Remote-Cluster-Station*. Übertragungsgeschwindigkeiten bis zu 19,2 kbit/s sind zwischen Server und 3705 oder 3725 möglich. Jeder PC kann in dieser Konfiguration als 3278 und jeder Drucker im Netzwerk als Drucker Typ 1 und Typ 3 fungieren.

In der asynchronen Umgebung emuliert der Server IBM/3101, DEC VT100 oder VT52 bzw. Teletype (TTY). Über Modem können bis zu 20 serielle Leitungen angeschlossen werden.

Damit sind die vielfältigen Möglichkeiten dieses *Networking Systems* aber noch lange nicht erschöpft.

Server-zu-Server-Kommunikation

Der nächste Schritt ist die Server-zu-Server-Kommunikation. Steigender Bedarf an Speicherkapazitäten oder ungenügende Durchsatzgeschwindigkeiten sind Probleme, die üblicherweise zum Austausch eines Systems gegen ein größeres führen. VINES ermöglicht die Netzerweiterung einfach durch Integration eines oder mehrerer zusätzlicher Multifunktions-Netzwerk-Server.

Wie groß letztendlich die Anzahl der installierten PCs ist, spielt für den Benutzer absolut keine Rolle. Er wird keinen Unterschied feststellen, ob er mit einem Server arbeitet oder mit hundert.

VINES unterliegt keinen geographischen Beschränkungen. Auch die PCs, beispielsweise in entfernten Büros oder Filialen, haben über ein *Wide Area Network* (X.25) Zugriff auf alle Informationen, alle peripheren Geräte.

Erfolgreiches Beispiel: Weltbank, USA

Daß dieses System funktioniert, zeigt BANYAN am Beispiel der Weltbank in Washington. In der Endausbaustufe werden ca. 400 Multifunktions-Netzwerk-Server und ca. 8000 PCs ein homogenes Netz bilden. Derzeit sind bereits 50 Server und 800 PCs über *Token-Ring* vernetzt, mit Paris als Außenstelle.

Administration

Zurück zu den Zielen des BANYAN-Konzeptes, zum Punkt Sicherheit und Kontrolle. Nutzt man alle Möglichkeiten der Kommunikation aus, entsteht eine Integration von bisher in der PC-Welt nicht gekannten Ausmaßen. Ist solch ein komplexes System überhaupt noch zu administrieren?

Mit der bisher üblichen physikalischen Adressierung wäre das sicher problematisch. VINES verfolgt aber auch hier ganz neue Wege: mit dem Software-Paket STREET TALK, einem logischen Adressiersystem, das mit Namen statt mit physikalischen Adressen arbeitet.

Server, Dateien, Benutzer, Drucker — alles erhält eindeutige Namen. So ist es unwesentlich, auf welchem Server beispielsweise bestimmte Daten gespeichert sind. STREET TALK findet und vermittelt zielgenau die gewünschten Informationen.

VINES/286: Software-Variante für PC/AT-Cluster

Neue Variante des VINES-Konzeptes ist VINES/286, ein Softwarepaket, das Standdard-IBM-ATs und Kompatible in multifunktionale *Network-Server* umfunktioniert. VINES/286 ist voll kompatibel mit den bisherigen BANYAN-Systemen und eignet sich vor allem für *PC-Cluster* in kleinen Unternehmen, Abteilungen oder Außenbüros.

Im Aufgabengebiet *PC/Host-Integration* bleiben für den Anwender von VINES kaum noch Wünsche offen — auch nicht die Wünsche, die in Zukunft entstehen werden. VINES wächst buchstäblich mit den Ansprüchen seiner Benutzer.

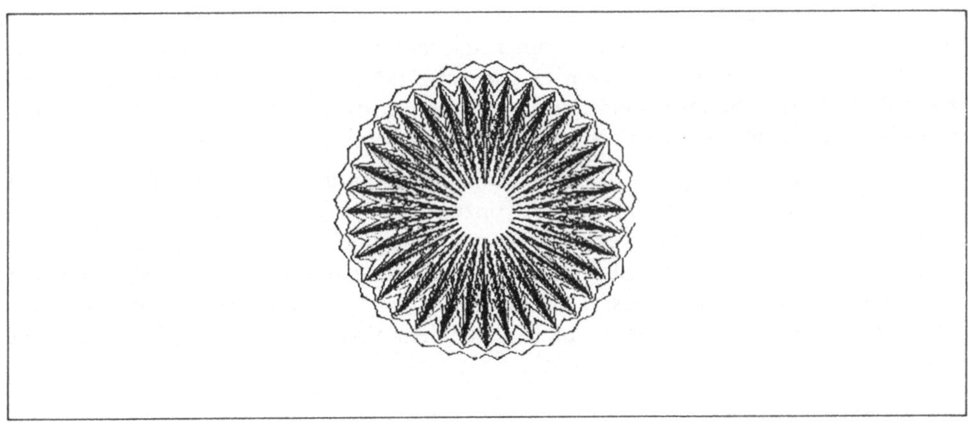

Holger Utermark

Mikro-Mainframelink

Das Nokia PC-Netzwerk

Das derzeit angebotene Netzwerk der Firma *Nokia* wurde nicht als Produkt entwickelt. Um diese Aussage zu verstehen, muß die Historie der Entwicklung des Nokia-LANs betrachtet werden.

Nokia ist der größte finnische Konzern in Privatbesitz. Aufgebaut als Mischkonzern befaßt sich Nokia seit 1962 intensiv mit dem Thema ‚Elektronik‘. Der Bereich der Elektronik wurde entsprechend dem Bedarf entwickelt. Eine Herstellung und Vermarktung der Geräte auf Produktbasis war den Finnen fremd. Alle entwickelten Produkte waren Werkzeuge, die eingesetzt wurden, um eine kundenspezifische Lösung zu erstellen.

Die ersten eigenständigen Werkzeuge und Komponenten waren ein Minicomputersystem bestehend aus einer 16-Bit-CPU, 1 Megabyte RAM und Erfassungsterminals für Kassenarbeitsplätze in Banken. Dieses System wurde sehr erfolgreich in Finnland eingesetzt. Da nun ein Arbeitsplatzterminal mit der entsprechenden Computerleistung als Konzentrator vorhanden war, wurde auch der *Hostbereich* interessant.

Eigenentwicklungen waren hier nicht sinnvoll. Man fand in dem französischen EDV-Hersteller *Honeywell Bull* einen Partner. Mit dieser Hardwareausstattung und dem dahinterstehenden Konzept konnte im finnischen Bankwesen ein Generationszyklus von ca. 7–10 Jahren erreicht werden. Im Jahr 1980 wurde in Verbindung mit den Banken ein Konzept entwickelt, mit dem ein Hardwarezyklus von 10–15 Jahren erreichbar sein sollte. Dieses setzte eine „Modifikations-Philosophie" voraus.

Nicht nur Banken gehörten zu Nokias Kundenstamm. Durch die Bedeutung im skandinavischen Markt mußte dieses Konzept auf das große Industrieunternehmen erweitert werden. Neueste Technologie wurde eingebunden. Als Basis diente ein Mikrocomputer der damals neuesten 16-Bit-Mikrotechnologie. Das einzig einwandfrei funktionierende Betriebssystem wurde von *Microsoft* vertrieben. Dies war „MS-DOS", das ein Jahr später auch unter dem Namen PC-DOS auf dem IBM PC bekannt wurde.

Da hier, wie oben erwähnt, Produkte speziell für Zielgruppen geschneidert wurden, konnte der Nokia PC auch mit allen Attributen, die in der Zielgruppe erwartet wurden, ausgerüstet werden, z. B.

— hervorragende *Ergonomie*
— Darstellung schwarzer Buchstaben auf weißem Bildschirm
— superflache Tastatur
— *Softkeys* auf Tastatur und Bildschirm.

Als CPU wurde der bis dahin kaum verfügbare 16-Bit-Prozessor 80186 von *Intel* eingesetzt. Die Standardschnittstellen wurden für eine Kommunikation mit dem *Hostrechner* ausgestattet (HDLC-Unterstützung, NZRI-Codierung, X.21 usw.). Zusätzlich entwickelte man das *Prozessorboard* so, daß es in einem Terminal untergebracht werden konnte. Mit diesen Komponenten wurde ein Netzwerk konzipiert. Man war somit in der Lage, einem alarmierenden Trend vorzubeugen, der in den letzten Jahren ständig wuchs: die Trennung des Informationsflusses in zwei oft nicht kompatible Wege: die PC-Welt und die Welt der Großrechner.

Das Netz wurde von Anfang an so konzipiert, daß es einen integrierten Teil eines Unternehmens bilden konnte (*Front-* und *Backoffice*-Bereich). Unterschiedliche Arten der Unternehmen oder Abteilungen haben unterschiedliche Anforderungen bei der Informationsverarbeitung.

Individuelle Arbeitsplätze benötigen manchmal lediglich einfache Werkzeuge wie Textverarbeitung und Tabellenkalkulationsprogramme; arbeiten mehrere Abteilungen zusammen, so müssen Informationen für alle zugänglich sein. Bei Organisationen in ihrer Gesamtheit werden Informationen zentral verarbeitet und gespeichert, die in effizienter Weise zu den Abteilungen gelangen bzw. von ihnen gesendet werden müssen. Alle benötigen selbstverständlich eine Lösung, die effizient und wirtschaftlich sein muß.

Basierend auf diesen allgemeinen Forderungen entwickelte Nokia ein Betriebssystem, das den Kern des Netzes darstellt. Dieser Kern wird NIOS (*Nokia Input Output System*) genannt. Es liegt das Multitasking Betriebssystem iRMX von Intel zugrunde. Auf dieses NIOS kann eine Softwareemulation eines 3270-*Terminalclusters* geladen werden, parallel auch das MS-DOS-Betriebssystem.

MS-DOS-Programme und Verbindungen zu Großrechnern können simultan genutzt werden. An einem Arbeitsplatz ist es möglich, gleichzeitig eine MS-DOS-Anwendung sowie eine oder mehrere Großrechner-Applikationen, auch solche mit unterschiedlichen Protokollen, laufen zu lassen. Der Benutzer kann problemlos von einer zur anderen Anwendung wechseln.

Großer Wert wurde auf Flexibilität des Netzes gelegt. Geräte und Arbeitsplätze sind leicht erweiterbar bzw. herauszunehmen, was bedeutet, daß das Netz ja nach Anforderungen wachsen kann. Bis zu 32 *Workstations* oder *Server* können an das Netz angeschlossen werden.

Es ist möglich, Drucker an jedem Arbeitsplatz anzuschließen, die Arbeitsplätze haben Zugang zu jedem Drucker im Netz, egal wo dieser sich befindet. Die meisten

Einheiten in einer typischen Konfiguration werden keinen eigenen Massenspeicher haben. Statt dessen teilen sie sich die Peripherie und die Massenspeicher des Netzes.

Das Nokia Netz ist ein Basisband-Netz mit *Bus-Topologie*. Ein wesentlicher Vorteil dieser Netzstruktur ist die Tatsache, daß eine gleichberechtigte Beziehung möglich ist, d. h., alle Prozessoren haben einen gleichwertigen Zugang zum Netz. Dies erhöht die Zuverlässigkeit, da das Netz nicht von einem Zentralprozessor abhängig ist. Fällt eine *Workstation* aus, funktionieren die anderen normal weiter.

Das physikalische Medium ist ein 75-Ohm-Koaxialkabel. Die Übertragungsgeschwindigkeit beträgt 0,5 Mbit/s, das Netzkabel kann maximal 1000 m lang sein. Die Höchstzahl der zugelassenen Anschlüsse sind 32. Das Protokoll des Netzes ist *Ethernet*-ähnlich (CSMA/CD).

Neben der Eigenschaft des lokalen Netzes mit dem MS-DOS-Betriebssystem ist einer der wichtigsten Vorteile im PC-Netz-System die Fähigkeit, mit Großrechnern verschiedener Hersteller zu kommunizieren. Die Produkte variieren von einfachen Emulatoren bis zu kompletten Terminal-Systemen mit lokaler Intelligenz.

IBM 3270 Terminal-Emulation

Das Nokia PC-Netz kann als kompletter *3270-Cluster* benutzt werden, wodurch die Kommunikation mit IBM oder IBM-kompatiblen Großrechnern ermöglicht wird. Lokale MS-DOS-Applikationen und die Terminal-Funktionen laufen gleichzeitig im Netz. Der Benutzer kann simultan sowohl MS-DOS-Applikationen und *3270-Emulation* in einem Arbeitsplatz verwenden und schnell zwischen den Bildschirmen wechseln. Egal welcher Bildschirm betrachtet wird, es bleiben beide Applikationen erhalten.

Wechselt der Benutzer von einem Bildschirm zum anderen, verliert er keine Daten und kehrt zur selben Stelle zurück, von der er die andere Applikation aufgerufen hat. Datensätze, die für den weiteren Zugriff geschützt sind, müssen nicht noch einmal geschützt werden. Ein erneutes Laden der entsprechenden Applikation ist nicht notwendig. Es ist, als wenn zwei Systeme zur Verfügung stünden, ein PC und ein Datenterminal in einem System.

Der 3270-Emulator unterstützt die *Remote*-Kommunikation zwischen dem NOKIA PC-Netz und einem Großrechner. Benutzt werden können Protokolle auf Basis IBM SDLC oder BSC. Diese *Remoteanschlüsse* setzen den IBM-Standard und Unterstützung folgender Einheiten voraus:

— IBM 3274 C-Model (*Control Unit*)
— IBM 3278 Model 2 (Bildschirmarbeitsplatz)
— Drucker des Typs LU1 oder LU3

Beide Protokolle BSC sowie SNA/SDLC können mit einer Datenrate bis 9600 bit/s genutzt werden. Die SNA-Version unterstützt zusätzlich Verbindungen über Datex-L (X.21), mit SHM (*Short Haul Mode*) und SHM/MPS (*Short Haule Mode/Multiple*

Port Sharing). Die Kommunikation mit Honeywell-Bull- und Sperry-Univac-Rechnern sind ähnlich realisiert.

Die Emulation wird über das Nokia-Netzwerk durchgeführt. Ein PC übernimmt die Funktion des Kommunikations-Servers und hat Kontrolle über die Leitung zum Großrechner (z. B. *SNA-Layer-Protokoll*). Die Programme, die die 3270-Formate auflösen, arbeiten in den einzelnen Arbeitsplätzen.

Zusätzlich zu der hier dargestellten Arbeitsweise des Nokia Terminal-Systems, wurden Softwarewerkzeuge entwickelt, die die Effektivität wesentlich erhöhen.

MSDI-Applikationsinterface

Das Nokia-Netzwerk unterstützt gleichzeitig 3270-Terminal-Emulation und lokale MS-DOS-Applikationen. Um diese Fähigkeit noch weiter auszunutzen, kann das MSDI-Interface dazu benutzt werden, direkte Verbindungen von MS-DOS-Applikationen zu 3270-Kommunikationsanwendungen aufzubauen. Dies ermöglicht MS-DOS-Programmen, die in der Programmiersprache C oder Pascal geschrieben wurden, mit z. B. CICS- oder IMS-Anwendungen, die im Hostcomputer laufen, zu kommunizieren.

Somit kann ein MS-DOS-Anwendungsprogramm Transaktionen senden, wie sie von einem 3270-Terminal abgingen. Entsprechend hat das Hostprogramm Zugang zu dem MS-DOS-Programm, als ob es Daten an einen 3270-Bildschirm senden würde. Einsatzmöglichkeiten sind z. B. lokale Maskenhaltung, Eingabeprüfung während der Erfassung, sowie gepufferte Datenübertragung mit verteilter Dateihaltung.

FITRA

Nicht besonders erwähnt werden muß, daß die Funktion *Filetransfer* ebenfalls verfügbar ist. Eine Optimierung findet allein schon dadurch statt, daß die Terminal-Steuereinheit innerhalb des Netzwerks auf Softwarebasis realisiert wurde. Der Filetransfer wird wie beim IBM 3270-C durchgeführt und setzt somit die entsprechende *Hostsoftware* voraus. Dieses System erhält dann den größten Nutzen, wenn folgende Voraussetzungen erfüllt werden:

— Verbindungen eines Arbeitsplatzes simultan zu mehreren *Hosts*
— Realisierung mehrerer *Hostzugänge* wie IBM, Honeywell, DEC und/oder Univac an einem Arbeitsplatz
— zu allen vorgenannten Punkten, der lokale Nutzen des MS-DOS-Betriebssystems.

Wie eingangs erwähnt, wurde dieses Netzwerk nicht mit dem vorrangigen Ziel entwickelt, ein Standardprodukt für den Markt vorzubereiten. Es ist ein Produkt der Praxis, mehrfach in hohen Stückzahlen und seit Jahren im Einsatz. Es wurde durch die Anforderungen der Anwender zu einem vielseitig einsetzbaren Produkt weiterentwickelt und steht heute für Handelspartner und Systemhäuser einsatzbereit zur Verfügung.

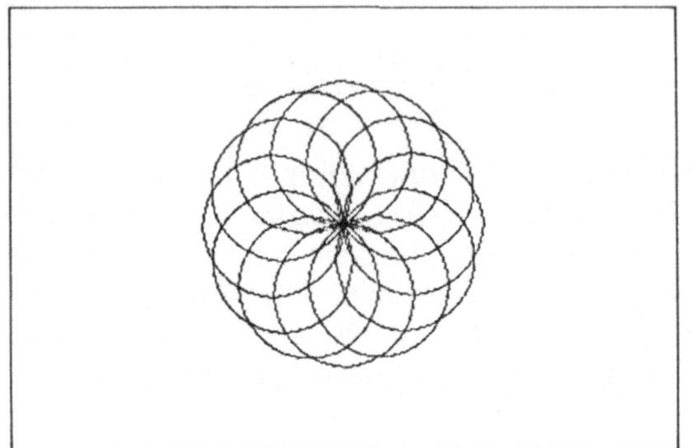
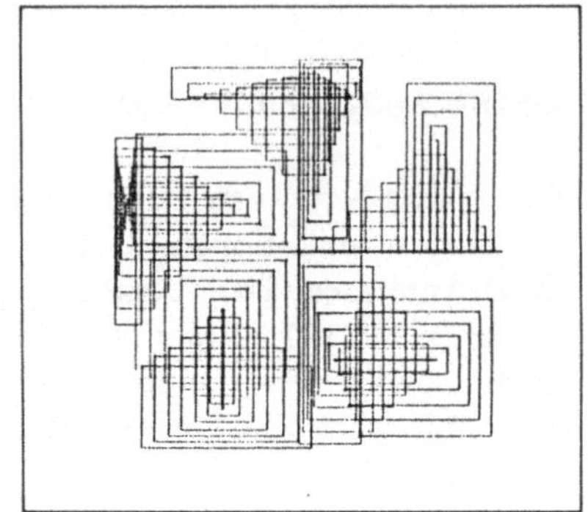
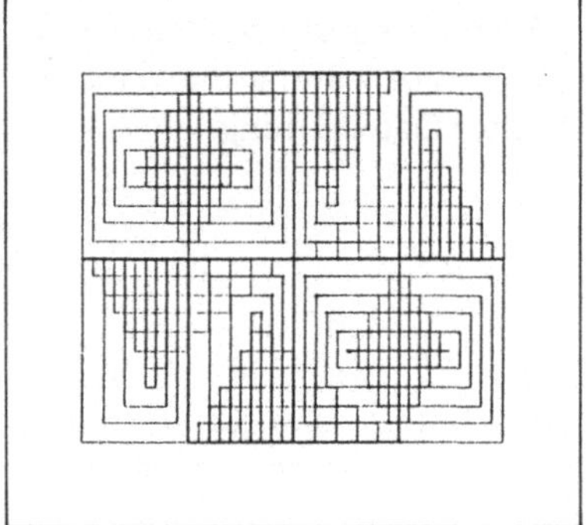
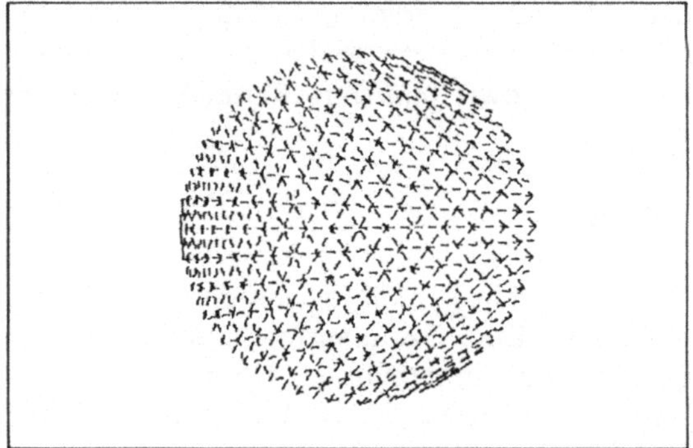

Daten

Daten zu Lokalen PC-Netzwerken sind in diesem Buch auf verschiedene Weise präsentiert: Die einzelnen Beiträge vermitteln eine Reihe allgemeiner, aber auch spezieller Hinweise und Angaben zu konkreten Ausführungen und Problemlösungen; die nachfolgenden Tabellen nennen die charakteristischen Daten zu einer Fülle von Produkten, die in Mitteleuropa verfügbar sind und einen repräsentativen Überblick darstellen.

Drucker sind zweifellos wesentliche Bestandteile von PC-Einzelplätzen und von PC-Netzwerken. *Desktop-Publishing* und *Laser-Drucker* sind hier die Reizworte, wobei allerdings schon wieder die fallenden Preise der Laser-Drucker die Mehrfachnutzung mit Hilfe eines Netzwerks weniger sinnvoll machen. Auch rechtfertigt deren Geräuscharmut kaum noch die „Verbannung" in Nebenräume.

Es ist aber beispielsweise erwägenswert, einen leistungsfähigen Laser-Drucker, einen schnellen Zeilendrucker mit 24 Nadeln und einen speziellen Etikettendrucker für mehrere Benutzer ständig betriebsbereit zu halten, was mit einem Lokalen PC-Netzwerk in der Regel problemlos möglich ist (wenn jemand auf die Drucker aufpaßt und der Papiertransport einwandfrei funktioniert).

Die Situation um Drucker und Personalcomputer hat *Werner Hürlimann* in seinem Beitrag umfassend dargestellt. Es wird dabei herausgestellt, daß Drucker keine Inseln sein müssen. Verbindende Elemente werden besprochen, Typische Leistungen und Preise von Druckern verschiedener Klassen sind angegeben. Schließlich ist der Drucker im Netzwerk etwas näher betrachtet, Literaturquellen sind genannt.

Die Datentabellen selbst stellen dann 550 Drucker, 360 Personalcomputer und 100 Lokale PC-Netze vor. Wichtige Merkmale und Besonderheiten sind, soweit ermittelbar, angegeben. Die verwendeten Abkürzungen und Fachbegriffe sind vor den jeweiligen Tabellen erklärt. Das Sachwortverzeichnis am Ende erlaubt die gezielte Suche und das Herausfinden von Querverbindungen.

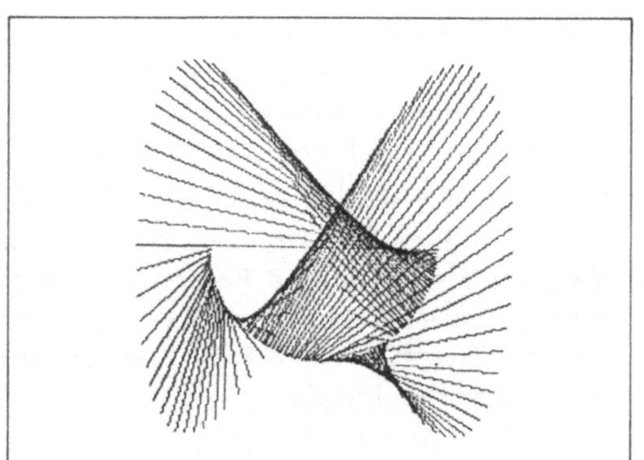

Werner Hürlimann

Drucker und Personalcomputer

1 Markt in Bewegung

Der Druckermarkt ist zur Zeit recht undurchsichtig geworden. Unter intensivem Konkurrenzdruck und bei fallenden Preisen erscheinen immer wieder neue Modelle, wobei aber weder absatzmäßig noch technisch ein Umbruch zu erwarten ist. Folgende Punkte prägen das gegenwärtige Bild:

- Für die verschiedenen Druckertechniken werden unterschiedliche Entwicklungschancen vorausgesagt:
  - unterdurchschnittlich: Typenrad- und Banddrucker
  - etwa im Durchschnitt: Matrixdrucker
  - überdurchschnittlich: Thermo-, Tintenstrahl (*Ink-Jet*)- und Laserdrucker.
- Bisher wenig verwendete Techniken treten mit günstigem Leistungs-Preisverhältnis in den Vordergrund, z. B. elektrofotografische, elektrostatische und elektromagnetische Verfahren.
- Der Leistungsbereich wird durch Kombination von Drucktechniken erweitert.
- Bisherige Drucktechniken erfuhren wesentliche Verbesserungen bezüglich Leistung und Druckqualität.
- Die Benutzerfreundlichkeit der Geräte wird entscheidend verbessert durch vermehrte „Intelligenz", bessere Software, Standardisierung, sowie eingebaute Anpassungsmöglichkeiten (*Emulation*).
- Bei allen Geräten zeigen die Preise sinkende Tendenz bei steigender Qualität.

2 Drucker sind keine Inseln

Unser Titel „Drucker und Personalcomputer" weist bereits darauf hin, daß der Akzent auf der Beziehung zwischen Drucker und PC liegt, sei es nun eine Zweierbeziehung oder die Eingliederung in ein Netzwerk.

Wir haben die Bedingungen und Möglichkeiten der Verbindung zwischen Drucker und PC in einem Kästchen zusammengestellt, wobei zwischen Kommunikation, Kompatibilität und Anpassungsmöglichkeiten zu unterscheiden ist. Sie stellen die notwendige Basis für ein Zusammenwirken im Paar dar. Ohne sie wird man mit dem

Drucker nur Verdruß haben und seine Leistungsmöglichkeiten nicht ausschöpfen können.

1. Kommunikation über Schnittstelle und Kabel:
 – parallel (Centronics): Übertragung ganzer Zeichen
 – seriell (RS-232): Übertragung bitweise
 – parallel *und* seriell vorgesehen
 – herstellereigenes System – Datenbus (IEC, IEEE-488 u. a.)

2. Kompatibilität zwischen Drucker, PC, Software und Betriebssystem:
 – bezüglich Zeichensatz *und* zugehörigen Codes
 – bezüglich lokaler Bedienung am Drucker
 – bezüglich Steuerzeichen
 – bezüglich Steckern und Belegung der Anschlüsse.

Man lasse sich die Kompatibilität garantieren und teste sie sorgfältig. Nötigenfalls einen Drucker-Treiber nachrüsten.

3. Anpassungsmöglichkeiten des Druckers:
 – durch Einstellbarkeit auf den Zeichensatz verschiedener PCs bzw. Tastaturen
 – durch menügeführte Anpassungs-Software
 – durch Steckmodul mit integrierter Betriebssoftware und Interface
 – durch lokale Bedienungstasten für Sonderkommandos
 – durch einen Schnittstellen-Konverter mit variablen Anpassungsmöglichkeiten in Zeichensatz, Kommunikation, Kontaktbelegung, Verzweigungen usw.

Über den paarweisen Zusammenschluß hinaus kann eine mehrfache Verknüpfung aus verschiedenen Gründen interessant sein – zum Beispiel:

- Anschluß mehrerer Drucker (z. B. Korrespondenzdrucker und Plotter) an einen PC.
- Anschluß eines hochleistungsfähigen Druckers (z. B. Schnelldrucker, Laserdrucker, großformatiger Plotter) an mehrere PC.
- Einbeziehung mehrerer Drucker in ein lokales Netzwerk.
- Verbannung eines besonders lärmigen Schnelldruckers in einen Nebenraum.

Diese mehrfache Verknüpfung bedingt zusätzliche Vorkehrungen, um einen geordneten und leistungsfähigen Betrieb sicherzustellen sowie um Engpässe zu verhüten, wie sie in jedem stark belasteten Netzwerk entstehen können.

Dabei sei ein nicht unwesentlicher Rationalisierungseffekt erwähnt: Viele Drucker der höheren Leistungs- und Qualitätskategorien erfordern ein Mehrfaches an Investitionen, wie der PC selbst, und kommen deshalb als „lokale" Peripheriegeräte kaum in Betracht. Teilen sich aber mehrere PC ein solches Gerät, dann bietet die Wirtschaftlichkeitsrechnung ein wesentlich besseres Bild.

3 Verbindende Elemente

Kompatibilität

Erwähnt wurde bereits die Kompatibilität. Sie wird dadurch verstärkt, daß direkte Umschaltmöglichkeiten zur Anpassung an verschiedene Computertypen und Zeichensätze vorgesehen sind (DIP-Schalter, Steckmoduln oder per Software). Hohe Flexibilität bei der Schrift- und Zeichenwahl ist bei jenen Matrixdruckern, *Ink-Jet*-Druckern, Laserdruckern und Plottern gegeben, wo freie Programmierung von Zeichen möglich ist oder durch entsprechende Software gestützt wird. Einzelne Geräte verfügen sogar über ein kleines Display, um das Generieren von Zeichen zu erleichtern. Oft ist eine Testautomatik vorhanden, welche durch einfache Tastenfunktion den gesamten verfügbaren Zeichensatz zu Papier bringt.

Standards

Die längst fällige Einführung von Standards bei den Druckern verfolgt im Interesse des Benutzers eine mehrfache Zielsetzung:

- Verarbeitungsmöglichkeit für alle Standard-Software inklusive nationaler Sonderzeichen. Bei Einsatz eines anderen Druckers muß die Software nicht mehr geändert werden.
- Es sind keine komplizierten Installationsprogramme mehr nötig, und die gefürchteten Software-Drucker-Probleme für den Service werden vermindert.
- Anpassung an gängige PC-Typen und Zeichensätze durch einfaches Umschalten bzw. Sonderbefehle.
- Serienmäßige Ausrüstung mit den hauptsächlichsten Schnittstellen (seriell, parallel).
- Druckerseitig keine Abstriche mehr bezüglich Leistung und Druckqualität.

Verschiedene namhafte Hersteller bemühen sich um solche Standards, und wir wollen hoffen, daß auch die Softwarehäuser mitziehen.

Ergänzungsgeräte, Hardwareverbesserungen

Der *Print-Director* verbindet mehrere PCs (je nach Modell bis zu 17) mit einem gemeinsamen Drucker. Er weist serielle und parallele Ports auf. Einige Modelle sind programmierbar oder können als Option mit einem Pufferspeicher nachgerüstet werden (bis zu 512 Kbyte). Der Print-Director kann in vielen Fällen ein Netzwerk ersetzen, sofern dieses lediglich zum *Drucker-Sharing* verwendet wird.

Das *Printshare* läuft auf einem IBM PC oder XT, meistens mit einem PNIU ausgerüstet. Es unterstützt bis zu zwei Drucker pro *Printserver**, ist transparent für alle Applikationssoftware und bietet *Spooling* (s. u.) für alle *Printouts*. Printshare läuft im Hintergrund, weshalb der Server auch als normale Arbeitsstation einsetzbar ist.

---

*) Printserver ist ein Dienst, der mehreren Teilnehmern das Sharing eines oder mehrerer Drucker ermöglicht.

Als nützliches Zwischenglied zwischen PC und Drucker dient der als Puffer eingeschaltete *Spooler*. Dieser verhütet, daß der langsam arbeitende Drucker für den schnellen PC zum Engpaß wird: er nimmt den raschen *PC-Output* in seinen Speicher auf und gibt ihn dann an den Drucker weiter, während der PC sofort wieder für andere Funktionen frei wird.

Bisweilen ist der Spooler bereits in den Drucker eingebaut oder kann nachgerüstet werden. Bei neueren Geräten wird die Spoolerfunktion noch erweitert, z. B. für das Arbeiten von zwei PCs auf einen Drucker, für das automatische Herstellen von Kopien, oder für Anpassungen (Interfaceumsetzer, Protokollkonverter). Schließlich besteht auch die Möglichkeit, die Spoolerfunktion durch Software wahrzunehmen.

Umwandler von Vektordaten in Rasterdaten bzw. umgekehrt sind erforderlich, wenn ein Printer-Plotter bzw. Plotter die gegebenen Graphikdaten nicht direkt verarbeiten kann, die Verarbeitung aber *on-line* erfolgen soll.

Verlegung von Befehlen aus der Software in die Hardware des Druckers — z. B.

— Befehle für die Textgestaltung (Schreibkomfort)
— Wahl von Zeichensatz und Zeichengröße
— Einschubmoduln für weitere Zeichensätze oder zur Anpassung des Druckers an andere PCs
— Ablegen von selbstprogrammierten Zeichen im Arbeitsspeicher des Druckers.

Verschiebung von Rechen- und Speicherleistung aus dem PC in den Drucker, wozu einige Geräte bereits mit zusätzlichen Prozessoren oder einem 16- oder 32-Bit-Prozessor ausgerüstet sind. Der Nutzen liegt in der Entlastung des PC von Druck-Routineaufgaben.

4 Leistung und Preis

Über den derzeitigen technischen Stand orientieren die weiter hinten dargebotenen Druckertabellen. In der folgenden Tabelle sind einige Mittelwerte zusammengestellt (Preise in DM).

5 Softwareverbesserungen

Die Steuerung des Druckers über Software konnte entscheidend erweitert und verbessert werden durch

- Einsatz von benutzerfreundlichen Steckmoduln mit verzugsfrei lesbarem ROM-Speicher,
- Einsatz von Disketten mit hoher Speicherkapazität (z. B. bis 24 Zeichensätze, andere Konfigurations-Anordnungen, Kommunikations-Software).

Tabelle Einige Mittelwerte zu Leistung und Preis

| Art des Druckers | Angaben | Druckgeschwindigkeit/Zeichen/s | | Preis |
		Normal	Korrespondenz	
Tintenstrahl/Ink-Jet	monochrom	50 ... 1 300	48 ... 200	850 ... 9 000
	Mittelwerte	203	84	3 060
	farbig	9 ... 50	16 ... 32	540 ... 25 000
	Mittelwerte	27	23	5 700
Thermodrucker		24 ... 320	15 ... 60	230 ... 6 500
	Mittelwerte	114	35	2 300
Laserdrucker	Low-cost	320 ... 400		3 500 ... 26 400
	Mittelwerte	336	336	12 000
	Normal	480 ... 10 000		21 000 ... 700 000
	Mittelwerte	2 000	2 000	150 000
Plotter		3 ... 35		400 ... 110 000
	Mittelwerte	10		13 000
Matrixdrucker		80 ... 420	22 ... 240	900 ... 10 000
	Mittelwerte	265	80	3 400
Typenraddrucker		10 ... 80 ... 100		800 ... 13 000
	Mittelwerte	33	33	3 900

Der Einbau einer leistungsfähigen Befehlssprache (z. B. POSTCRIPT für Laserdrucker) erlaubt es, die Flexibilität und Leistung des modernen Geräts voll auszunutzen, beispielsweise durch

— Kommunikation in Maschinencode
— Unabhängigkeit von der Computerhardware
— Reagieren auf Änderungen in der Druckertechnik
— Interpretation verschiedener Applikationssoftware
— Unterstützung der Redaktion am Bildschirm und von hochauflösender Graphik.

6 Drucker im Netzwerk

Es bedeutet keineswegs, mit Kanonen auf Spatzen zu schießen, wenn wir Drucker in ein lokales Netzwerk einbeziehen wollen. Der zunächst auf der Hand liegende herkömmliche Datenbus oder die Mehrfachkabelverbindung zwischen normierten Interfaces ist zwar leistungsfähig und höchst zuverlässig — aber in der Reichweite meist auf wenige Meter beschränkt, sowie Ursache des gefürchteten „Kabelsalats" im Büro.

Netzwerke können dagegen mit großer Reichweite und unauffälligen Installationen eingerichtet werden. Wir wollen deshalb im folgenden einige Aspekte des Netzwerks im Zusammenhang mit dem Druckereinsatz etwas näher betrachten.

Solche Untersuchungen sind gewiß kein Luxus, denn es ist beispielsweise nicht erfreulich, wenn bei jedem Wechsel eines Geräts am Arbeitsplatz nicht bloß die Serviceleute des Lieferanten, sondern auch Maurer, Gipser und Maler erscheinen — und das wenn möglich mehrere Male im Jahr ...

Technisch stehen verschiedene Netzwerkkonzepte (z. B. LAN, Nebenstellenanlagen) und technische Lösungen (herkömmliche Kommunikation, Breitbandsysteme, Faseroptik) sowie topologische Muster (Netz, Stern, Ring usw.) zur Verfügung, auf die wir hier nicht näher eintreten können. Die folgenden Ausführungen sollten einigermaßen „systemneutral" sein.

Vorteile

Die Möglichkeit, Drucker in ein Netzwerk einzubeziehen, bietet eine Reihe von Vorteilen:

- Die Benutzer einzelner PC können mit besonders leistungsfähigen und qualitativ bestens ausgestatteten Druckern (inkl. Plottern) kommunizieren, deren Einsatz für einzelene Arbeitsplatz-PC unwirtschaftlich wäre.
- Der Einsatz der Drucker kann standortmäßig optimal erfolgen, denn das Netzwerkkonzept ermöglicht
  - Standortwechsel von Endgeräten ohne neue Leistungsgenerierung
  - einfache Erweiterbarkeit des Netzes um weitere Teilnehmer bzw. Aufgaben
  - Anschlußmöglichkeit weiterer Geräte und Systeme
  - Anpassungsmöglichkeiten an künftige Entwicklungen.
- Alle angeschlossenen Drucker können mit einem gemeinsamen Datenbestand (z. B. Adressen, Artikeldaten, Betriebsdaten usw.) arbeiten, die von einem zentralen *File-Server* verwaltet und *à-jour* gehalten wird.
- Mit dem direkt an den PC angeschlossenen Drucker kann nach gewohnter Weise auch im Einzelplatz-Modus gearbeitet werden.

Software

Die für den Betrieb des Netzwerks eingesetzte Software (z. B. LAN-Software) stellt meistens ein *Printer-Sharing* zur Verfügung: Alle angeschlossenen PCs können einen gemeinsamen Drucker benutzen, wobei auch Puffer-Speicher (*Spooling*) bedient werden, um unnötige Wartezeiten zu verhüten.

PC als Helfer

Im Rahmen des Netzwerks kann ein PC die Rolle eines *Drucker-Servers* spielen für den gemeinsamen Gebrauch eines Druckers und bei Bedarf eine Warteschlange einrichten (*Spooling*). Gewisse Netzwerke gestatten es, daß beliebig viele PCs diese Aufgabe übernehmen können. Andernfalls ist ein separater *Peripherieserver* vorzusehen.

Zur Realisierung

Ein Netzwerkkonzept kann seine Vorteile erst richtig ausspielen, wenn es sich auf feste — aber doch flexibel „anzapfbare" Installationen stützen kann:

- Grundnetz für einen ganzen Gebäudekomplex bzw. dessen Quadranten, mit entsprechenden Steuer- und Stromversorgungseinheiten als Endpunkten.
- Anschlußnetze in den Etagen bis zu den einzelnen Gerätestandorten.
- Anschlußmöglichkeiten in flexibler Form (z. B. Sammelschienen im Boden bzw. in Spezialmöbeln).
- Solche Netze können individuell nach Kundenwünschen oder mittels konfektionierter Netzmoduln aufgebaut werden.
- Nützlich ist es, wenn der Lieferant des Systems auch die passenden Stecker und Abdeckplatten zur Verfügung stellt.
- Im lokalen Nahbereich können die Drucker direkt an die Zentraleinheit (bzw. den PC) angeschlossen werden, sofern die nötigen Interfaces oder Interface-Verzweigungen vorhanden sind. Sollten mehrere PC mit mehreren Druckern kommunizieren, dann kann dies über eine Zugriffsbox mit mehreren Ports geschehen.

Netzwerke allgemein

Im folgenden sind einige Literaturquellen über Netzwerke zusammengestellt, die sich für ein weiterführendes Problemstudium eignen:

Babo v.: Wer hat das beste PC-LAN? ORGAMATIK 3/85, S. 41—63. Mit Marktübersicht.

Bidlingmaier: Kommunikationsstandards — Normung der höheren Ebenen. Technische Rundschau 22/85, S. 76—84.

Boell, Janus, Aitermoser: Einsatz eines LAN zum Anschluß von DV-Endgeräten. OFFICE MANAGEMENT 2/86, S. 136—139.

Fowler: Mikrocomputer-Netzwerke, Kommunikation 3/83, S. 23—28.

Fränkl: Net/One Personal Connection — das lokale Netzwerk für den IBM PC. Kommunikation 10/84, S. 66—68.

Fromm: Kommunikationsstandards — Normung der unteren Ebenen, insbesondere für LAN. Technische Rundschau 22/86, S. 68—73.

Hain: Nachrichtentechnik und Datenverarbeitung reichen sich die Hand. micro 2/86, S, 24—25.

Karcher: Lokales Netzwerk oder Digitale Nebenstellenanlage? micro 2/86, S. 18—22.

Kauffels: Der File-Server — Herz des Netzwerkes. PC-Magazin 47/84, S. 60—63.

Kauffels: Lokale Netze — Piloterfahrungen, Tendenzen und Perspektiven. Technische Rundschau 22/85, S. 54—65.

Leuthold, Heinzmann: Faseroptische Lokalnetze. OUTPUT 11/84, S. 81—83.

Peter: Preiswert oder schnell (zwei IBM-Netzwerkkonzepte). PC 1/85, S. 50.

(o. Verf.): 69 Mikros und ein Kabel. micro 12/84, S. 118—122.

Weitere Einzelheiten entnehme man den Prospekten der Hersteller bzw. Lieferanten. Vgl. auch Tabelle.

Einige Beispiele

Netzwerk	Hersteller, Lieferant
Apple Talk	Apple
AP 18	Adcamp
ARCnet	Datapoint
DTC-NET	DatorMark
Ether Series	3COM
Ethernet Direct Connect.	Adcomp
Localnetz	Sytek
Monroe-Net	Monroe
NET/ONE	Ungermann-Bass
OMNINET	Corvus
OMNISHARE	Corvus
PC Cluster	IBM
PCnet	Orchid
PC Network	IBMPLAN 2000/3000/4000
PLAN 2000/3000/4000	Nestar
10-Net	Fox Research

Zu erwähnen sind noch die Netzwerke im Rahmen von Gerätekonfigurationen (Mehrplatzsysteme, Textsysteme) bestimmter Hersteller.

7 Weitere Aspekte

Man wird sich kaum einen ,,nackten" Drucker anschaffen wollen, sondern auch das erforderliche *Zubehör*. Man achte deshalb darauf, was alles zum gewünschten Lieferumfang gehören soll:

- Papiervorrat (besonders wenn Spezialsorten nötig sind).
- Bei automatischem Betrieb: Traktor für Endlosformulare oder Einzelblatteinzug.
- Vorrat an Farbband- und Korrekturbandkassetten bzw. Farbträgern.
- Erforderliche Typenräder bzw. Druckköpfe.
- Schallschutzhaube oder -deckel (wichtig beim Einsatz im Mehrplatzbüro oder zu Hause).
- Erforderliche Interfaces und Verbindungskabel.
- Brauchbares Benutzerhandbuch (detailliert und in deutsch).

Die *Wirtschaftlichkeit* eines Druckers geht nicht nur aus einem bloßen Vergleich der Katalogpreise hervor. Besonders bei den oft angepriesenen besonders ,,preisgünstigen" Geräten schlagen im laufenden Betrieb bald die relativ höheren Wartungs- und Reparaturkosten, die kürzere Nutzungsdauer und die aus ungenügender Qualität entstehenden Inkonvenienzen zu Buche.

Wer bei der Erstanschaffung an der Ausrüstung spart, wird vielleicht bald durch hohe Nachrüstungs- und Softwarekosten aus seinen Illusionen geweckt.

Neben dem Anschaffungspreis müssen deshalb auch die *Betriebskosten* in Rechnung gezogen werden. Vgl. ,,Basisschema für Gerätekalkulation'' (unten).

Der *Service* stellt auch beim Drucker einen wichtigen Faktor dar: Man vergewissere sich auch hier über den Lieferumfang, wie aktive Hilfe bei Installation, Anpassung und Nachrüstung, Schnellservice zur Verkürzung von Ausfallzeiten, Hilfe beim Einführen von Software sowie Begleitung des Geräts durch gute Benutzerhandbücher (inkl. Schnittstellen-Anleitungen).

8 Wie geht es weiter?

Die erwähnte Tendenz zu höherer Leistung und Druckqualität sowie zu größerem Benutzerkomfort wurde bereits erwähnt. Weitere zur Zeit erkennbare Trends:

- Wesentliche Vermehrung der Matrixpunkte bzw. Strahldüsen im Druckkopf der Matrix-, Thermo- und Ink-Jetdrucker, um Schriftbild und Arbeitsgeschwindigkeit zu verbessern.
- Entwicklung von Mehrfarben-Laserdruckern.
- Entwicklung von Thermodruckern mit Farbfoto-Qualität.
- Zeilen-Lesekopf als Zusatzausrüstung für gleichzeitigen *Input*.
- Weiteres Vorrücken von neuen Drucktechniken (Photo-, Magnet- und Elektrostatiktechnik, sowie displaygesteuerte Zeichenbildung), welche neben die Lasertechnik treten werden.

Basisschema für Gerätekalkulation

Durchführung für jedes in das Entscheidungsmodell einzubeziehende Gerät inkl. Peripherieausrüstung, Software und Arbeitsplatzeinrichtung.

Investitionen	
Projektierung:	Leistungen durch eigenes Personal, Material- und Geräteeinsatz, Leistungen Dritter, Beratung, Ausbildung, Kurse, Einweisung
Anschaffung:	Minimale Grundausstattung, Betriebsnotwendiges Material, Servicemoduln, Erforderliche Optionen — andere Programmiersprachen — anderer Befehls- oder Zeichensatz — weitere: . . . . — Andere Interfaces — Speichererweiterungen — Papiereinzug, Schallschutzhaube — Untersatz, Materialablagen Lieferung, Transport, Montage, Installationen, Anpassungsarbeiten, Sonderleistungen des Lieferanten
Mobiliar:	Spezialarbeitsplätze für Drucker, Arbeitsstühle, Bodenanpassungen (Teppich)
Software:	Anpassung des Betriebssystems, Betriebssoftware, Anwendungssoftware, (Standard, Speziel), Anpassungen an Benutzerbedürfnisse, Umarbeiten von Norm-Eingabegut und Formularen, Dokumentation (Systemhandbücher, Bedienungsanleitungen, Servicehandbücher)

Diese Investitionen werden aktiviert und erscheinen in der Betriebsrechnung als Kosten für Abschreibung und kalkulatorschen Zins zu den handelsüblichen Ansätzen. Beispiel: 20 % Abschreibung auf vollen Anschaffungswert, 5 % Zins auf halben Anschaffungswert.

Betriebskosten

Gehälter und Personalzusatzkosten

— Bedienung und Benutzung der Geräte
— Service, Unterhalt, Reparatur (im eigenen Betrieb)
— Wartung und Änderung von Software, sowie eigene Programmierkosten für Neuerungen

Betriebsmaterial und Ersatzteile, Service, Unterhalt, Reparatur durch Dritte, Versicherungen, Schadenrückstellungen, Beratung und Schulung durch Lieferanten oder Servicebetrieb bzw. Softwarehaus, Softwarewartung und -änderung durch Dritte, Miete bzw. Leasinggebühr für Fremdgeräte, Abschreibung und Zins auf eigenen Geräten, Andere Kosten.

Gemeinkostenanteile:

— Raumflächenanteile inkl. Nebenflächen
— Raumnebenkosten (Heizen, Reinigen usw.)
— Telefonanteil, Einrichtungen, Büromaterial
— Anteile aus Vor- und Hilfskostenstellen

Entscheidungsgrundlagen

Pflichtenhefte

- für die Grundausstattung
- für die Zusatzgeräte
- für die Software
- aus dem EDV-Konzept
- aus den anderen
- aus lokalem Netzwerk und dem Host-Computer
- aus externem Netz
- andere Bedingungen

Konfrontation des Pflichtenhefts mit dem Angebot:

- Marktübersichten, Tests
- Inserate, Prospekte
- Offerten von Lieferanten
- Erfahrungsberichte

daraus folgt eine engere Auswahl von Geräten für die Kalkulation

Vorabklärungen

- Bedürfnisse
  - notwendig
  - wünschenswert
- Daten-, Rechen- und Schriftgutmengen
- Auswirkungen, Risiken
- Mögliche Alternativen

Versteckte Kosten und Imponderabilien (Auswahl)

- Umstellungen, Anpassungen
- Anlaufschwierigkeiten
- Selbstprogrammierung durch die Benutzer
- Nachholbedarf Hardware
- Nachholbedarf Software
- Nachholbedarf Ausbildung
- Unvorgesehene Kosten
- Zusätzliche Softwareanpassung
- Verfügbarkeit ungenügend
- Schlechte Motivation
- Wenig Sachkenntnis bei den Benutzern
- Vorteile: Arbeitsverbesserung, schnellere Information
- usw.

Entscheidungsmodell, Varianten

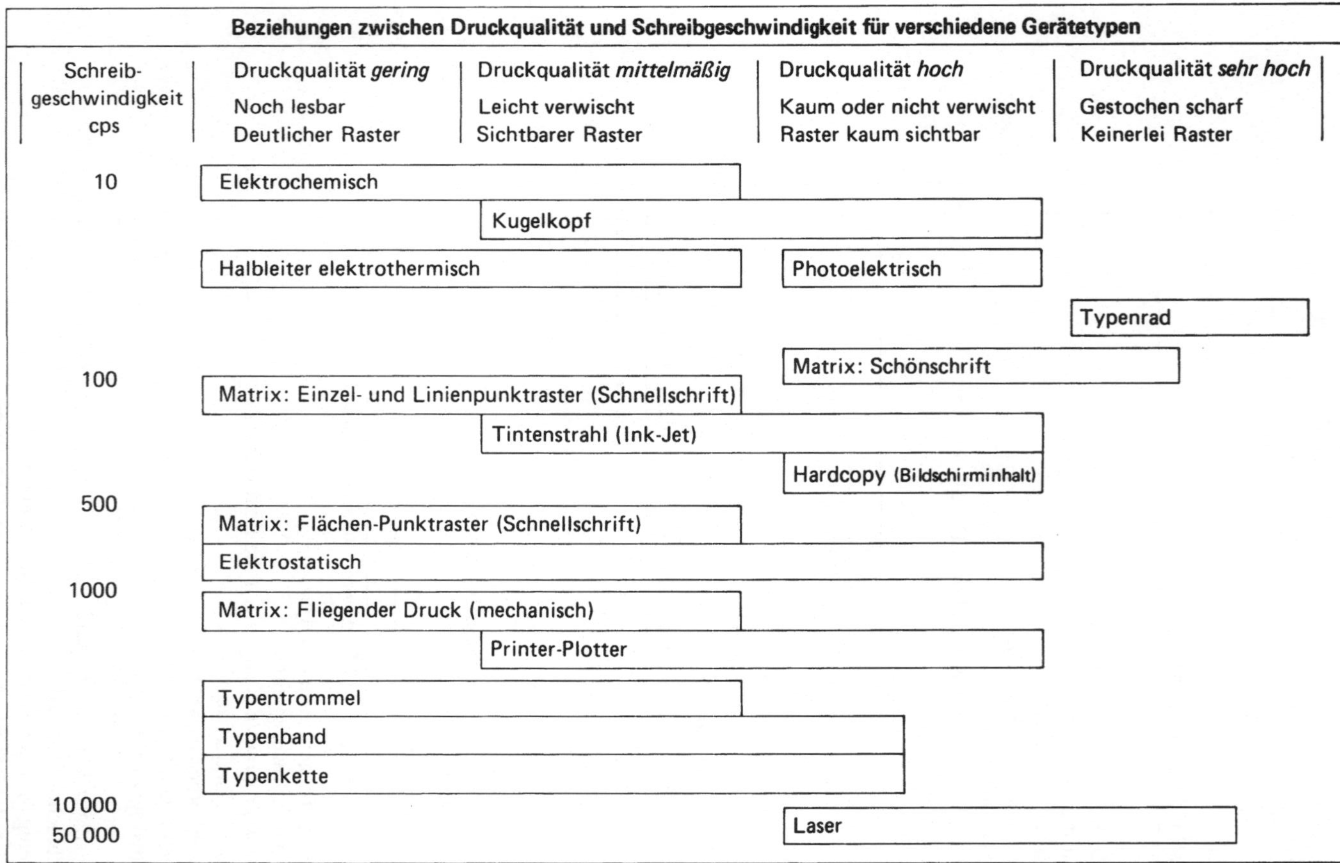

cps: characters per second

Drucker für PCs

Der Aufsatz „Drucker und Personalcomputer" von *Werner Hürlimann* hat die Situation hinreichend klargestellt. Typische Klassen sind abgegrenzt, die Preisspannen sind angegeben. Auch dafür gilt, daß die Preise eher fallende Tendenz zeigen, die gebotenen Leistungen in der Regel steigen.

Die nachfolgenden Datentabellen charakterisieren 550 Drucker für PCs in alphabetischer Sortierung nach Hersteller bzw. Anbieter. Es sind alle bekannten Modelle aufgenommen, die mit Nadeln (Matrixdrucker), Tintenstrahlen, Typenrädern oder einem Laser arbeiten. Dies sind die für kostengünstige Drucker wesentlichen Druckprinzipien.

Vor zwei bis drei Jahren waren Matrixdrucker mit 8 oder 9 Nadeln die wirtschaftlichen Geräte mit mäßiger Druckqualität. Als Schönschreibdrucker wurden die damals etwa doppelt so teuren Typenraddrucker eingesetzt. Nun sind Typenraddrucker eine allmählich aussterbende Gattung, obwohl deren Preise gefallen sind.

Als Standarddrucker mit inzwischen hoher Druckqualität (*Near Letter Quality*, NLQ) gelten heute Matrixdrucker mit z. B. 24 Nadeln. Aber auch Tintenstrahldrucker (*Ink Jets*) sind gut eingeführt. Die höchste Qualität bieten Laserdrucker (*Laser Jets*); ihre Verbreitung gewinnt auch deshalb, weil die Preise bis auf DM 6000,– gefallen sind.

Die Tabellen nennen häufig die abdruckbaren Zeichen pro Sekunde. Verschiedene Werte für Normal- und Korrespondenzdruck findet man vor allem bei Matrixdruckern.

Bei den Schnittstellen ist „seit dem IBM PC" die Parallelversion nach der Festlegung des Druckerherstellers Centronics quasi verbindlich. Optional ist häufig eine serielle Schnittstelle nach RS-232-C (in Europa auch mit V.24 bezeichnet) verfügbar. Nur selten findet man für Drucker die Parallelschnittstelle nach IEC 625 bzw. IEEE-488.

Die Art des Papiereinzugs bzw. -transports wird oft dadurch festgelegt, welche kostspieligen Optionen dazugekauft werden. In den Spalten „Optionen" und „Bemerkungen" werden einige zusätzliche Informationen weitergegeben.

Hersteller/ Anbieter	Modell	Nadel	Tintenstrahl	Typenrad	Laser	Graphik Punkte/Zoll	Zeichen/Zeile	Normal	Korrespondenz	Druckwegoptimierung/ bidirektionaler Druck	Proportionalschrift	parallel (Centronics)	seriell (V.24/RS-232)	sonstige	Pufferspeicher (byte)	endlos	Einzelblatt	Rolle	Geräusch/Lärm (dB)	Optionen	Bemerkungen
ACT	Cromajet		X									X	X	*)	opt.	X			50	*)RGB Video	Farbdruck, Traktor
Adcomp	X80S0							100	100	X		X	X	X	20 K				65		
	X1325P							100		X		X	X	X	2 K						
AES	L5				X				*)												*)8 Seiten/min 19 Schriften
AGFA	P400				X				*)												*)18 Seiten/min 5 Schriften
Anadex	WP6000	X						170-300		X		X	X		4,5 K			X	ca. 60		
	DP6500	X						ca. 500	ca. 500	X		X	X		4,5 K		X	X	ca. 60		
	DP9000 B	X						200		X		X	X		3,5 K				55		
	DP9001 B	X						200		X		X	X		3,5 K				55		
	DP9500 B	X						200		X		X	X		3,5 K				55		
	DP9501 B	X						200		X		X	X		3,5 K				55		
	DP9620 B	X						120	144	X		X	X		3,5 K				55		
	DP9625 B	X						240	240	X		X			3,5 K				55		
	DP9752 B	X						240		X		X	X		3,5 K				55		Farbdrucker
Apple	Imagewrt	X				X	136	180					X		1 K	X	X	X			
	Image.II	X						250	45				X		32 K				55		Farbdruck
	LaserWrt				X				*)						1,5 M						*)8 Seiten/min 4 Schriften
	MDP							120		X					2 K						
AST	TurboLasr				X				*)						1,5 M						*)8 Seiten/min 88 Schriften
Atari	1025							40						X							
	1027						80	20						X		X	X	X			
	1029	X					80	50													
Binder	1550 SE	X						180	X	X			X	X	2 K		X		60		
	1570	X						180		X		X	X	X	2 K	X	X		60		
	4132 AKP	X						250	100	X		X	X	X	2 K	X	X		58		
	A10-20						138	20				X									
	F10-40PR			*)			136/ 163	40				X									*)Diablo u. Qume
	F10-55			*)			163	55				X	X								*)Diablo u. Qume
	F10-55PR			*)			163	55				X									*)Diablo u. Qume
	MFP 6000	X						250	100	X		X		X	2 K						
	Print120S	X				X	80	120				X	opt	X	2 K	X	X	X		20 mA	
	Print120B	X				X	136	120				X	opt	X	16 K	X	X	X		20 mA	
	Print160S	X				X	80	160				X	opt	X	2 K	X	X	X		20 mA	
	Print160B	X				X	136	160				X	opt	X	16 K	X	X	X		20 mA	
	Print200B	X				X	136	200				X	opt	X	16 K	X	X	X	.	20 mA	
	Print300	X						300	100			X	X		16 K	X	X	X	58		24 Nadeln
	QMS-PS800				X				*)												*)8 Seiten/min 35 Schriften
BMC	BX 80	X					80	80				X			1 Zle				59		
	BX 100	X					80	100	50			X	X		2 K				59		
	BX 1000	X					80	100				X	X	X	4 K				59		IEC-Bus
Brother	HR-5						132	30		X		X	X								
	HR-15						198					X	X								
	HR-15 XL						165	18				X	X							V.24	Centronics
	HR-25						198	25				X	X							V.24	Centronics
	HR-35						198	36				X	X								
	M-1109	X				X		100	25	X		X	X		2 K	X	X	X			
	M-1409	X				X		180	45	X		X	X		3 K	X	X	X			
	M-1509	X				X	*)	180	45	X		X	X		3 K	X	X	X			*) DIN A3
	M-2024L	X						160	80	X		X	X		1,8 K				65		24 Nadeln
Canon	A-40	X						140	27			X			2 K						
	A-55	X					*)	140	27			X			4 K						
	A-60	X						200	34			X			8,5 K	X					18 Nadeln
	A-1200							120		X		X					X		60		
	A-1210		X					40		X		X						X	40		
	A-1250							140	70	X		X					X		60		
	AP-400IF			X				20	20	X		X	X		0,5 K		X	X			
	BJ-80		X				80	220	110			X			2 K	X	X	X	45		24 Düsen
	LBP 8A1				X				*)			X			128 K						*)8 Seiten/min
	PJ-1080A		X				80	37				X			1 Zle	X	X	X	50		Farbdruck
	PW-1030A	X					80	80				X			2 K						

Hersteller/Anbieter	Modell	Nadel	Tintenstrahl	Typenrad	Laser	Graphik Punkte/Zoll	Zeichen/Zeile	Normal	Korrespondenz	Druckwegoptimierung/bidirektionaler Druck	Proportionalschrift	parallel (Centronics)	seriell (V.24/RS-232)	sonstige	Pufferspeicher (byte)	endlos	Einzelblatt	Rolle	Geräusch/Lärm (dB)	Optionen	Bemerkungen
CDI	DM 4109					X	136	120				X			1,7 K	X	X				
	DM 5060					X	80	120				X	X	X	1 K	X	X				
	JP 101		X			X	80	65							1 K	X		X			
	PT 8800		X			X	132	150							2 K	X	X	X			
	TRD 7020			X		X	120	20				X	X	X	1,5 K	X	X				
Centronics	290							160	80	X		X			2 K		X	X	65		
	351							200	65	X		X	X		2 K				62		
	359	X						400	95			X	X		4 K				60		Farbdruck
	3101							50	15	X		X	X				X	X	60		
	3211							160	80	X							X	X	65		
	GLP							80	15	X		X					X	X	60		
	H 80							160	27	X		X	X						60		
	H 156							160	27	X		X	X						60		
	Pageprnt				X				*)						1,5 M						*)8 Seiten/min 11 Schriften
	Print240	X						160	80			X	X		2 K				62		24 Nadeln
CIE	LIPS 10				X				*)						512 K						*)10 Seiten/min 18 Schriften
Citizen	LSP-120	X					80	120				X	X		4 K	X	X	X	56		
	MSP-10	X					80	160				X	X		8 K	X	X	X	60		
	Overture				X				*)						512 K						*)10 Seiten/min
C.Itoh	1550 B	X						120		X		X	X		2 K				63		
	1550 BP							120		X		X	X		2-4 K		X	X	60		
	1550 SP							180	120	X		X	X		2-8 K		X	X	60		
	A-10-30			*)			132	30				X	X								*) TEC Farbdruck
	C-310	X						300	50			X	X		10 K				60		
	CI-3500	X						350	88	X		X	X		2 K		X	X	60		
	F-10-40			*)			132	40				X	X								*) Diablo, Qume
	F-10-55			*)			132	58				X									*) Diablo, Qume
	LIPS 10				X				*)												*)10 Seiten/min
	Y-10-15			*)			132	15				X	X								*) TEC
	7500	X						105		X		X	X		2 K				63		
	8600	X						180	90	X		X	X		2 K				63		
	8510 B							120		X		X	X		2-4 K				60		
	8510 BPI					X	132	120				X			2 K	X	X	X			
	8510 S							120		X		X	X		2-10K		X	X			
	8510 SC	X						180		X		X	X		2 K				63		
Comdata	M-100					X		100				X			256 - 4000	X	X				
	M-130					X		130							256 - 4000	X	X				
Comko	CK 3014					72x 144	132	160	32	X	X	X	X		8 K		X		60	20 mA	
	CK 3024					72x 144	132	200	40	X	X	X	X		8 K		X		60	20 mA	
Commodore	8028			X				40		X		X	X	X	0,5 K		X	X			
	8229			X				40		X		X	X	X	15,5K		X	X			
	CBM 4023							60		X				X							
	CBM 8023P	X					136	150				X		X	1 Zle	X	X				
	MCS 801													X			X				
	MPP 1361							75	40	X				X							
	MPS 801							50						X							
	MPS 802							60		X				X							
	MPS 2000	X						216	60			X	X		8 K						24 Nadeln
	MPS 2010	X					*)	216	60			X	X		8 K						*) DIN A3
Comp.Ges. Konstanz	Handytype			X				40		X		X	X	X	512		X		60		
Daisy	M 20						157	25				X	X								
	M 45			X				45		X		X	X	X			X				
Data General	4557				X				*)						128 K						*)8 Seiten/min 12 Schriften
Datamega	MP-8240F											X	X					X			

Hersteller/ Anbieter	Modell	Nadel	Tintenstrahl	Typenrad	Laser	Graphik Punkte/Zoll	Zeichen/Zeile	Normal	Korrespondenz	Druckwegoptimierung/ bidirektionaler Druck	Proportionalschrift	parallel (Centronics)	seriell (V.24/RS-232)	sonstige	Pufferspeicher (byte)	endlos	Einzelblatt	Rolle	Geräusch/Lärm (dB)	Optionen	Bemerkungen
Datapoint	9628							160	40	X			X								
Data-products	8010/11	X					136	180	30			X	X				X				
	DP-20			X			136	22				X	X								
	DP-35			*)			132	55				X	X								*) Diablo, Qume
	DP-55 Q			*)			132	55				X	X								
	DP-55 SQ			*)			132	55				X	X								*) Diablo, Qume
	LZR-1230				X				*)						512 K						*) Diablo, Qume *)12 Seiten/min
	P 80							200	150	X			X	X	255		X				
	P 80							200	150	X		X	X		2 K		X		63		
	P 132							200	150	X					2 K				63		
	P 132							200	150	X		X	X	X	3,4 K				65		
	PT 8011									X				X	2 K		X		63		
	PT 8020									X				X	2 K		X		63		
	PT 8021							180	90	X		X	X		3,4 K		X		65		
	PT 8050	X						200		X		X	X	X	3,4 K				65		18x9 Matrix
	PT 8051	X						200		X		X	X		5 K				65		18x9 Matrix
	PT 8070	X						400		X				X	5 K				65		18x9 Matrix
	PT 8071							400	200	X		X	X		5 K		X		63		
	SPG 8010							180	200	X				X	5 K		X		65		
Data Recording	8930/31	X						240	150			X	X		0,5 K						
Decision Data	6355-01			*)				55				X									*) Qume
	6355-02			*)				55				X									*) Qume
Diablo	620			X			198	21				X	X								
	630 API			X			198	40				X	X								
	630 ECS			X			198	40				X	X								Teletex
	S-36			X			198	35				X	X								
	S 80-IF			X			264	80				X	X								Teletex
Digital Equipment	LA 50							100	500				X		5 K				63		
	LCP01-AA		X											*)	384		X		55	*)20mA	*) RS-422
	LN03				X				*)												*)8 Seiten/min 16 Schriften
	LQPO 2						198	32					X								
	LQPO 3						198	27					X								
Dyneer	Daisy 16			*)			101/ 10	16				X									Teletex *) Olivetti
	Daisy 20			*)			132	20				X									Teletex *) Olivetti
	Daisy 36			*)			132/ 10	36				X									Teletex *) Olivetti
	DW 16			X			136	16				X			1,8 K	X	X	X			
Elektr. Syst. Langer	MT 85/86							180	45				X	X	2 K				60		
	MT 100							200	50			X	X		2 K		X		52		
	MT 600											X		X	2 K				63		
	PC 32												X	X	2 K			X	60		
EPSON	DX-100						165	13				X	X								
	FX-80	X				X	136	160		X		X	X		2 K	X	X	X	63		
	FX-85	X					160	160				X	opt		8 K	X	X		63		
	FX-100	X						160		X		X	X		2 K		X		62		
	FX-800	X						240	40			X	X		8 K						
	FX-1000	X					*)	240	40			X	X		8 K						*) DIN A3
	GQ-3500				X				*)						640 K						*)6 Seiten/min 7 Schriften
	LQ-800	X					96	240	45			X	X		7 K	X	X	X			24 Nadeln
	LQ-1500	X						200	67	X		X	X		2 K		X				24 Nadeln
	LX-80	X					160	100				X			1 K	X	X				
	LX-86	X					*)	120	16			X	X		1 K						*) DIN A3
	LX-90	X						120	16			X	X		1 K						
	P 40					X	80	45				X	X	X				X			
	RX-80	X				X	137	100				X				X	X	X			
	RX-80F/T	X				X	137	100		X		X	X			X	X		63		
	RX-100	X				X	233	100				X				X					
	SQ 2000		X				136	176	60			X	X	*)	2 K	X	X	X			*) IEEE-488
Ericsson	4510							120		X		X	X		2 K			X	60		
	4511/12	X				X		140				X	X		2 K						

Hersteller/Anbieter	Modell	Nadel	Tintenstrahl	Typenrad	Laser	Graphik Punkte/Zoll	Zeichen/Zeile	Normal	Korrespondenz	Druckwegoptimierung/bidirektionaler Druck	Proportionalschrift	parallel (Centronics)	seriell (V.24/RS-232)	sonstige	Pufferspeicher (byte)	endlos	Einzelblatt	Rolle	Geräusch/Lärm (dB)	Optionen	Bemerkungen
Facit	4509	X					80	120				X			2,5 K		X		57		IBM-kompatibel
	4511							158	35	X		X	X		2 K		X	X	63		
	4512							140	40	X		X	X	X	2 K		X		63		
	4512 B							158	40	X		X	X		2 K		X		63		
	4542T-OCR							300		X		X	X	X	8 K				65		
	4544Farbe							255		X		X		X	8 K				65		
	4560			*)			130	22					X								Teletex
	4565						136	40					X								Teletex *) Diablo, Qume
	4570							350	112	X		X	X		4 K		X		56		
	C5500	X				X	136	250	60			X	X		2 K	X	X	X			Farbgraphik
	C7500	X						400	100			X	X		4 K				57		Farbdruck
	Opus 2E				X			*)							512 K						*)8 Seiten/min
	P7080				X			*)													*)8 Seiten/min
Fujitsu	DPL 24						136/244	240	160	X	X	X			2 K	X	X		63	V.24, 20 mA	24 Nadeln
	DPMG 9	X				X	137	180	25			X	X		2 K	X	X				
	DX2100	X						220	44			X	X		10 K						
	DX2200	X					*)	220	44			X	X		8 K						*) DIN A3
	SP 320			*)			163	48	48	X		X	X		2 K		X		57		*) Diablo, Xerox
	SP 830			*)			163	80					X								*) Diablo, Xerox
Genicom	1000	X				X	136	200	100			X	X		12 K						
	2030	X						300	150			X	X		6 K				55		
	3000	X						180/400					X						55	V.24	
	3410	X						400	100			X	X		6 K				55		
	5010				X			*)							512 K						*)10 Seiten/min
Hermes	PC Prnt1	X				X		240	120								X				
	612					X	132/237	400/480	100/120	X	X	X		X	2 K		X	X	56	V.24, V.11	
	615					X	132/237	400/480	100/120	X	X	X		X	2 K		X	X	56	V.24, V.11	
	616D	X						400	100			X	X		26 K				52		Farbdruck
Hewlett-Packard	HP 2601A			*)			132	40	40				X	X		X	X				*)Diablo
	HP 2602A			*)			132	25					X	X		X					*)Diablo
	HP 2631B							180					X	X		X					
	HP 2635B							180					X			X					
	HP 2671A							120			X	X	X	X	2 K			X			
	HP 2686A				X								X	X			X		55		
	HP 2932A							200					X	X		X	X		69		
	HP 2933A							200					X	X		X	X		73		
	HP 2934A	X						80/120	40	X		X	X	X		X	X		73		
	HP 26716							120		X		X	X	X		X					
	HP 82905B	X						80		X		X	X	X		X					
	HP 82906A							160		X		X	X	X	2 K						
	Laserjet				X			*)		X					128 K		X		55		*)8 Seiten/min
	Laserjet+				X			*)							512 K						*)8 Seiten/min
	Thinkjet		X				142	150				X		X	1 K	X	X		50		
Hitachi	SL-100				X			*)													*)10 Seiten/min
Honeywell	L11 I	X				X		80		X		X			1 K	X	X		58		
	L12 CQI	X						150	50	X		X			2 K		X		58		
	L32 CQI	X						150	50	X		X			2 K		X		58		
	L/S 11							100				X	X		132	X					
	L/S 11CQ	X						100	30	X		X	X		2 K		X		58		
	L/S 31	X					132	100		X		X	X		132				60		
	L/S 31CQ	X						100	30	X		X	X		2 K		X		58		
	L/S 38	X					132	400		X		X	X		256				65		
	TDS/TDL11							100						X	1 K	X					
	4/66	X						480	180			X	X		12 K				55		Farbdruck
	34 CQ	X						220	60	X		X	X		4 K		X		58		
IBM	PCGraphic						40/132	80				X					X				
	3812				X				*)												*)12 Seiten/min
	3852		X					80	50					*)	0,8 K	X	X	X	46	*)IBM	Farbdruck
Info-runner	RitemanII	X				48/144	40/132	140		X		X			2-8 K				gering	V.24	
	Riteman15					48/106	68/223	160		X		X			2-8 K				gering	V.24	
Info-scribe	1100	X				X		200	40			X	X								
Intelekta	Handytype						132	40				X	X								

Hersteller/ Anbieter	Modell	Nadel	Tintenstrahl	Typenrad	Laser	Graphik Punkte/Zoll	Zeichen/Zeile	Normal	Korrespondenz	Druckwegoptimierung/ bidirektionaler Druck	Proportionalschrift	parallel (Centronics)	seriell (V.24/RS-232)	sonstige	Pufferspeicher (byte)	endlos	Einzelblatt	Rolle	Geräusch/Lärm (dB)	Optionen	Bemerkungen
Interkom	I-4908				X				*)												*)8 Seiten/min
Intersil	APP-20						20	1,5 Zln				X	X		1 Zle			X			
ITT	Laserten				X				*)						128 K						*)10 Seiten/min 11 Schriften
Juki	2000							10	70	X		X	X		2 K		X		57		
	2200			*)			120	10				X									*) TA
	5510	X						180	30			X	X		2-14K						
	6100			*)			165	22	22	X		X	X				X		63		*) TA
	6300			*)			198	40	40	X		X	X				X		57		*)Diablo
	7200	X						270	90			X	X		7 K				55		24 Nadeln
	Speedy100					X	142	80				X			2 K	X	X				
Kaga	KP-810					240	48/ 136	140	70	X	X	X			3 K		X	X	60	seri- ell	
	KP-910					240	78/ 256	140	70	X	X	X			3 K		X		60	seri- ell	
Kamp	EP 100					X	40/	100				X	X	X		X	X	X			
Kanematsu	KEL M5311				X				*)												*)20 Seiten/min
Kontron	ML 82 A							120		X		X	X	X	2-4 K		X				
	ML 83 A							120		X		X	X	X	2-4 K		X				
	ML 84							200	50	X		X	X	X	4 K		X				
	ML 92							160	40	X		X	X	X	4 K		X				
	ML 93							160	40	X		X	X	X	4 K		X				
Kyocera	F-1010				X				*)						1 M						*)10 Seiten/min 64 Schriften
	F-2010				X				*)												*)10 Seiten/min
	F-3010				X				*)												*)
Logitec	FT 5002	X						120							1 K						
Mannes- mann Kienzle	SB 288	X				X	80	250	100			X	X	X		X					
	SD 289	X				X	80	250				X	X								
Mannes- mann Tally	MT 78						80	200		X		X			2 K				67	V.24 20 mA	
	MT 80							80		X		X	X	X	2 K						
	MT 85	X						180	45			X			3 K						
	MT 86	X					*)	180	45			X			3 K						*) DIN A3
	MT 100							160	40	X					2 K			X	60		
	MT 140PC	X				X		160	40						260						
	MT 290	X						200	55			X			6 K						
	MT 330	X						300	150			X			8 K				53		24 Nadeln
	MT 400					150/ 84	132	400	100	X		X	X		2 K		X		60		
	MT 490	X						400	150			X			8 K				55		
	MT 660					60x 75	132/ 198	600 Zln	280 Zln			X			2,4- 8 K				60	V.24	
	MT 910				X				*)						512 K						*)10 Seiten/min
	PRU 795X							160	40	X		X	X		2 K			X	60		
	PRU 796X					X	132/ 218	200/ 400	50/ 100	X			X		2 K				60	Centro- nics	
	PRU 7080							80		X			X		2 K				60		
Microscan	BP-5420	X				X		420	104			X	X		18 K				60		
	MS-15			*)			173	15		X		X	X	X			X		65		*)Olympia
Mirwald	BX100					X	80/ 132	100		X	X	X			2 K		X		60	V.24	Spez.-Interface f. C64
Mita	LP-XI				X				*)												*)12 Seiten/min
Mitsu- bishi	DW-10			X				10		X		X	X		3 K		X		60		
	DW-22			X				22		X		X	X		2 K		X		62		
	DX-120	X						120	120	X		X	X				X	X	60		
	DX-180	X						180	180	X		X	X		3,5 K		X	X	60		
	DX-180 W	X						180	180	X		X	X		3,5 K		X	X	60		

Drucktechnik: Nadel, Tintenstrahl, Typenrad, Laser · Druckgeschwindigkeit Zeichen/Sek.: Normal, Korrespondenz · Schnittstellen: parallel (Centronics), seriell (V.24/RS-232), sonstige · Papier: endlos, Einzelblatt, Rolle

Hersteller/Anbieter	Modell	Nadel	Tintenstrahl	Typenrad	Laser	Graphik Punkte/Zoll	Zeichen/Zeile	Normal	Korrespondenz	Druckwegoptimierung/bidirektionaler Druck	Proportionalschrift	parallel (Centronics)	seriell (V.24/RS-232)	sonstige	Pufferspeicher (byte)	endlos	Einzelblatt	Rolle	Geräusch/Lärm (dB)	Optionen	Bemerkungen
Mitsui	MC 2100					X	80	120				X	X		1 Zle	X	X	X			
	MC 2200					X	80	180				X	X	X	2 K	X	X	X			
	MC 2200IP	X						180	36	X		X	X		2 K				65		
	MC 2200IS	X						180	36	X		X	X		2 K				65		
	MC 4200IS	X						180	36	X		X	X		2 K				65		
	MC 2200P					X	80	180				X			2 K		X	X			
NCR	6411-1550							120		X		X			2 K			X	64		
	6411-1551							120		X			X		2 K			X	64		
	6411-8510					X	80	120		X		X			2 K		X	X	64		
	6411-8511							120		X			X		2 K			X	64		
	6442					200	218	325	80	X				X	1 K	X			64	Centr.	
NEC	Pinwr P2	X				X	80	180	30	X		X	X		3,5/5,5 K	X	X		62		
	Pinwr P3	X						180	30	X		X	X		3,5/5,5 K		X		62		
	Pinwr P5	X						264	88			X			8 K				47		24 Nadeln
	Pinwr P6	X					80	216	72			X			8 K				53		24 Nadeln
	Pinwr P7	X					136	216	72			X			8 K				53		24 Nadeln DIN A3
	Silentwrt				X					*)					1,5 M						*)8 Seiten/min
	SP 2000B			X		X	136	23				X	X		3,5 K	X	X				
	SP 3000							35	35	X		X	X	X	2 K				60		
	SP 3500							35			X	X	X	X	2 K				60		
	SP 8800							55			X	X	X	X	2 K		X		60		
	Spinwr 8800 B			*)			136	55				X	X								*) Korb, Teletex Zeichsatz
	SP-ELF360								18	X		X	X	X	3 K		X		55		
OASYS	Laserpro				X				*)						512 K						*)8 Seiten/min 19 Schriften
Okidata	Laserline				X				*)						272 K						*)6 Seiten/min 15 Schriften
	Microline 84	X				X		200/350	50/85			X	X			X	X	X			
	Microl 92					X	136	160				X	X		4 K	X	X	X			
	Microl 182	X						120	30			X	X		0,25K						
	Microl 183	X					*)	120	30			X	X		0,25K						*) DIN A3
	Microl 192	X						200	40			X	X		8 K						
	Microl 193	X					*)	200	40			X	X		8 K						*) DIN A3
	Microl 292	X						200	100			X	X		15 K						18 Nadeln
	Microl 293	X					*)	200	100			X	X		15 K						18 Nadeln, *) DIN A3
	Microl 294	X						400	100			X			15 K				57		Farbdruck
	Pacemark	X						350	85			X	X		2 K				60		
Olivetti	DM 100	X				X	80	100				X	X		1 K	X	X	X			
	DM 105	X				X	80	100				X	X		1 K	X	X	X			Farbdruck
	DM 280	X				X	80	160				X	X		1 K	X	X	X			
	DM 285	X				X	80	160	35			X	X		1 K	X	X	X			Farbdruck
	DM 290	X				X	132	160				X	X		1 K	X	X	X			
	DM 295	X				X	132	160	35			X	X		1 K	X	X	X			Farbdruck
	DM 296	X						220	90			X	X						58		Farbdruck
	DM 600	X						200	70			X	X						58		24 Nadeln
	DM 4105	X					225	120	50			X	X		1,7 K	X	X		60		
	DM 5060	X					132	120	50			X	X		1,7 K	X	X		60		
	DY 250			X				35	25	X		X	X				X		60		
	DY 450			X				45	45	X		X	X						60		
	PR 4	X						480	100			X	X						60		Farbdruck
	PR 320						132/10	25					X							V.24	Teletex
	PR 340						132	45												V.24	Teletex
Olympia	Compact 2						80	14				X									
	CompactRO						80	12				X	X								
	El.CompNP	X						165		X		X	X		2 K						
	ELSA				X				*)												*)20 Seiten/min 8 Schriften
	ESW 102						212	17				X	X								IEC-Bus
	ESW 103						96	17				X	X								Teletex
	ESW 3000			X					50	X		X	X	X	4 K		X		60		
	ESW 3000K						150/10	50													Teletex
	NP80	X					80	200	40			X	X		7 K						
	NP136						136	200	40			X	X		7 K						DIN A3
Olympic	Tredia DW-22			*)			165	22				X	X								*) Diablo, Qume

Drucktechnik, Druckgeschwindigkeit und Graphik:

Hersteller/Anbieter	Modell	Nadel	Tintenstrahl	Typenrad	Laser	Graphik Punkte/Zoll	Zeichen/Zeile	Normal	Korrespondenz
Panasonic	KX-P1080	X						100	20
	KX-P1090	X				1152	80/136	80	
	KX-P1091	X						120	29
	KX-P1092	X						180	33
	KX-P1592	X					*)	180	38
	KX-P1595	X					*)	240	51
	KX-P3151			*)			198	22	
Petal	MA 20			*)			165	18	
Philips	GP 100							100	
	GP 150					144x144	120	120	60
	GP 300					144x144	120	300	80/120
	GP 300L					144x144	145	300	80/120
	GP 480L	X						480	100
Printronix	L1012				X			*)	
QMS	LG800				X			*)	
Quadram	PP 8				X			*)	
Quantex	7020	X				144x144	136/244	180	75
	7030	X						180	37
	7040	X						180	75
	7065	X						300	75
Qume	Comp.RO			X					
	LaserTEN				X			*)	
	LetPro 20			*)				80	20
	Spr 11/40			*)				132	40
	Sprint 11-40/130			*)				132	40
	Spr 11/55			*)				132	55
	11/55Plus			X				55	55
RFI	DP-165					X		165	
Ricoh	LP 4081				X			*)	
Riteman	Ritem II						132	169	90
	Ritem 15						132/232	160	90
	Ritm Blue						132	140	
Robotron	K 6311					X		100	
	K 6313	X					80	100	
	K 6316					X	80	100	
Rohde & Schwarz	DCL-P				X			*)	
Sakata	SP 100	X						100	
	SP-1200	X						1200	
	SP-1200PI	X						120	120
	SP-1500	X						180	
	SP-5500	X						180	
Schneider	DMP3000	X						105	30
Secoinsa	1555	X						185	100

Schnittstellen, Pufferspeicher, Papier, Geräusch, Optionen und Bemerkungen:

Hersteller/Anbieter	Modell	Druckwegoptimierung/bidirektionaler Druck	Proportionalschrift	parallel (Centronics)	seriell (V.24/RS-232)	sonstige	Pufferspeicher (byte)	endlos	Einzelblatt	Rolle	Geräusch/Lärm (dB)	Optionen	Bemerkungen
Panasonic	KX-P1080			X			1 K		X		60	V.24	
	KX-P1090	X	X	X	X				X				
	KX-P1091	X		X	X		1 K		X				
	KX-P1092	X		X	X		7 K		X				
	KX-P1592			X			7 K						*) DIN A3
	KX-P1595			X	X		15 K						*) DIN A3
	KX-P3151			X									*) Diablo
Petal	MA 20			X									*) TA
Philips	GP 100	X		X	X		3 K		X		58		
	GP 150	X	X		X		bis 3 K		X		53	*)IBM, Wang	*)Centronics
	GP 300	X	X		X		bis 3 K		X		53	*)IBM, Wang	*)Centronics
	GP 300L	X	X		X		bis 3 K		X		53	*)IBM, Wang	*)Centronics
	GP 480L			X	X		3 K						
Printronix	L1012												*)12 Seiten/min, 6 Schriften
QMS	LG800												*)8 Seiten/min, 12 Schriften
Quadram	PP 8						2 M						*)8 Seiten/min
Quantex	7020	X	X	X	X		12,7K						
	7030	X		X	X		4,7 K		X				
	7040	X		X	X		4,7 K						
	7065	X		X	X		12,7K						
Qume	Comp.RO	X		X	X		256			X	65		
	LaserTEN												*)10 Seiten/min
	LetPro 20			X	X								*)Diablo
	Spr 11/40			X	X								*)Diablo
	Sprint 11-40/130			X	X								Teletex
	Spr 11/55			X	X								*)Diablo
	11/55Plus	X		X	X	X	0,5 K		X		63		*)Diablo
RFI	DP-165	X		X	X	X	2 K	X	X				
Ricoh	LP 4081						1 M						*)8 Seiten/min
Riteman	Ritem II	X	X	X			2-8 K		X			V24/IEC	C64,IBM
	Ritem 15	X	X	X			2-8 K		X			V24,IBM / C64,IEC	FX-100-kompatibel / 2.020,-
	Ritm Blue	X	X	X		X	2-8 K		X			V24,IEC	IBM-PC-kompatibel
Robotron	K 6311			X	X			X	X	X			
	K 6313			X	X		0,75K	X	X	X	58		
	K 6316			X	X		2 Zln	X	X	X			
Rohde & Schwarz	DCL-P												*)10 Seiten/min, 51 Schriften
Sakata	SP 100	X		X	X		1 Zle						
	SP-1200	X		X	X	X	1 Zle						
	SP-1200PI	X		X	X	X	1 Zle						
	SP-1500	X		X	X	X	1 Zle						
	SP-5500	X		X	X	X	1 Zle						
Schneider	DMP3000			X			2 K						
Secoinsa	1555			X	X		1 K				60		

Hersteller/ Anbieter	Modell	Nadel	Tintenstrahl	Typenrad	Laser	Graphik Punkte/Zoll	Zeichen/Zeile	Normal	Korrespondenz	Druckwegoptimierung/ bidirektionaler Druck	Proportionalschrift	parallel (Centronics)	seriell (V.24/RS-232)	sonstige	Pufferspeicher (byte)	endlos	Einzelblatt	Rolle	Geräusch/Lärm (dB)	Optionen	Bemerkungen
Seikosha	BP5420A	X				X	135/ 272	417	104	X	X	X	X		18 K		X		60	IBM PC	
	GP50 A	X						40				X		X			X	X	60		
	GP500A	X						50				X		X					60		
	GP550A	X						50	25			X	X		2-4 K		X				
	GP700A	X						50				X	X				X		60		
	MP1300AI	X						300	50			X	X		14 K				59		
	MP5300AI	X						300	50			X	X		6 K						
	SL80AI	X						135	54			X			16 K						24 Nadeln
	SP180	X						100	16			X		*)	1 Zle						*) Commodore
	SP1000	X						100	20			X	X	*)	1,5 K						*) Apple, CBM, Schneider, MSX
	SP1200	X						120	25			X		*)	2,3 K						*) Commodore
Sekonic	SP 80	X				X						X	X			X	X	X		V.24	Centronics
Sharp	IO-700		X					20		X		X			4 K			X			
	JX-720		X				85	35				X			10 K	X	X		50		Farbdruck
	ZX-330			X				15				X	X								
	ZX-410			X				20				X	X			X	X				
	ZX-515			X				20		X		X	X			X	X				
Shinwa	CP-80					X		80				X			1 Zle	X	X	X			
	CP-80 X					X		80				X	X		1 Zle	X	X	X			
	CPA-80					X						X			1 Zle	X	X	X			
Siemens	A1210		X					40		X		X	X	X	0,56K		X		50		
	PT 10				X				*)												*)8 Seiten/min 15 Schriften
	PT 88	X				102	80/ 137	150		X					165- 4 K		X	X	60	V24,TTY V11	Centronics
	PT 88 N					X		80	80						156	X	X				
	PT 88 T		X			X		150		X		X	X		165	X	X	X	45		
	PT 89		X					150		X		X	X	X	4 K			X	50		
	PT 90		X				132	400	200			X	X		10 K	X	X	X	45		32 Düsen
Silver	EXP 400			X		X	122	12				X				X	X				
	EXP 500						151	16				X	X							V.24	Centronics
	EXP 550						197	20				X	X							V.24	Centronics
	EXP 770						197	36				X	X							V.24	Centronics
Smith Corona	D-80					X	80	80				X			1 Zle	X		X			
	D-100					X	80	120				X			1 Zle	X	X	X			
	D-200					X	80	160					X		2 K	X	X	X			
Star	Delta 10	X				X	80/ 136	160		X		X	X		8 K	X	X	X	63		
	Delta 15	X						160		X		X	X	X	8 K		X	X	63		
	Gemini10	X				X	136	120		X		X	X	X	816	X	X	X	64		
	Gemini15	X				X	136	120		X		X	X	X	816	X	X	X	64		
	NB-15	X						300	83			X	X		16 K				61		24 Nadeln
	NL-10	X						120	30			X	X	*)	1 Zle						*) Commodore
	PowerType			*)			165	18				X	X								Teletex *) Qume
	Radix 10	X						200	32	X		X	X	X	16 K		X		60		
	Radix 15	X						200	32	X		X	X	X	16 K		X		60		
	SD-10	X						160	32			X	X		2 K						
	SD-15	X					*)	160	32			X	X		16 K						*) DIN A3
	SG-10	X						120				X	X		2 K	X	X	X	61		
	SG-15	X					*)	120				X	X		16 K	X	X	X	61		*) DIN A3
	SR-10	X						200	40			X	X		2 K						
	SR-15	X					*)	200	40			X	X		16 K						*) DIN A3
	STX-80							60		X		X	X	X	2 K		X				
Stoll	ST 20				X				*)												*)10 Seiten/min 64 Schriften
	ST 910				X				*)												*)10 Seiten/min
Synelec	DWX 305		X					20	20	X		X	X		1-2 K		X		60		
	M 80							80		X		X	X	X			X		56		
Tandberg	TDD 8801	X						80		X		X	X		4 K		X	X	60		
	TDD 8802		X					150		X		X	X	X	4 K		X	X	50		
	TDD 8901	X						80		X		X	X		4 K		X		60		
	TDD 8902		X					150		X		X	X	X	4 K		X		50		
	TDD 9000		X					400	200	X		X	X	X	4 K	X	X		50		

Hersteller/Anbieter	Modell	Nadel	Tintenstrahl	Typenrad	Laser	Graphik Punkte/Zoll	Zeichen/Zeile	Normal	Korrespondenz	Druckwegoptimierung/bidirektionaler Druck	Proportionalschrift	parallel (Centronics)	seriell (V.24/RS-232)	sonstige	Pufferspeicher (byte)	endlos	Einzelblatt	Rolle	Geräusch/Lärm (dB)	Optionen	Bemerkungen
Tandy	CGP-115		X			X		40/80	12			X	X					X			
	CGP-220		X					40				X	X								
	DMP-110	X						86	25			X	X								
	DMP-130	X						100				X	X								
	DMP-200							120		X		X	X		2 K						
	DMP-420							140				X	X								
	DMP-430	X						184	110			X	X		8 K						
	DMP-2100P	X						160	100			X									24 Nadeln
	TP-10					X	32	30					X			X	X	X			
Taxan	KP-810	X				X		140	70			X			3 K	X	X	X			
TEC	GP980	X						160	80			X	X		2 K						
Techni-tron	MC-2100	X				X		120/200	80			X	X			X	X	X	60		
Texas Instrum.	Omni 850	X						150	90	X		X	X		256				62		
	Omni 855	X						150	35	X		X	X		256				60		
	Omni 865	X						150	35	X		X	X	X	256-4 K	X	X		62		
	TI 850							150		X		X	X								
	2015				X				*)						512 K						*)15 Seiten/min
Thomson	PR90-040					X	40/320					X			40	X	X				
	PR90-080						80	50				X	X		90	X	X				
Toshiba	P 321	X						216	72			X	X		2 K						24 Nadeln
	P 351	X						300	100			X	X		4 K				58		24 Nadeln
	P 1340							112		X		X	X	X	256				60		
	PageLaser				X				*)						512 K						*)12 Seiten/min
Triumph-Adler	DRH 80							120		X		X	X		256	X	X	X	60		
	DRH 136							120		X		X	X		2 K		X		60		
	MPR 7080	X						180	45			X	X		3 K						
	MPR 7120	X						120	25			X	X		1,5 K						
	MPR 7125	X					*)	120	25			X	X		2,5 K						*) DIN A3
	MPR 7132	X					*)	180	45			X	X		3 K						*) DIN A3
	MPR 7290	X				X	132	200	50			X	X		8 K	X	X	X			
	MPR 7300	X						300	80			X	X		0,5 K				53		
	TRD 1703			X			198	16				X	X								Teletex
	TRD 7020			X			180	20				X	X								Teletex
Uchida	DWX 305			*)				180	20			X									*) Qume
Victor	Matrixdr.	X						180		X			X		3,5 K		X		60		
	MT 180							160	40	X		X			4 K		X		60		
Walther	WMD160A							120		X		X	X		2 K	X	X		60		
	WMD160AG							100		X		X	X		2 K	X	X		60		
	WMD160AGS							150		X		X	X		2 K	X	X		60		
	WMD160AS							180		X		X	X		2 K	X	X		60		
Wenger	PrntSwiss							130	50	X		X	X	X	2 K				52		
	Mod.4/1	X				X		400	110						5 K						
	400	X						400	70			X	X		12 K				55		Farbdruck
	600	X						600	130			X	X		40 K				48		Farbdruck
Xerox	4020		X				90	80				X	X		4,4 K			X	55		Farbdruck
	4045				X				*)						128 K						*)10 Seiten/min
Zett	Speedy 80							80		X		X	X	X	2 K				56		
Ziegler	DM 4100							120		X		X	X		256						
	DM 5055							120		X		X	X		1-4 K		X		60		
	DM 5300							300	150	X		X	X		1,7 K				55		
	Prisma 80/132	X						170		130		X	X								Einzelblatt

Personalcomputer (PCs)

Die nachfolgenden PC-Tabellen sind ohne Zweifel, was die Auswahl der Hersteller und Typen angeht, repräsentativ. Sie sind aber sicher nicht umfassend. Wir haben nämlich in diesem Buch vor allem nur PCs erfaßt, die im deutsch sprechenden Mitteleuropa angeboten werden. Aber auch dies ist kaum vollständig möglich, weil manche Modelle und Lieferanten ein nur sehr kurzes Leben genießen.

Eine weitere Einschränkung ist, daß wir uns im wesentlichen auf 16-Bit-Computer konzentriert haben. Und dabei dominieren unweigerlich die PCs mit Intel-Prozessoren wie 8088, 8086, 80186, 80286. Das Betriebssystem ist dann in allen Fällen MS-DOS, manchmal sind alternativ auch andere Systeme ladbar (z. B. UNIX). Deutlich seltener sind PCs mit Motorola-Prozessoren wie 86000 oder 86010 ausgerüstet, wobei dann UNIX dazugehört.

Andere 16-Bit-Prozessoren werden als PC-Zentraleinheiten nur äußerst selten verwendet. Jedoch sind nun mit steigender Tendenz 32-Bit-Prozessoren zu erkennen. In den folgenden Tabellen sind mehrere PCs mit dem neuen 80386 enthalten, die sich allerdings nur wie etwas schnellere 80286-Computer verhalten, weil mit den derzeitigen MS-DOS-Versionen die Möglichkeiten des 32-Bit-Prozessors kaum nutzbar sind.

Die letztendlich in unserer Computerdatei verbliebenen und hier ausgedruckten Modelle sind nach Herstellern sortiert und durch eine Reihe von Daten und Angaben charakterisiert.

In der Spalte „Art" werden folgende Kennzeichnungen verwendet:

HC	für **Handcomputer**, oft auch als *Handheld-Computer* (HHC) oder *Pocket-Computer* bezeichnet;
PC	für **Personalcomputer**, womit die meisten Geräte bezeichnet sind. Der quasi Gattungsbegriff PC wird hier eher einschränkend für einfache Geräte (entsprechend dem „Ur-IBM-PC") benutzt;
XT	für höher ausgestattete PCs (*extended technology*) mit z. B. 640 Kbyte RAM und 10 Mbyte Festplatte;
AT	für hoch ausgestattete PCs mit dem Prozessor 80286 (*advanced technology*);
PPC	für tragbare (*portable*) PCs;
PXT	für tragbare XTs;
PAT	für tragbare ATs.

Die Spalten „Tastatur" und „Bildschirm" sind selbsterklärend. In der Druckerspalte ist mit INT vermerkt, wenn der PC eine Standard-Druckerschnittstelle nach der Centronics-Festlegung hat. Zu Betriebssystemen und Speichern müssen hier keine Erläuterungen gegeben werden.

Die integrierten oder optional erhältlichen Floppy-Disk-Laufwerke sind mit den in der internationalen Literatur üblichen Zoll-Durchmessern der Speichermedien gekennzeichnet. Es überwiegt die Minifloppy (5,25″ = 133 mm) mit IBM-Aufzeichnungsformat, seltener ist die Standardfloppy (8″ = 203 mm). Zunehmend sind nun Mikrofloppies (3,5″ = 89 mm) eingebaut, vor allem in die tragbaren Modelle.

Als Optionen oder fest eingebaut sind immer häufiger Winchester-Laufwerke verfügbar. Das sind Speichermoduln mit „harten" Magnetplatten, oft mit 5,25″ Durchmesser, immer mehr aber mit 3,5″. Die Speicherkapazität liegt bei 10 oder 20 Mbyte, 30, 40 oder ca. 60 Mbyte Speicherkapazität sind keine Seltenheit mehr.

In der letzten Spalte „Besonderheiten" sind eine Reihe zusätzlicher Angaben gemacht. Die hinter Graphik oder Farbe genannten Zahlen geben die Anzahl der darstellbaren Punkte auf dem Bildschirm an.

Hersteller / Typ	µP	Art	Tastatur	Bildschirm Diagonale	Bildschirm Art	Drucker	Netzteil	Batteriebetrieb	Betriebssystem, Sprachen	RAM	ROM	Ausbau bis	Floppy Disk	andere Massenspeicher	V.24	V.11	TTL	IEC	Besonderheiten
ACE PC	8088 +Z80B	PC	IBM separat	33cm		INT	X		CP/M-80, CP/M-86 MS-DOS	128K		768K	2 x 5,25"	opt. Festpl. 20 MB	X	X			PC-kompatibel, Graphik 720x325
Acorn F1		PC	DIN *) separat	X		INT	X		MS-DOS	256K		640K	3,5" 720K	Festpl. 10 MB	X				*)drahtlos, infrarot
Master 512		PC					X		DOS Plus, GEM										
AES 7200	8088 +Z80	PC	DIN	36cm			X		CP/M-86, CP/M	128K		256K	2 x 8"	Festpl. 10 MB	X				Graphik 800x420
Ai M16	8086	PC	ASCII separat	36cm		INT	X		CP/M-86, MS-DOS	512K	16K		1 x 8"	Fest- platte	6		X		Farbgraphik
Altos 186-10/G2	80186	PC	DIN separat	35cm			X		Xenix	512K			5,25"	Festpl.					Mehrplatzsystem
986	8086	PC					X		MP/M, Xenix	512K		1M	X	Fest- platte	8	X	X		9 Benutzer
3068	68020 +8086	PC	X	X			X		UNIX V	1 M		1GM	X	Fest-	X				
Apple II gs	65816 4 MHz	PC	ASCII separat				X			1 M			3,5"						
Lisa	68000	PC	DIN separat	30cm		INT	X		Lisa		16K	1M	2	opt. Festpl.	2		X		3 Steckplätze, DMA, Maus
Macintosh	68000	PC	ASCII separat	23cm		INT	X		BASIC	128K	64K		1 x 3,5"	1 x FD extern	X		X		Graphik 512x342, Uhr, Maus
Macintosh XL																			neuer Name f.Lisa
Apricot F2	8086	PC	DIN	30cm		INT	X		MS-DOS	512K		768K	3"	opt.	X				Farbgraphik
F10	8086	XT	DIN	30cm		INT	X		MS-DOS	512K		768K	3"	10 MB	X				
PC	8086	PC	DIN separat	30cm		INT	X		MS-DOS, CP/M-86, CCP/M	256K		768K	2 x 5,25"	opt. Festpl. 40 MB	X				tragbar,PC-komp., 2 Steckplätze, Graphik 800x400 Spracheingabe
Portable	8086	PPC	separat *)		LCD		X		MS-DOS, CCP/M	256K			3"		X				*)Infrarot-Tastatur
XEN	80286	AT	DIN	30cm		INT	X		MS-DOS	512K		1 M	2 x 3,5"	Festpl. 20 MB	X				AT-kompatibel
Xi	8086	PC	DIN	23cm			X		MS-DOS	256K			5,25" 720K	Fest- platte					
Atari 130 ST	68000	PC	ASCII	30cm		INT	X		TOS	132K		524K	3,5"	opt. Festpl.	X				Farbe 640 x 200
260 ST	68000	PC	ASCII	30cm		INT	X		TOS	512K			3,5"		X				Farbgraphik
520 ST+		PC	DIN separat	X			X			1 M			X						
1040 ST	68000	PC	DIN	30cm		INT	X		TOS	1 M			X		X				
Atlas 16	8088	XT	DIN	X			X		MS-DOS	256K		640K	5,25"						8 Steckplätze
AT	80286	AT	DIN	X			X		MS-DOS	640K			5,25"	Festpl.					
AT&T 3B		PC																	vgl. Olivetti
PC6300	8086	PC	IBM separat	30cm		INT	X		MS-DOS										PC-kompatibel
Basis 216	Z8001, 68000	PC	DIN	X		INT	X		Xenix	128K		16M	2 x 5,25"	Fest- platte	X				Graphik
BFM 186	8086	PC	DIN	36cm		INT	X		MS-DOS CP/M-86	256K	4K	896K	2 x 5,25"	opt. Festpl.	X	X		X	Graphik 960x624
Bondwell BW 8	80C88	PXT	DIN	X	LCD	INT	X	X	MS-DOS	512K			X	opt.	X				4,9 kg
BW 38	8088 8 MHz	XT	IBM			INT	X		MS-DOS	640K			2 x 5,25"		X				5 Steckplätze

Hersteller / Typ	µP	Art	Tastatur	Bildschirm Diagonale	Bildschirm Art	Drucker	Netzteil	Batteriebetrieb	Betriebssystem, Sprachen	RAM	ROM	Ausbau bis	Floppy Disk	andere Massenspeicher	V.24	V.11	TTL	IEC	Besonderheiten
● Bull																			
Micral 30	8088	PC	DIN separat	30cm			X		MS-DOS	128K		640K	5,25"	opt. Festpl.					PC-kompatibel
Micral 60	80286 8 MHz	AT	DIN separat						MS-DOS 3.1	512K		3,5M	5,25"	bis 40 MB					8 Steckplätze
Portal		PPC		*)	LCD		X			64K	4K								*) 1x40
● B & M																			
MfR-101	9900	PC					X		BASIC	32K	32K		X		X		X		Analog-I/O
MfR-102	9900	PC	INT	INT		INT	X		BASIC	32K	32K		X		X		X	X	
● Burroughs																			
B 21	8088	PC	ASCII	X			X		BASIC, Pascal, FORTR,COB	256K		512K	2 x 5,25"	Fest-platte	3		X		Computernetz
B 22	8086	PC	DIN separat	X			X		BTOS,MS-DOS,CP/M	384K		640K	X	opt. Festpl.	2		X	X	Graphik 656x510
B25	80186	PC	DIN	X			X		BTOS	256K		1M	5,25" 630KB	opt. Festpl.	2				bis 6 Benutzer
● Cameo																			
3000																			IBM-PC-Kopie
● Canon																			
AS-100	8088	PC	separat	30cm		INT	X		CP/M-86, MS-DOS	128K		512K	2 x 5,25"	opt. 8"					Farbgraphik, 640x400
A-200	8086	PC	DIN separat	30cm		INT	X		MS-DOS	256K	16K	512K	2 x 5,25"	opt. Festpl.	X				
AS-300	80186	PC	DIN separat	30cm 38cm		INT	X		MS-DOS	256K	16K	768K	*)	Festpl. 40 MB	X				*)3,5/5,25/8"
● Casio																			
FP-6000	8086	PC	DIN	30cm		X	X		MS-DOS, CP/M-86	256K		768K	5,25" 1,2MB	Festpl. 20 MB					Farbgraphik 640x400
● COLUMBIA																			
MPC	8088 Z80	PC	DIN separat	30cm		INT	X		CP/M-86, MS-DOS, Xenix	128K	12K	1M	2 x 5,25"	opt. Festpl.	2		X	X	8 Steckplätze, PC-kompatibel in HW und SW
MPC-VP	8088	PPC	DI																1 Steckplatz
● Commodore																			
Amiga 500	68000	PC	DIN				X		AmigaDOS	512K	192K	1 M	3,5" 880K						Farbgraphik 640x480 Multitasking
Amiga 1000	68000	PC	DIN				X		AmigaDOS			8,5M	"						MS-DOS-Emulation
Amiga 2000	68000	PC	DIN						+ MS-DOS	1 M		8,5M							PC-Steckplätze
PC 10	8088	PC	DIN separat	30cm		INT	X		MS-DOS	256K	8K	640K	2 x 5,25"	RAM-Floppy	X				PC-komp,5 Steckpl. Graphik
PC 20	8088	XT	DIN separat	30cm		INT	X		MS-DOS	256K	8K	640K	1 x 5,25"	Festpl. 10 MB	X				sonst wie PC 10
PC AT	80286	AT	separat						MS-DOS	640K			5,25"	20 MB					
900	Z8000	PC	DIN separat	38cm		INT	X		Coherent (UNIX)	512K		2 M	X	Festpl. 67 MB	2		X		
● COMPAQ																			
Deskpro 1-4	8086	PC	DIN	30cm			X		MS-DOS	128K		640K	5,25"	Festpl. 30 MB					PC-komp., aber schneller
Deskpro 286	80286	PC	DIN	30cm			X		MS-DOS	256K		8,2M	5,25"	Festpl. 70 MB					"
Deskpro 386	80386 16MHz	AT	DIN	X		INT	X		MS-DOS			10 M		bis 130 MB					
PC	8088	PPC	DIN	23cm			X		MS-DOS	128K			2 x						IBM-komp.,tragbar
PC Plus	8088	PPC	DIN	23cm		INT	X		MS-DOS	128K		640K	1 x 5,25"	10 MB Festpl.	opt				tragbar,2 Steckpl PC-XT-komp.,Farb-graphik
Portable 286	80286	PPC	DIN	23cm			X		MS-DOS	256K		2,6M	5,25"	20 MB Festpl.					IBM-komp., aber schneller
Portable II	80286 8 MHz	PAT	DIN	23cm		INT	X		MS-DOS 3.1	256K		4 M	5,25"	10 MB	X				2 Steckplätze, 12 kg
Portable III	80286 12MHz	PAT	DIN	X		INT	X		MS-DOS	640K		6 M	5,25"	bis 40 MB	X				9 kg
● Compudata																			
Tulip I	8086	PC	DIN	30cm		INT	X		CP/M-86, MS-DOS	128K	8K	896K	2 x 5,25"	opt.	X	X	X		Farbgraphik
Tulip Advance	8086	PC	ASCII separat			INT	X		MS-DOS 3.1	128K	16K	640K	2 x 5,25"	opt. Festpl.	X				PC-kompatibel, 3 Steckplätze
Tulip Compact	8088	PC PC	ASCII separat			INT	X		MS-DOS 3.1	128K	16K	512K	2 x 5,25"	opt. Festpl.	X				PC-kompatibel, 4 Steckplätze
● Computer Frontier																			
TAVA PC	80186	PPC	IBM		LCD	INT	X		MS-DOS, CP/M-86	256K		640K	2 x 5,25"		X				AT-Komp., 7 kg (40x31x9 cm3)

Hersteller / Typ	µP	Art	Tastatur	Bildschirm Diagonale	Bildschirm Art	Drucker	Netzteil	Batteriebetrieb	Betriebssystem, Sprachen	RAM	ROM	Ausbau bis	Floppy Disk	andere Massenspeicher	V.24	V.11	TTL	IEC	Besonderheiten
Control Data Cyber 120-10	8086	PC	ASCII	30cm			X		MS-DOS, CP/M-86	128K		768K	5,25"	opt. 15 MB					
Copam PC 401	8088	PC	IBM separat	30cm		INT	X		MS-DOS, CP/M-86, CCP/M	128K		640K	2 x 5,25"	opt. Festpl.	X				PC-komp, RAM-Disk 5 Steckpl., Uhr, Graphik 640x400
PC 501 AT	80286	AT	IBM																
Corona ATP PC	80286 8 MHz	PAT	ASCII separat	23cm		INT	X		MS-DOS 3.1	512K			5,25"	Festpl. 20 MB	X				5 Steckplätze, Farbe 640x400
PC 400	8088	PC	ASCII	36cm			X		MS-DOS	256K		512K	5,25"	opt. Festpl.					PC-kompatibel, Graphik 640x400
Corvus Concept	68000	PC	ASCII	X					CP/M	256K		512K	2 x 5,25"	Festplatte	2			X	Netz f. 64 Comp.
Costec 2-4/8	8086 +Z80A	PC	DIN separat	30cm			X		CP/M-86, CP/M+	128K		764K	2 x 5,25"		X		X	X	Graphik 640x300
COSY X WISDOM 16 PC	8088	PC	DIN separat	30cm		INT	X		MS-DOS, CCP/M	128K		740K	2 x 5,25"	Festpl. 30 MB	X				PC-kompatibel, 5 Steckplätze
Cromemco System 1/3	68000 +Z80A	PC	ASCII separat	30cm		INT	X		Cromix, CP/M	256K		2M	2 x 5,25"	Festpl.	X				
Data General DG/One	80C88	PPC	DIN		LCD	X	X		MS-DOS	128K	64K	512K	2 x 3,5"	ext. 5,25"	X	X			PC-komp, 4,3 kg, Graphik 640x256
DG/One/2	80C88	PPC			LCD	INT		X	MS-DOS	256K		640K	3,5"	10 MB	2				Graphik 640x256 Farbgraphik
Mod. 10	8086	PC	ASCII separat	30cm			X		CP/M-86, MS-DOS	128K		768K	5,25"	opt.					SW Color
Datagraph 8016	80286	AT	DIN separat	X		INT	X		MS-DOS	256K		2 M		Festpl. 42 MB	X				Farbgraphik 1024x768
Datavue 25 II	80C88	PPC	separat *)	X	LCD		X	X	MS-DOS	640K		1M	5,25"	RAM-Disk	X		X		5,5 kg *)Infrarot-Tastatur
DeTeWe Cobos 200	8086	PC	DIN separat	X		INT	X		BASIC, Pascal	128K		256K	2 x 5,25"		2				S-100-Bus
Digital Equipment Micro PDP-11	LSI/11	PC	X	X			X		RSX	512K		4M							4 Benutzer
Rainbow 100+	Z80A +8088	PC	DIN separat	30cm		INT	X	X	CP/M, MS-DOS	128K		896K	2 x 5,25"	Festplatte	X	X			Graphik 800x240
VT 180	LSI-11	PC	ASCII	X		INT	X		CP/M				2 x						
Dulmont Magnum	80186	PPC	ASCII	X	LCD	INT	X	X	MS-DOS	96K		256K	ext. 5,25"						PC-komp. 4,8 kg
Durango Poppy	80186 80286	PC	separat	35cm			X		MS-DOS, Xenix	128K		384K	5,25"	Festplatte					
Dynalogic Agil	8088	PC	ASCII separat	18cm		INT	X		MS-DOS	256K	8K	1M	1 x 5,25"		X		X		PC-kompabibel, tragbar,Graphik 640x250
EACA Genie 16	8086	PC	DIN separat	INT		INT	X		MS-DOS	128K	64K	780K	2 x 5,25"		X				PC-komp.,6 Steckplätze, Farbgraphik
Eagle Spirit XL	8088	PC	ASCII separat	23cm		INT	X		MS-DOS, CP/M-86	128K		640K	1 x 5,25"	opt. 10 MB	2				4 Steckplätze, Farbgraphik

Hersteller Typ	µP	Art	Tastatur	Bild-schirm Diagonale	Art	Drucker	Netzteil	Batteriebetrieb	Betriebssystem, Sprachen	Speicher (byte) RAM	ROM	Ausbau bis	Floppy Disk	andere Massenspeicher	Schnittstellen V.24	V.11	TTL	IEC	Besonderheiten
ebh turbo-pc	8088	PC	DIN	X		INT	X		MS-DOS										
turbo-at	80286	AT	DIN	X		INT	X		MS-DOS	1 M									
ECD Professional	8088	PC	DIN	X		INT	X		MS-DOS	640K			5,25"						
ees Eurocos	6502 65816	PC	ASCII	13cm		INT	X		EXOS	32K	27K	128K	5,25"	Festpl.					
Entcom PCXEN-i	80286 10MHz	AT	DIN	X		INT	X		MS-DOS Xenix	1 MB		5 MB		bis 50 MB					
EPSON PC	80C88	PC	DIN	30cm		INT	X		MS-DOS	256K	8K		5,25"	20 MB	X				3 Steckplätze
PC+	V30	XT	DIN	30cm		INT	X		MS-DOS 3.1	640K	16K		5,25"	20 MB	X				
PC AX	80286 10MHz	AT	DIN	30cm		INT	X		MS-DOS 3.20	640K	64K	15,5M	5,25"	bis 40 MB	X				6 Steckplätze, EGA+
QX-16	8088 +Z80	PC	DIN	X		INT	X		MS-DOS, CP/M	512K	32K		5,25" 720KB	Festpl.	X				Graphik 640x400
Ericsson PersonalComp	8088	PC	DIN separat	30cm		INT	X		MS-DOS, CC-DOS	128K	8K	640K	2 x 5,25"	opt. Festpl.	X				PC-komp, 6 Steckplätze, 640x400
Portable PC	8088	PPC	DIN separat	20cm	*)	INT **)	X		MS-DOS	256K		512K	5,25"	RAM-Disk	X				7,6 kg, *)Plasma **)opt.eingebaut
Step One	8088	PC	DIN separat	30cm		INT	X		MS-DOS, CP/M-86	128K		512K	INT	Festpl. INT	X			X	PC-kompatibel, Farbgraphik 640 x 400
WS 286	80286	AT	DIN	38cm		INT	X		MS-DOS	512K	32K	8 M	1 x		X				8 Steckplätze
Exxon 750	Z8000 +Z80	PC	DIN separat			INT	X		UNIX, CP/M, MS-DOS	512K		1M	1 x 5,25"	Festpl. 10 MB					Multitasking, Graphik 700x400
FELTRON PC16	8088	PC	DIN	X		INT			CP/M-86	128K		1M	5,25" 620KB	opt. Festpl.	X				
Ferranti PC 860 XT	8086	XT	ASCII	X		INT	X		MS-DOS	256K		640K	5,25"	Festpl.	X				
PC 2860-AT	80286	AT	ASCII	X		INT	X		MS-DOS	640K		16M	5,25"	20 MB	X				
FORCE	68000	PC	ASCII	X		INT	X		Pascal, Ada			4M	5,25"						Q-Bus, Multibus
Fortune 32:16	68000	PC	DIN separat	30cm		INT	X		UNIX	256K		1M	2 x 5,25"	opt.	X		X		
FUJITSU Micro 16s	8086 +Z80A +6809	PC	DIN	X		INT	X		CP/M, CCP/M, MS-DOS	128K	4K	1M	2 x 5,25"	opt. Festpl.	X				
Micro 16sx	8086 +6809 (Z80)	PC	DIN	X		INT	X		CP/M, CCP/M, MS-DOS	384K	4K		1 x 5,25"	Festpl. 26 MB	X				
Future FX-20	8088	PC	ASCII separat	30cm		INT	X		CP/M-86	128K	4K	1M	2 x 5,25"		X	X			IBM-komp.,DMA, Graphik
FX-30	8088	PC	DIN separat	30cm			X		CCP/M, MS-DOS	128K		1M	2 x 5,25"	opt.	2	X			Graphik 1280x500
Gavilan Gavilan	8088	PC	DIN	X	LCD	X	X	X	MS-DOS	80K		336K	1 x 3,5"		X				tragbar (6 kg inkl. Drucker), Maus
Grid Case	80C86	PPC	DIN	26cm	LCD	INT	X	X	MS-DOS	128K		640K	X	10 MB MBM **)	X				5,4 kg
Compass II	8086	PPC HC	ASCII	X	*)		X	X	MS-DOS	256K	512K	512K							*) Plasma, **) 384 Kbyte
HEATH																			siehe Zenith

Hersteller Typ	µP	Art	Tastatur	Bildschirm Diagonale	Bildschirm Art	Drucker	Netzteil	Batteriebetrieb	Betriebssystem, Sprachen	RAM	ROM	Ausbau bis	Floppy Disk	andere Massenspeicher	V.24	V.11	TTL	IEC	Besonderheiten
● Hewlett-Packard																			
HP-94	80C88	HC	alpha	X	LCD			X	BASIC, Ass.	64K	128K	256K			X				Barcodes, 900 g, sehr klein
HP-110	80C86	PC	ASCII	X	*)			X	MS-DOS	272K CMOS	384K		INT		X				tragbar (5kg), El-Disk, Betr.Sys. in ROM, Graph 128x480 HP-IL *)Plasma
HP-150	8088	PC	DIN separat	23cm		INT	X		MS-DOS, Pascal	256K		640K	2 x 3,5"	opt. Festpl.	2			X	Berührungs-Bildschirm, Graphik 512x390
HP-150II	8088	PC	DIN separat	30cm		INT	X		MS-DOS	256K	160K	640K	3,5" 710KB	Festpl. 40 MB	X			X	sonst wie 150
HP-200/16	68000	PC	ASCII separat	23cm		INT	X		BASIC, UCSD-p	256K		8M	*)	opt. Festpl.	X		X	X	*) wahlweise 3,5/5,25/8"
HP-200/17	68010	PC	DIN	36cm			X		UNIX	512K	48K	8M	3,5" 710KB	Festpl.	X			X	16 Benutzer
Integral PC	68010	PC	DIN	23cm	*)	**)	X		UNIX	512K	256K	5,5M	3,5" 710KB	opt. Festpl.	X			X	tragbar, 2 Steckpl. *)Elektrolum **) Tintenstrahldrucker integr. *)Elektronik-Disk
Portable Plus	80C86	PPC	DIN	X	LCD	INT	X	X	MS-DOS	128K		896K		*)	X				
Vectra PC	80286	AT	DIN separat	30cm		INT	X		MS-DOS	256K		3,6M	5,25"	bis 40 MB	X				
● Honeywell																			
MICRAL 90-20	8088	PC	DIN separat	30cm			X		CP/M-86, MS-DOS	256K			5,25"		X				Mehrplatzsystem, Graphik 640x288
● IBM																			
Convertible	80C88	PPC	ASCII	X	LCD		X	X	PC-DOS				2 x						
PC	8088	PC	DIN separat	30cm			X		PC-DOS	16K	40K		2 x 5,25"	opt. Festpl.	X				Graphik 640x200
PC-XT	8088	XT	DIN separat	30cm		INT	X		PC-DOS, CP/M-86, UCSD-p	128K		640K	2 x 5,25"	opt. Festpl.	X				8 Steckplätze, Graphik 720x360
PC-XT286	80286	XT	DIN	X		INT	X		PC-DOS Xenix	640K			5,25"	Festpl. 20 MB	X				2,5x schneller als XT
PC-AT	80286	AT	DIN separat	X		INT	X		PC-DOS, Xenix	512K		4M	5,25" 720KB	Festpl. 20 MB	X				
PC-AT 03	80286 8 MHz	AT	DIN separat	X		INT	X		PC-DOS 3.2	512K		10,5M	5,25"	Festpl. 20 MB	X				
PC-ES		PC													X			X	PC für das Labor sonst wie PC
PPC	8088	PPC	DIN				X		PC-DOS	256K		512K	5,25"						
3270		PC	DIN separat				X			320K		640K	5,25"	opt. 10 MB					
9000	68000	PC	ASCII separat	30cm		X	X		RT-BASIC Pascal, FORTRAN	128K	128K	1M	X	X	X		X	3	Laborrechner, modular, Versabus Graphik
● ICF data																			
ICF 386	80386	AT	DIN separat	X		INT	X		MS-DOS UNIX				X	Festpl.	X				
● ICL																			
Clan	68000	PC							UNIX			3M		Festpl. 40 MB					
P16	8088	PC	X	30cm			X		CCP/M	256K		1M	5,25"	opt. Festpl.	7				4 Benutzer
● IMS																			
5000/8000SX	8088	PC	DIN separat	30cm			X		CP/M-86, MS-DOS	64K		512K	2 x 5,25"	opt. Festpl.	X	X			
● Industry Computers																			
IC-16/XT-H	8088	XT	DIN separat	30cm		INT	X		PC-DOS	256K		640K	2 x 5,25"		2				8 Steckplätze, Uhr, 720x348
● INTERQUADRAM																			
Datavue 25	8088	PPC	DIN	X	LCD	INT			MS-DOS	768K			5,25"		X				5,5 kg
● ITT																			
XTRA XP	80286	PC	DIN	36cm		INT	X		MS-DOS	512K		1,6M	5,25"	Festpl. 20 MB					LAN
● Kaypro																			
286i	80286	AT	IBM separat	30cm			X		PC-DOS 3.0	512K			2 x 5,25"	opt. 20 MB					AT-kompatibel
2000	80C88	PXT	ASCII	X	LCD		X	X	MS-DOS 2.11	256K		768K	3,5"	5,25"u. Festpl.	X				Koffer 6 kg
Model A	80386	AT	DIN			INT	X		MS-DOS	512K			5,25"						
Model E	80386	AT	DIN			INT	X		MS-DOS					40MB					
PC	8088	PC	DIN	30cm		INT	X		MS-DOS	256K		640K	5,25"	opt.	X				

Hersteller / Typ	µP	Art	Tastatur	Bildschirm Diagonale	Bildschirm Art	Drucker	Netzteil	Batteriebetrieb	Betriebssystem, Sprachen	RAM	ROM	Ausbau bis	Floppy Disk	andere Massenspeicher	V.24	V.11	TTL	IEC	Besonderheiten
Keithly																			
PC-IEEE	8088	PC	DIN	30cm		INT	X		MS-DOS	256K		640K	5,25"	Festpl.	X			X	720x348
Kienzle																			
MCS 9133	16 bit	PC	DIN	X			X		MTOS	256K		512K	5,25"	opt.					bis 4 Benutzer
Kontron																			
ERGO-PC 988	8088	PC	DIN separat	30cm			X		MS-DOS	64K		512K	5,25"	Festpl.	2		X	X	2 Steckpl.,Graph. 720x360
ERGO-PC 9888	8088	PC	DIN separat	38cm			X		MS-DOS	64K		512K	5,25"	Festpl.	2		X		3 Steckpl., Disks separat
PSI 9868	68000 +Z80A	PC	DIN separat	38cm			X		UNIX	256K	2K	1M	1 x 5,25"	Fest-platte	X		X		
KWS																			
SAM 68K	68000	PC	ASCII	30cm		INT	X		CP/M-68K, OS-9	256K		16M	5,25" 1,3MB	opt. Festpl.	X				
Langer																			
LE 2000	80186 +Z80A	PC	DIN	30cm			X		MS-DOS, CP/M-86,	128K		896K	2 x 5,25"	opt. 10 MB	2		X	X	PC-kompatibel, Graphik 640x400
Mad																			
Mad-1	80186	PC	DIN separat	30cm		INT	X		MS-DOS, CCP/M	256K	48K	704K	1 x 5,25"	Fest-platte	2				PC-komp. (HW+SW), Graphik
Mad D1000	80286 8 MHz	AT	DIN	X		INT	X		MS-DOS 3.1	1 M		11 M	5,25"	bis 110MB	X				
M.A.I.																			
MAI 1000	8086	PC	DIN	30cm		INT	X		BOSS	128K		512K	5,25" 640K	Festpl. 40 KB	4				3 Benutzer
MAI 1500	80286	AT	DIN	30cm		INT	X		MS-DOS	640K			5,25"	20 MB	X				
MAI 2000	68010	PC	DIN	30cm		INT	X		BOSS	768K		1536K	5,25" 640K	Festpl. 240MB	14				10 Benutzer
MAI PC	8088	PC	DIN	30cm		INT	X		MS-DOS	128K		640K	2 x 5,25"	opt. Festpl.	X				
Marx																			
Mega-PC1	8088	PC							DOS 2.1	1 MB									
Mega-PC2.1	8088	XT							DOS 3.1	1 MB			5,25"						
Mega-PC286	80286	AT							DOS 3.1	1 MB			5,25"	20 MB					
MCI																			
XT 16SLC	8088	XT	IBM separat	36cm		INT	X		MS-DOS	256K			5,25"	opt. Festpl.	X				8 Steckplätze 720x348
AT 4SLC	80286 8 MHz	AT	IBM	36cm		INT	X		MS-DOS	512K			5,25"	Festpl. 20 MB	X				"
MDS																			
3300	80186	PC	ASCII	30cm		INT	X		MS-DOS	256K		1M	2 x 5,25"	opt. Festpl.	2	1			Farbgraphik 720x348
Messner																			
AT-20	80286	AT	IBM	X		INT	X		MS-DOS				X	Festpl.					
PC 116-2	8088	PC	IBM	X			X		MS-DOS										
PC 116-X/20	8088	XT	IBM	X		INT	X		MS-DOS				5,25"	20 MB					
Micromint																			
Lasar 16	8088	PC							MS-DOS	128K			X						PC-kompatibel
M-Informatic																			
MC 2001 XT	8088	XT	IBM	30cm		INT	X		MS-DOS	256K		512K	5,25"	Festpl.	X				8 Steckplätze
Microwi																			
68000	68000	PC	DIN separat	36cm		INT	X		OS-9	528K	32K		5,25" 1 MB	opt. Festpl.	2				PC-komp, 4 Steckpl, VME-Bus, 16 Benutzer
Mitsubushi																			
DC-186	8086	PC	DIN separat	36cm		INT	X		MS-DOS, CP/M-86, CCP/M	256K		1M	2 x 5,25"	opt. 8" und Festpl.	X			X	Graphik 1024x1024
PC-816F	80286 +8088	PC	ASCII separat	30cm		INT	X		MS-DOS Xenix	1M		5M	5,25" 1,2MB	Festpl. 30 MB	X				auch PC-kompat.
Monroe																			
MS 2000	80186 +Z80	PC	ASCII separat	30cm		INT	X		MS-DOS, CP/M-86	128K		896K	2 x 5,25"	opt. Festpl.	2				Graphik 640x400, opt. 14" Color
Morrow Design																			
Pivot II	8088	PPC	ASCII	X	LCD				PC-DOS	256K			5,25"						Koffergerät

Hersteller / Typ	µP	Art	Tastatur	Bildschirm: Diagonale	Bildschirm: Art	Drucker	Netzteil	Batteriebetrieb	Betriebssystem, Sprachen	RAM	ROM	Ausbau bis	Floppy Disk	andere Massenspeicher	V.24	V.11	TTL	IEC	Besonderheiten
● **Mostron** M-286	80286 10MHz	AT	IBM						MS-DOS 3.1			4 MB							
● **Motorola** VME/10	68000	PC	DIN			X		X	VERSAdos	384K		16M	5,25"	opt. Festpl.					3 Benutzer
● **Multitech.** Accel 900	80286 10MHz	AT	DIN separat	36cm		X	INT		MS-DOS 3.1	512K	64K	1 MB	5,25"	Festpl. 40 MB	2				8 Steckplätze
MPC-522	8088	PC	DIN separat	30cm		X	INT		MS-DOS, CCP/M	256K	40K	640K	2 x 5,25"		X				6 Steckplätze
MPC 1100	80386	AT	DIN	X		X	INT		MS-DOS	1 MB			5,25"	40 MB	2				8 Steckplätze
PC 700 PLUS	8088 8 MHz	XT	DIN	X		X	INT		MS-DOS CCP/M	256K	48K	640K	2 x 5,25"	opt. Festpl.	X				6 Steckplätze
Popular	8088	PC	IBM	X		X	INT		MS-DOS	128K		512K	5,25"						
● **NCR** Decision Mate	Z80A +8088	PC	DIN separat	30cm		X	INT		CP/M, MS-DOS	64K		512K	2 x 5,25"	opt. Festpl.	X				Farbgraphik,
PC 4i	8088	PC	DIN separat	30cm		X	INT		MS-DOS, NCR-DOS	256K		640K	2 x 5,25"	opt: Festpl.	X				PC-kompatibel
PC 6	8088 8 MHz	PC	DIN	38cm		X	INT		MS-DOS 3.11	640K			X	Festpl. 20 MB	X				
PC 8	80286	AT	separat	30cm		X	INT		MS-DOS 3.1, Xenix	512K		4M	5,25" 1,2MB	Festpl. 40 MB					AT-kompatibel, 16 Benutzer
● **NEC** APC	8086	PC	ASCII separat	30cm		X			CP/M-86, MS-DOS	128K		256K	2 x 5,25"						Graphik
APC III	8086	PC	DIN separat	30cm		X	INT		MS-DOS	128K		640K							Graphik 640x400, 4 Steckplätze
Multispeed	V30 9,5MHz	PPC	DIN	X	LCD	X	INT	X	MS-DOS 3.2	640K	512K		2 x 3,5"		X				tragbar, RGB-INT
● **Nixdorf** 8810/25-CPC	8088	PXT	DIN separat	23cm		X	X		MS-DOS	256K		640K	2 x 5,25"	opt. Festpl.					wie Panasonic RL- 2 Steckplätze, Thermodrucker
8810/65	80186	PC	ASCII separat	30cm		X	INT		ConcDOS, MS-DOS	512K		1M	2 x 5,25"	Fest-platte	X				
● **Nokia** ASC	80286 8 MHz	AT	DIN	38cm		X	INT		MS-DOS 3.1	1 MB	128K	16MB	5,25"	bis 40 MB	2				6 Steckplätze, 720x400
PC	80186	PC	DIN separat	38cm		X			MS-DOS	128K	16K	768K	5,25"	opt. Festpl.	X				IBM-kompatibel
● **Northern Telecom**	80186	PC	DIN separat	38cm		X			MS-DOS, Xenix	64K		256K	2 x 5,25"		X	X			Graphik 800x420
● **North Star** Dimension	80186	PC							MS-DOS	128K		256K	X	X					PC-kompatibel, 12 Benutzer
● **Olivetti** M 10	80C86	HC	DIN	X			INT	X	BASIC	8K	32K	32K			X		X		ähnlich Tandy 100, Barcode
M 19	8088	PC	DIN	30cm		X	INT		MS-DOS	128K		640K	5,25"	opt.	X				3 Steckplätze
M 20	Z8001	PC	DIN	30cm		X	INT		CCP/M, MS-DOS	128K	8K	512K	2 x 5,25"	opt. Festpl.	X		X	X	Farbe
M 21	8086	PPC	DIN separat	23cm		X	INT		MS-DOS CCP/M	128K	16K	640K	2 x 5,25"	opt. Festpl.	X				tragbar, PC-komp. Graphik 640x400
M 22	80C88	PPC	IBM	X		X	INT		MS-DOS	256K	32K	768K	5,25"	opot.	X				3 Steckplätze
M 24	8086	PC	DIN separat	30cm		X	INT		MS-DOS, CCP/M	128K	18K	640K	5,25" 720KB	Festpl. 27 MB	X				PC-kompatibel
M 28	80286	AT	IBM	30cm		X	INT		DOS 3.1 Xenix	512K		7 M	5,25"	Festpl. 20 MB	X				7 Steckplätze
3B	Bell	PC							UNIX	256K		8M	X						bis 18 E/A, bis 50 Bildschirme wie AT&T
● **Olympia** Olystar 60	80286 8 MHz	AT	DIN	38cm		X	INT		MS-DOS 3.1	512K		4 M	5,25"	bis 60 MB	X				
People	8086	PC	DIN separat	30cm		X	INT		CP/M-86, MS-DOS	256K		896K	2 x 5,25"	opt. Festpl.	X				Farbgraphik

Hersteller Typ	µP	Art	Tastatur	Diagonale	Art	Drucker	Netzteil	Batteriebetrieb	Betriebssystem, Sprachen	RAM	ROM	Ausbau bis	Floppy Disk	andere Massenspeicher	V.24	V.11	TTL	IEC	Besonderheiten
OSBORNE																			
Executive	Z80A +8088	PC	DIN separat	18cm		INT	X		CP/M, MS-DOS	128K			2 x 5,25"		2		2	X	Modem-Anschluß
Executive 2	8088	PC																	tragbar, PC-kompatibel
PC	8088	PC		18cm		INT	X		MS-DOS	256K			2 x 5,25"		2				tragbar,PC-komp., Graphik
Polo	80188 +Z80A	PC	DIN separat	30cm		INT	X		MS-DOS, CP/M	128K	8K	768K	2 x 5,25"		2			X	Modem-Anschluß
Vadem	80C86	PPC	DIN	X	LCD		X	X	MS-DOS	256K	16K	512K	2 x 5,25"	RAM-Disk	X			X	4,7 kg, Uhr, DFÜ
5	8088	PC	IBM separat	30cm		INT	X		MS-DOS CCP/M	640K			2 x	opt. Festpl.	X				4 Steckplätze
6/AT	80286 10MHz	AT	DIN	36cm		INT	X		MS-DOS 3.1	1 MB	64K		5,25"	Festpl. 40 MB	X				720x348
OTRONA																			
Attache 8:16	8086 +Z80A	PC	DIN separat		13cm		X		MS-DOS, CP/M	256K	4K		2 x 5,25"				X	X	tragbar (9 kg)
Panafacom																			
Duet-16	8086	PC	DIN separat	30cm		INT	X		MS-DOS	128K	8K	512K	2 x 5,25"	opt. Festpl.	2	X	X	X	IBM-komp., Farbgraphik
Duet-16 UNIC.	68010	PC	DIN separat	30cm			X		UNIX V	512K	8K	2M	2 x 5,25"	Festpl. 20 MB	6	X			
Panasonic																			
FX 600	8086	XT	DIN	30cm		INT	X		MS-DOS	256K		640K	5,25"	opt.	X				
FX 800	80286	AT	DIN	30cm		INT	X		MS-DOS	512K		15 M	5,25"	opt.	X				
JB-3000	8088	XT	ASCII separat	X			X		CP/M-86, MS-DOS	96K		224K	opt.						Farbgraphik
RL-H7000	8088	PXT	IBM separat	23cm		X	X		MS-DOS	256K		640K	2 x 5,25"	opt. Festpl.	X				Externbox
286	80286	AT																	
PCS																			
CADMUS 9000	68000	PC	DIN separat	X		INT	X		UNIX	0,5M		4M	X	X	4				Q-Bus
PEP																			
PEP 2000	8- o. 16-Bit	PC	DIN separat	INT		INT	X		BASIC				2 x 5,25"						VME- und Eurobus
Pertec																			
3200	68000	PC	ASCII separat				X		UNIX, CP/M										
Philips																			
PC	80186	PC	DIN *)	30cm			X		MS-DOS, CP/M-86,	128K	64K	640K	3,5" 720KB	5,25"u. Festpl.	X	X		X	AT-kompatibel
PCP 3100		PC	DIN											25 MB					PC-kompatibel
PCP 3200	80286	AT	DIN	X		INT	X		MS-DOS				X						
P 3100 PC	8088	PC	DIN separat	30cm		INT	X		MS-DOS	128K		512K	5,25"	opt. Festpl.					PC-kompatibel
YES	80186 8 MHz	PC	DIN separat	30cm			X		DOSplus C-DOS	128K	64K	640K	2 x 3"		X				Farbgraphik
Phoenix																			
Genie 16 C	V20	XT	DIN	36cm		INT	X		MS-DOS	640K			2 x 5,25"	opt.	X				
Genie 286 AT	80286	AT	DIN	36cm		INT	X		MS-DOS	1 M		2 M	5,25"	40 MB	X				
Plantron																			
PC-16XT	8088	PC	IBM	30cm		INT	X		MS-DOS	256K		640K	2 x 5,25"	Festpl. 10 MB	2				PC-kompat., Uhr, 8 Steckplätze
PC-16AT	80286	AT							MS-DOS	640K		3,2M	5,25"	20 MB					
Polo																			
Polo 1	80188 +Z80	PC	DIN	30cm			X		MS-DOS, CP/M	128K		1M	2 x 5,25"		X		X		
Pronto																			
Serie 16	80186	PC	IBM separat	30cm		INT	X		MS-DOS	256K	16K	1M	2 x 5,25"	Fest-platte	2				RAM-Disk
Radio Shack																			siehe Tandy
Radofin																			
Polo	80188 +Z80A	PC					X		MS-DOS, CP/M	128K			2 x 5,25"		X				Farbgraphik (Osborne?)
Vadem	80C86	PC	X	X	LCD		X		MS-DOS	128K			1 x 5,25"						tragbar (Osborne?)

Hersteller Typ	µP	Art	Tastatur	Bildschirm Diagonale	Bildschirm Art	Drucker	Netzteil	Batteriebetrieb	Betriebssystem, Sprachen	RAM	ROM	Ausbau bis	Floppy Disk	andere Massenspeicher	V.24	V.11	TTL	IEC	Besonderheiten
● Rair BusinessComp.	8088 +8085	PC	DIN	30cm		INT	X		SHELL-86	256K		1M	5,25"	Fest-platte	2	4			Farbe
Mini Micro	80286	PC	DIN	36cm			X		C-DOS	512K		1M	1,2MB	Festpl. 25 MB	6				
Professional	8088 +8085	PC					X		MS-DOS, CP/M	256K			2 x 5,25"		2				
Super Micro	80286	PC	DIN	36cm			X		C-DOS, UNIX V	512K		1M	1,2MB	Festpl. 45 MB	8				
● Rank Xerox 16/8	Z80 +8086	PC	DIN separat	30cm			X		CP/M, MS-DOS	128K	8K	256K	2 x 5,25"	opt. Festpl.	X				Ethernet
● RC-Computer RC 750 Partn.	80186	PC	DIN separat	30cm			X		CCP/M	256K *)	16K	768K	5,25" 1,2MB	opt. Festpl.	X	X			*) 128K CMOS
RCO AT	80286	AT	DIN	30cm		INT	X		MS-DOS	512K		1 M	5,25"	30 MB	X				
RCO PC/XT	8088	XT	DIN	36cm		INT	X		MS-DOS	256K		640K	5,25"	opt.	X				
● Rohde&Schwarz PCU-AT	80286	AT	DIN	X		INT	X		DOS 3.1	512K		3 M	5,25"	20 MB					
● Sakata Duet-16 SPC 2100C	80286 10MHz	AT	IBM separat	X		INT	X		MS-DOS 3.2	640K	64K	1 MB	5,25"	bis 40 MB	X				s. Panafacom 8 Steckplätze, Echtzeituhr
● Sanyo MBC 550	8088	PC	DIN separat	30cm		INT	X		MS-DOS	128K	8K	512K	1 x 5,25"	opt. Festpl.	X				
MBC 555	8088	PC	DIN separat	30cm		INT	X		MS-DOS	128K	8K	512K	2 x 5,25"	opt. Festpl.	X				
MBC 775	8088	PPC	DIN separat	23cm			X		MS-DOS	256K	8K	640K	2 x 5,25"		X				
MBC 4000	8086	PC	DIN separat	30cm		INT	X		CP/M-86	128K	6K	512K	5,25"	opt. Festpl.	X		X		
● Schneider PC	8086 8 MHz	XT	DIN	X		INT	X		MS-DOS 3.2				5,25"	Festpl.					
● SEIKO 8600	8086	PC	DIN separat	30cm		INT	X		CP/M-86, MS-DOS, OASIS	128K	16K	512K	2 x 5,25"	opt. Festpl. 50 MB	4		X		
System 286	80286	PC				INT	X			1M		4M	5,25" 1 MB	opt. Festpl.					
● SEL ITT XTRA	8088	PC	IBM separat	36cm		INT	X		MS-DOS	256K		640K	2 x 5,25"	opt, Festpl.	X				siehe auch ITT
ITT XTRA XP	80286	AT	DIN	X		INT	X		MS-DOS	512K		1,6M	5,25"	Festpl.					
● SEP MICRO COM	LSI-11	PC		30cm			X					4M	5,25"	Festpl.					DEC-kompatibel
● SGS Samson	Z8003	PC					X		Sunix	512K		6M		Festpl.	X				DMA, Multibus
● SHARP 8100	68000	PC	separat	36cm			X		UNIX	256K		4M	5,25"						IBM-kompatibel
MZ-5600	8086	PC	DIN	30cm			X		MS-DOS, CP/M-86	256K	16K	512K	5,25" 860KB	opt. Festpl.	X				
OA-8120 DX	68000	PC	DIN separat	X			X		UNIX	768K		4M	X	Fest-platte					8 Benutzer
PC-5000 G	8088	PPC	DIN	X	LCD	INT **)	X	X	MS-DOS, erweit. BASIC	128K	192K	256K	INT	*)	X				tragbar (5 kg), Klapp-LCD (5700) *) 128Kbyte MBM **) Drucker einsteckbar Koffergerät
PC-7000	8086	PPC	ASCII	X	LCD		X		MS-DOS	320K		704K	2 x 5,25"	opt. Festpl. 20 MB	X				
PC-7500	80286 8 MHz	AT	DIN	X		INT	X		MS-DOS Xenix Eumel						X				8 Steckplätze
● Sherry 16 PC	8088	PC	DIN separat				X		MS-DOS	128K			5,25"						PC-komp, 5 Steckplätze

Hersteller Typ	µP	Art	Tastatur	Bildschirm Diagonale	Art	Drucker	Netzteil	Batteriebetrieb	Betriebssystem, Sprachen	RAM	ROM	Ausbau bis	Floppy Disk	andere Massenspeicher	V.24	V.11	TTL	IEC	Besonderheiten
● Siemens																			
PC 16	8088	PC	DIN separat	30cm		INT	X		CP/M-86	128K		768K	5,25"	Festplatte	X	X			LAN
PC 16-05		PC																	
PC 16-07		PPC		X	LCD	INT			CCP/M										
PC 16-11	8088	PC	DIN separat	30cm		INT	X		CCP/M-86	128K	2K	384K	2 x 5,25"	Festpl. 10 MB	2	X		X	opt. Farbgraphik,
PC 16-11/05	8088	PC	DIN separat	30cm		INT	X		MS-DOS	256K		640K	2 x 5,25"	opt. Festpl.	X				PC-kompatibel
PC 16-20	80286	AT	DIN	X		INT	X		MS-DOS	512K		8 MB	X	Festpl.	X				6 Steckplätze
PC 635		PPC	DIN	X	LCD				CP/M-86	512K			5,25" 720KB						Progr. v. Speich. progr.Steuerungen
PC-D	80186	PC	DIN separat	30cm			X		MS-DOS	128K		512K	2 x 5,25"	opt. Festpl.	X	X			
PC-D2	80286	AT	DIN	X		INT	X		MS-DOS			1,5M	5,25"	30 MB	2				4 Steckplätze
PC-MX	8086	PC	DIN	X			X		Sinix	512K		1M	5,25"	Festpl.					4 Benutzer
PC-X	80186	PC	DIN	30cm		INT	X		Sinix	512K			5,25"	10 MB	X				
● Sinclair																			
QL	68008	PC	DIN separat	X			INT	X	BASIC, QDOS	128K	48K	640K	opt.	Kass. 100KB	2				ROM-Kassette Farbgraphik
● Sirius																			
Sirius I	8088	PC	DIN separat	30cm			INT	X	CP/M-86, MS-DOS	128K		896K	2 x 5,25"	opt. Festpl.	2		X		Graphik 800x400
● SKS																			
250	Z80 o. 80186	PC	DIN separat	30cm				X	CP/M, MS-DOS				2 x 5,25"	Festplatte					tragbar, 3"-Laufwerke optional
● Sony																			
SMC-70 GP	Z80A oder 8086			X			INT	X	CP/M	64K		1M	2 x 3,5"		X				Graphik, 16 I/O
● Sord																			
M68	Z80A + 68000	PC	DIN separat	30cm			INT	X	CP/M, CP/M-68K, UCSD-p	256K		1M	5,25"	8"	2		X	X	DMA, Farbgraphik 640x400,
● Spectroscopy Instruments																			
Colibri-XT	8088	PC	ASCII	X				X	MS-DOS	256K	48K	1M	2 x 5,25"	opt. Festpl.	X	X			
● Sperry																			
PC HT	8088	PC	IBM	30cm			INT	X	MS-DOS CCP/M	128K		640K	5,25"	opt. Festpl.					
PC IT	80286 8 MHz	AT	DIN	36cm			INT	X	DOS 3.1 Xenix	512K		3,5M	5,25"	Festpl.	X				5 Steckplätze, bis 9 Benutzer
UTS60	68000	PC	separat					X	CP/M-68K			2M	X	X					Farbgraphik
● Spezial Elektronik																			
SE-Super AT	80286	AT	DIN	36cm			INT	X	MS-DOS	256K		512K	5,25"	40 MB	X				
SE-Super PC	8088	PC	DIN separat	36cm				X	MS-DOS	256K	8K	640K	2 x 5,25"		X	X			PC-komp, Graphik 720x348, 8 Steckplätze
SE-Super XT	8088	PC	DIN	36cm				X	MS-DOS	640K	8K		5,25"	Festpl.	X	X			
● Sumicom																			
PRO-16	80186	PC	DIN	36cm			INT	X	MS-DOS	256K		896K	2 x 5,25"	opt. Festpl.	2				Farbgraph.640x400 5 Steckplätze
● Tandberg																			
Tea 1000	80186	PC	DIN separat	30cm				X	MS-DOS	128K		512K	2 x 5,25"	opt. Festpl.	2	2			Farbgr. 640x400
Tom 4000	68000	PC							UNIX	512K		2M							12 Benutzer
● Tandon																			
PC	8088	PC	DIN	X			INT	X	MS-DOS										
PCA	80286	AT	DIN	X			INT	X	MS-DOS				5,25"	bis 40 MB	X				
PCX	8088	XT	DIN	X			INT	X	MS-DOS	256K		640K	5,25"	10 MB	X				7 Steckplätze
● Tandy																			
Model 16	Z80A+ 68000	PC	ASCII separat	30cm			INT	X	TRS/DOS	128K		512K	2 x 8"	opt. Festpl.	2				
Model 1000	8088	PC	ASCII	X			INT	X	MS-DOS	128K		640K	5,25"		X				PC-komp, 3 Steckplätze
Model 1200HD	8088	PC	ASCII				INT	X	MS-DOS	256K			5,25"	Festpl.					
Model 2000	80186	PC	ASCII separat	30cm			INT	X	MS-DOS	128K		768K	2 x 5,25"		X		X		PC-komp, 4 Steckplätze
3000 HD	80286 8 MHz	AT	DIN separat	30cm			INT	X	DOS-3.2 Xenix	640K		12 M	5,25"	Festpl. 20 MB	X				

Hersteller Typ	µP	Art	Tastatur	Diagonale	Art (Bildschirm)	Drucker	Netzteil	Batteriebetrieb	Betriebssystem, Sprachen	RAM	ROM	Ausbau bis	Floppy Disk	andere Massenspeicher	V.24	V.11	TTL	IEC	Besonderheiten
Tatung AT TCS-7000	80286 10MHz	AT	IBM	X		INT	X		MS-DOS	640K		1 M	X	Festpl.					
Taylorix BC_D	80186	PC	DIN	30cm		INT	X		MS-DOS	256K		512K	5,25"	opt.	X				
TCS GENIE 16C	8088	PC	DIN separat	30cm		INT	X		MS-DOS, CP/M	256K	8K	640K	2 x 5,25"	opt. Festpl.	X				PC-kompatibel
Telenorma ISY-100	80186	PC	DIN	X			X		MS-DOS	256K		1 M							
Televideo																			
AT	80286	AT	DIN	X			X		MS-DOS	640K		512K	X	45 MB	X				8 Steckplätze
PM/4T	80186	PC	X	X			X		InfoShare	256K	12K	512K	1	Festpl.	6	X			
Tele PC	8088	PC	DIN separat	36cm		INT	X		MS-DOS, CP/M-86	128K		256K	2 x 5,25"		2				PC-komp.,Graphik 640x200
Tele XT	8088	PC	IBM separat	23cm		INT	X		MS-DOS	128K		256K	1 x 5,25"	Festpl. 10 MB	X	X			PC/XT-komp.,Graph 640x200
TPC-II	8088	PPC	IBM separat	23cm		INT	X		CP/M-86	256K	8K		2 x 5,25"		X	X	X		PC-komp, Modem, Graphik 640x200
TS 1605 Plus	8088	PC	ASCII separat	36cm		INT	X		TeleDOS	256K	8K	512K	2 x 5,25"		X	X	X		PC-komp.,Steckpl. Graphik
TS 1605 C	8088	PC	ASCII separat	30cm		INT	X		TeleDOS	256K	8K	512K	2 x 5,25"	opt. Festpl.	X	X	X		
Texas Instruments																			
PPC	8088	PC	ASCII separat	23cm		INT	X		MS-DOS	128K		768K	1 o.2 5,25"	Festpl. 10 MB					tragbar, 5 Steck- pl., Farbgraphik, Tastatur wie Prof
Prof.Computer	8088	PC	ASCII separat	30cm		INT	X		MS-DOS, CP/M-86	64K		256K	2 x 5,25"	opt. Festpl.	X				Farbgraphik
Pro-Lite	80C88	HC	ASCII	30cm	LCD	INT	X	X	MS-DOS, CCP/M	256K		768K	3,5"	opt.	X				4,8 kg, Graphik
Torch																			
Triple X	68010	PC	ASCII	33cm			X		UNIX V	1088K		7 M	5,25"	20 MB	X	2			Farbgraphik
Toshiba																			
T-300	8088	PC	DIN separat	30cm		INT	X		MS-DOS, CP/M-86	192K		512K	5,25" 720KB	opt. Festpl.	X			*)	opt. 14" Color *) opt.
T-350	80286	AT	X	X			X		MS-DOS	512K		X		70 MB					8 Steckplätze
T-1100	80C88	PPC	DIN	X	LCD	INT		X	MS-DOS	640K			2x3,5" 720KB		X				4,1 kg
T-1500	8088	PC	IBM separat	30cm		INT	X		MS-DOS	128K		640K	2 x 5,25"	opt. Festpl.	X				PC-komp, 3 Steck- plätze
T-2100	8086	PPC	DIN	X	*)				MS-DOS	256K	32K		3,5"						*)Plasma
T-3100	80286	PAT	DIN	X	*)	INT	X		MS-DOS	640K	64K	2,6 M	3,5"	20 MB	X				*)Plasma, 7 kg
Triumph-Adler																			
M32	68000	PC							UNIX			2M	5,25"	71 MB					
PC2	8088	HC	DIN	X		INT	X		MS-DOS	64K		128K	opt.		X				
PC16	8088	PC	DIN separat	30cm		INT	X		MS-DOS, EUMEL	64K	64K	128K	opt.		X				
P10	8088	PC	DIN	X		INT	X		MS-DOS	256K		640K	5,25"		X				Echtzeituhr
P30	8088	PC	DIN separat	30cm		INT	X		CP/M-86, MS-DOS	128K		512K	5,25" 800KB	opt. Festpl	X				
P50	80186	PC	DIN separat	30cm		INT	X		MS-DOS	256K		512K	5,25" 800KB	opt. Festpl	X				
P70	80286	AT	DIN	X		INT	X		MS-DOS	512K		1 M	5,25"		X				
P80	80286	AT	DIN	X		INT	X		MS-DOS	512K		1 M	5,25"	20 MB	X				
Tulip																			
Advance	8086	PC	DIN	X		INT	X		MS-DOS	128K		640K	2 x	Festpl.	X				
AT compact	80286 10MHz	AT	IBM	X		INT	X		MS-DOS 3.2	640K			5,25"	Festpl. 20 MB	X				
PC compact	8088	PC	DIN	X		INT	X		MS-DOS	256K		512K	2 x	10 MB	X				
PC extent	8088 8 MHz	PC	IBM	30cm		INT	X		MS-DOS 3.1	256K		512K	X		X				
Vector Graphic																			
VECTOR 4	Z80B +8088	PC	ASCII separat	30cm		INT	X		CP/M, MS-DOS	128K		256K	5,25"	Fest- platte	X				Graphik

Hersteller Typ	µP	Art	Tastatur	Bildschirm Diagonale	Bildschirm Art	Drucker	Netzteil	Batteriebetrieb	Betriebssystem, Sprachen	RAM	ROM	Ausbau bis	Floppy Disk	andere Massenspeicher	V.24	V.11	TTL	IEC	Besonderheiten
VICTOR Sirius VI	8088	PC	DIN separat	30cm		INT	X		MS-DOS, CP/M-86	256K	48K	1,9M	2 x 5,25"	opt. Festpl.	2				PC- u. Sirius-I-kompatibel
Vicki	8086	PC	DIN	23cm			X		MS-DOS	256K	8K		2 x 5,25"		X				tragbar, Graphik 800x400
Victor 9000	8088	PC	DIN separat	30cm		INT	X		CP/M-86, MS-DOS	128K		1M	2 x 5,25"						100% Sirius-komp. Graphik
VPC 15	8088	PC	IBM separat	36cm		INT	X		MS-DOS	256K			5,25"	Festpl. 15 MB					PC-kompatibel
VPC 30	8088	PC	IBM	36cm		INT	X		MS-DOS	256K			5,25"	30 MB					
VPC II	8086	PC	IBM	36cm		INT	X		MS-DOS	640K			5,25"	opt.	X				4 Steckplätze
V286	80286	AT	DIN	36cm		INT	X		MS-DOS	512K		1 M	5,25"	20 MB	X				
Wang APC	80286	AT	IBM	X		INT	X		MS-DOS			2 M		67MB	X				
Assistent	80186	PC	DIN	30cm			X		Wang	320K		10M	X	opt. Festpl.	X				
PC	8086	PC	DIN separat	30cm		INT	X		MS-DOS	128K		640K	5,25"	opt. Festpl. 10 MB					
WLTC-S1-US	V30	PPC	ASCII	X	LCD		X	X	MS-DOS										
Western Digital ME 1600	9000	PC				INT	X		Pascal	64K			bis 4		X				
WICAT SYSTEM 100	68000	PC	ASCII	X		INT	X		UNIX	256K	32K	6M			4		X		ausbaubar
Wyse WY 1000	80186	PC	ASCII	36cm			X		MS-DOS	256K		768K	2 x 5,25"						Farbgraphik 1024x768
WY 1100	8088	PC	DIN	36cm		INT	X		MS-DOS	256K	16K		2 x 5,25"	opt. Festpl.	2				PC-kompatibel, 4 Steckplätze
WYSEpc 286	80286 8 MHz	AT	DIN	X		INT	X		MS-DOS 3.1	640K			5,25"	bis 40MB	X				
YE DATA BFM 186	8086	PC	separat	36cm		INT	X		MS-DOS CCP/M	256K	4K	1M	2 x 5,25"	opt. Festpl.	X			X	Graph.960x624, 5 Steckpl.
ZENITH Z-100	8088 +8085	PC	DIN	30cm		INT	X		CP/M-86, MS-DOS	128K		768K	2 x 5,25"	opt. Festpl.	2			X	S-100-Bus, Farbgraphik
Z-100/PC	8088	PC	DIN separat	30cm		INT	X		MS-DOS	128K		640K	5,25"				2		PC-kompatibel, Farbgraphik
Z-138	8088 8 MHz	PPC																	11 kg
Z-148 PC	8088	PC	DIN	30cm		INT	X		MS-DOS	128K		640K			X				
Z-150	8088	XT				INT (2x)	X		MS-DOS	128K			5,25"	opt. Festpl.	2				PC-kompatibel
Z-158	8088 8 MHz	XT	DIN	X		INT	X		MS-DOS										
Z-160 Port.	8088	XT		23cm		INT	X		MS-DOS	128K			5,25"		2				tragbar, wie Z-150
Z-171	80C88	PPC	DIN	X	LCD	INT	X	X	MS-DOS	256K		640K	2 x 5,25"		X				6,8 kg
Z-181	80C88	PPC	DIN	25cm	LCD	INT	X	X	MS-DOS	640K			2 x 3,5"		X				5,5 kg, 640x200
Z-240	80286	AT	DIN	30cm		INT	X		MS-DOS 3.1 und Xenix	1,5M			5,25"	Festpl. 20 MB	X				AT-kompatibel, LAN-Anschluß
Z-386	80386	AT	DIN separat	X		INT	X		MS-DOS				X	bis 80 MB					

Lokale Netze (LANs)

Die mit den Fachaufsätzen dieses Buches vermittelten Grundlagen, Anwendungen und Erfahrungen werden hier ergänzt durch tabellarische Übersichten zu 100 Lokalen PC-Netzwerken. Die Gesamtaufstellung ist alphabetisch nach Herstellern bzw. Anbietern sortiert.

Als Netztopologie ist überwiegend die Busanordnung verwendet. Aber auch die anderen Grundformen (Ring, Stern, Baum) kommen vor. In manchen Fällen läßt die Netzwerkdefinition wahlweise verschiedene Topologien zu. Seit Einführung des IBM-Token-Rings nimmt die Ring-Topologie mit Zuteilungssteuerung per Umlauf-Token zu.

Welches Medium benutzt bzw. vorgeschrieben wird, hängt von der Zielsetzung der Netzentwickler oder den zugrunde liegenden Standards ab. Geht man in erster Näherung von den Anforderungen bezüglich der gewünschten Datenrate und Netzgröße aus, kann etwa folgende grobe Liste aufgestellt werden:

- **Zweidrahtleitung** (*Twisted Pair*) für kostengünstige Netze bei niedrigen Anforderungen an Datenrate und Leitungslänge. Im einfachsten Teil sind es Telephonleitungen, bei etwas höheren Anforderungen abgeschirmte Spezialpaare mit definiertem Wellenwiderstand.
- **Koaxialkabel** für Lokale Netze mittlerer bis hoher „Qualität". An der unteren Grenze werden Standard-BNC-Leitungen benutzt (z. B. Cheapernet, die preiswerte Ethernet-Alternative). Für die „Normalversionen" (Ethernet u. ä.) sind hochwertige, teure Spezialkabel vorgeschrieben (z. B. das *Yellow Cable*).
- **Glasfaser** für Hochgeschwindigkeits- und Breitbandnetze.

Welche physikalische Schnittstelle zum Netzkabel definiert ist, kann aus den Unterlagen der Lieferanten nicht immer klar abgelesen werden. Grundsätzlich gilt etwa folgendes:

– RS-232-C bzw. V.24 sind klassische (besser: antiquierte) Festlegungen für eine serielle Punkt-zu-Punkt-Schnittstelle mit nur maximal 19200 bit/s über 20–30 m. Echter Busbetrieb ist damit absolut unmöglich.

- RS-422 bzw. V.11 ist die moderne Version der seriellen Schnittstelle für Datenraten bis 1 Mbit/s und Leitungslängen bis 1 km. Allerdings definieren die Normen
  auch nur elektrische Eigenschaften für Punkt-zu-Punkt-Übertragungen.
- RS-485 bzw. ISO 8482 ist die aus RS-422 hervorgegangene Festlegung für Bus-
  fähige Sender- und Empfänger-Bausteine, die für moderne Netzwerke als physikalische Schnittstellen dienen. Wenn trotzdem RS-422 genannt wird, ist dies
  entweder Unkenntnis, oder es werden ausgesuchte Bausteine verwendet oder
  Schutzmechanismen vorgesehen, um sicheren Busbetrieb zu gewährleisten.

Übertragungstechnik und -geschwindigkeit sowie die mögliche Zahl der Anschlüsse
und die Gesamt-Leitungslänge erklären sich aus den Tabellen weitgehend selbst.
Allerdings geben die Hersteller zu ihren Zahlen häufig einige Bedingungen und Einschränkungen an, auf die wir hier nicht eingehen können.

Das Protokoll ist neben der physikalischen Schnittstelle der wesentlichste Teil eines
funktionstüchtigen Netzwerks. Wir haben aus Platzgründen in der Spalte „Protokoll,
Zugriff" alle Steuerungs- und Zugriffsmethoden zusammengefaßt. In den Tabellen
am häufigsten genannt ist das Ethernet-Zugriffsverfahren CSMA/CD (*Carrier Sense
Multiple Access with Collision Detection*), das in IEEE 802.3 definiert ist.

In vielen Implementierungen werden Token-Verfahren benutzt. Für den Token-Bus
gilt IEEE 802.4, für Token-Ringe IEEE 802.5. In einigen Fällen ist das bitorientierte
Steuerungsverfahren HDLC (*High-level Data Link Control*) verwendet, manchmal
auch das ältere SDLC (*Synchronous Data Link Control*). Schließlich wird auch
„Polling" eingesetzt, manchmal wird asynchron, also zeichenorientiert übertragen
(Start-Stop-Betrieb).

Als Betriebssystem liegt den PC-Netzen meistens MS-DOS oder eine UNIX-Version
zugrunde. Die Netzsoftware kommt in vielen Fällen von der Firma Novell und hat
den Namen Netware.

Hersteller	Netzbezeichnung	Topologie	Medium	Schnitt-stelle	Technik	Geschwindigkeit (Mbit/s)	Anschlüsse max.	Gesamtlänge	Protokoll, Zugriff	Betriebs-system
Apple	Apple Talk	Bus	Zweidraht	integriert		0,23	32	300	Apple-Talk	
ASE	multiNET	Bus, Stern	Koaxial, Zweidraht, Glasfaser	Ethernet	Basisband	10	255	6000	CSMA/CD	MS-DOS 2.x
AST	PCnet II	Bus	Zweidraht		Basisband	0,8	155	150	CSMA/CD	MS-DOS 3.11
	Resource Sharing Network	Bus	Koaxial		Basisband	5	64		CSMA/CD	MS-DOS 3.11
Banyan	Banyan Netwerk-Server	Bus, Baum, Stern	Koaxial, Zweidraht, Glasfaser		Basisband, Breitband	10	*)		variabel	MS-DOS 1.1 *) beliebig
Bridge-Comm	CS/1-X	Bus	Koaxial, Glasfaser			10	64		CSMA/CD, Token	UNIX
	CS/100-200	Bus	Koaxial, Glasfaser			10	14		CSMA/CD, Token	UNIX
	GS/X-Y	Bus	Koaxial, Glasfaser			10	48	400	CSMA/CD, Token	UNIX
	NCS/1-X	Bus	Koaxial, Glasfaser			10	40	400	CSMA/CD, Token	UNIX
	PC Communication	Bus	Koaxial, Glasfaser			10		50	CSMA/CD, Token	UNIX
Compu-Shack	ARC-Net	vert. Stern	Koaxial	spez.	Basisband	2,5	255	6000	Token	MS-DOS 2.0, Novell Netware
Concord Comm	Token Net	Baum	Koaxial	PC-Karte	Breitband	10	*)	km	Token, IEEE 802.4	MS-DOS 3.1 *) beliebig
Concurrent Computer	Pennet Plus	Bus	Koaxial	Ethernet	Basisband	10	500	2000	IEEE 802.3	MS-DOS 3.1
Convergent	Hero-Net	Ring (Chain)	Vierdraht	RS-422		1,8	128	1000	HDLC	
Corvus	Netware/Omninet	Bus	Zweidraht	Omninet	Basisband	1	255	600	CSMA/CD	MS-DOS 2.1
	Network SW	Bus	Zweidraht	RS-232-C		1	100	1500	CSMA/CD	MS-DOS 2.1
	Omninet Constellation	Bus	Zweidraht	RS-232-C		1	63	1500	CSMA/CD	MS-DOS 2.1
	Omninet Novell	Bus	Twisted Pair	Omninet		1	100	1000	CSMA/CA	MS-DOS 2.1, Novell Netware
CTM Comp.	CTM 9032	offener Ring	Zweidraht		Gegentakt	1		3000	Polling	
Datus	5810/ETH	Bus	Koaxial	Z-Bus	Basisband	10	2000	1000	CSMA/CD	
	Kommunikationssyst.5810	Stern-Knoten, Ring	Koaxial, Glasfaser	V.24,X.21	Basisband	3,5	2000	1000	HDLC	
Digital Data	Netboard	Bus	Twisted Pair	RS-422		2,5	255	3000	CSMA/CD	MS-DOS 3.1
Digital Microsystems	HiNet	Bus	Zweidraht	RS-422	Basisband	2		3600	SDLC	MS-DOS 3.1
Digital Equipment	DEC Net									
Elcon	Elco-Net	Bus	Twisted Pair	PC-Karte	Basisband	0,23	40	350	Apple	MS-DOS 2.1
Fortune Sys.	Arcnet LAN	Bus, Baum	Koaxial	Arcnet		2,5	256	600		
Fox Research	10 Net	Bus	Zweidraht,		Basisband	1	32	300	CSMA/CA	MS-DOS 3.1
Gateway Inc.	G-net	Bus	Koaxial	spez.		1,3	100	2500	CSMA/CD	MS-DOS 2.1
	Netware IG	Bus	Koaxial	NIM	Basisband	1	255	2300	CSMA/CD	MS-DOS 2.0
GEI	IDM Datenbankmaschine	Stern	Breitband-kabel	RS-232-C, IEC-Bus		0,25	256	100	Ethernet	VAX VMS
Gemed	Gemed-LAN	Bus	Zweidraht, Koaxial	RS-422		1	256	1000	SDLC, HDLC	
Hewlett-Packard	Office Share	Bus	Koaxial	Ethernet	Basisband	10	10	185	CSMA/CD AT-Karte	MS-DOS 3.1
	Star LAN	Stern (Baum)	Telefon-draht	spez.		1	50	250	CSMA/CD	MS-DOS 3.1
IBM	Cluster	Bus	Koaxial	spez.	Basisband	0,37	255	300	CSMA/CD	PC-DOS 2.0
	PC-Netzwerk	Bus	Koaxial	spez.	Breitband	2	75	300	CSMA/CD	und Novell
	Token Ring	log. Ring, phys. Stern	IBM-Kabel Typ I	spez.	Basisband	4	255	120	Token, IEEE 802.5	Netware
IDS	IDS-Net	Bus	Twisted Pair	RS-422		1	255	500	CSMA/CD	MS-DOS 3.x

Hersteller	Netzbezeichnung	Topologie	Medium	Schnitt-stelle	Technik	Geschwindigkeit (Mbit/s)	Anschlüsse max.	Gesamtlänge	Protokoll, Zugriff	Betriebs-system
Informatik Systemtech.	Libsy Pernet	Ring, Stern	Glasfaser	RS-232-C		2,5	512	km	Token	beliebig
Kontron	Kobus f. CP/M-Rechner	Bus	Koaxial		Basisband	0,8	64		SDLC	
Lange Comm.	Datenvermittlungssys.TAC	Stern	Draht	RS-232-C	Asynchron		512	30	Start-Stop	
M.A.I.	Magnet	Bus	Zweidraht	Ethernet	Basisband	1	63	1200	CSMA/CD	BOSS/IX,VS
Micom	Micom Ethernet Interlan Ethernet	Bus Bus	Koaxial Koaxial	Ethernet PC-Karte VME-Bus	Basisband Basisband	10 10	100 *)	300 2500	CSMA/CD CSMA/CD	MS-DOS 2.1 *) beliebig MS-DOS 2.0
Motorola	LAN Serie 4000	Bus	Koaxial	Ethernet	Basisband	10	1024	1000	CSMA/CD	eigenes
NBI Inc.	NBI Basys 64/66 NBI Net	Baum Bus	Twisted Pair Koaxial	RS-232-C IEEE 802.3	Synchron Basisband	1 10	2201 2321	1200 500	SDLC, Poll TCP/IP	MS-DOS 2.1, UNIX MS-DOS 2.1
NCR	PC2PC	Bus	Twisted Pair	RS-422	Basisband	1	64	720	CSMA/CD	MS-DOS 2.0
Nestar Sys.	PLAN	Stern	Koaxial	spez.		5	256	7000	Token-Ring	MS-DOS 2.0
Network Sys.	Hyperchannel/Bus	Bus	Koaxial,	spez.		50	3200	4500	CSMA/CD	verschiedene
Networth Inc.	vLAN	Bus	Twisted Pair	Standard		1	100	500	CSMA/CD	MS-DOS 2.1
Nixdorf	Nixdorf Breitband-Netz (NBN)	Baum	Koaxial	PC-Karte	Frequenz-Multiplex	10	*)	500	CSMA/CD	*) mehr als 20 000
NM-IDV	Dataline	Stern	Kabel, Glasfaser			10	128	500		
Nokia	PC-Net Professional	Bus	Koaxial		Basisband	0,5	32	1000	CSMA/CD	MS-DOS 2.0
Northern Telecom	Vienna AOC/SRC	Bus	Koaxial	Ethernet	Basisband	10	252	1200	CSMA/CD	MS-DOS 3.1, Xenix
Novell	Arcnet G-Net Netware/Ethernet Netware 286 SFT ProNET S-Net	Ring/Stern Bus Bus Bus, Baum Ring Stern	Koaxial Koaxial Koaxial Koaxial Koaxial, Glasfaser Twisted Pair	 Ethernet PC-Karte RS-232-C	 Basisband Basisband Basisband Synchron	2,5 1,3 10 2,5 10 0,2	50 50 255 255 100 64	 1000 2000 1500 1500	Token CSMA/CD CSMA/CD Token Token-Ring of Stars SDLC	 MS-DOS 2.0 HS-DOS 3.1 MS-DOS 2.1 MS-DOS 2.1
Orchid	Netware IPC	Bus	Koaxial	PC-Karte	Basisband	1	255	300	CSMA/CD	MS-DOS 2.0
PCS	Munix-Net	Bus	Koaxial		Ethernet	10	12	500	CSMA/CD	UNIX V
Philips	Sopho-LAN-M	Bus, Baum	Koaxial		Breitband	10		4000	Token, IEEE 802.4	
Phys.-Techn. Bundesanstalt	PTB-Bus	Bus	Zweidraht	RS-422	Basisband	0,3	32	0,5	Polling	beliebig
Prime Comp.	Prime Ring Net	Ring	Koaxial, Glasfaser		Breitband	10	128	991	Token	Primax
Proteon	Netware IP Pronet Pronet 4 Pronet 10 Pronet 80	Verteilter Stern Ring Ring, Stern Ring, Baum, Stern Ring	IBM-Kabel Typ I Twisted Pair Glasfaser Koaxial, Zweidraht, Glasfaser Glasfaser	spez. spez. PC-Karte PC-Karte, VME-Bus PC-Karte, VME-Bus	Basisband Basisband Basisband Basisband	10 10 4 10 80	255 100 240 255 255	700 220 4000 4000 4000	Token Token Token Token Token	MS-DOS 2.0 MS-DOS 2.1 MS-DOS 2.0 MS-DOS 2.0 MS-DOS 2.0
Quadram	Quadnet 6 Quadnet 9	Bus Ring	Koaxial Zweidraht, Glasfaser	spez. spez.	Basisband Basisband	1,4 9,9	100 100	100 700	CSMA/CD Token	MS-DOS 2.1 MS-DOS 2.1
Quantum	QNX	Bus	Koaxial	PC-Karte		2,5	255	600		MS-DOS 2.1

Hersteller	Netzbezeichnung	Topologie	Medium	Schnitt-stelle	Übertragung Technik	Geschwindigkeit (Mbit/s)	Anschlüsse max.	Gesamtlänge	Protokoll, Zugriff	Betriebs-system
Racal-Milgo	Planet Planet Plus	Ring Ring	Koaxial, Glasfaser Koaxial, Glasfaser	 PC-Karte	Basisband Basisband	10 10	500 120	km km	Multi-token Multi-token	 MS-DOS 2.1
Rair Computer	Ethernet	Bus	Koaxial	IEEE 802.3	Basisband	10	255	1000	CSMA/CD	
RC-Computer	Ethernet RC-Micronet	Bus Bus	Koaxial Koaxial	Ethernet	Basisband Basisband	10 1	255 255		CSMA/CD CSMA/CD	
Santa Clara Systems	PCnet	Bus	Koaxial		Basisband	1	50		CSMA/CD	
Schneider & Koch	SK-Net	Bus	Koaxial, Glasfaser		Basisband, Breitband	10	1024		CSMA/CA, TCP/IP	
Shamrock Software	Net. 24/PC, ST	Bus	Koaxial	RS-232-C	Asynchron	*)	10	50		MS-DOS 2.11 *) 4800 bit/s
Sharp	SLAN Sharp	Bus	Koaxial		Basisband	10		2500	CSMA/CD	
Siemens	LAN/Ethernet ComfoNet N10	Bus, Stern Bus	Koaxial, Zweidraht	Ethernet	Basisband	10 1	1024 16	2500	CSMA/CD CSMA/CD	MS-DOS 2.1
Standard Micro Systems	Arcnet Arcnet-Novell	Bus Bus	Koaxial Koaxial	spez. spez.		2,5 2,5	100 100	6500 6500	Token Token	MS-DOS Netware
Tallgrass Inc.	Lancourier TG 8000	Ring Stern	Koaxial Koaxial	spez. PC-Karte		10 10	4000 100	500 6500	Token Token	 MS-DOS 2.1
TCC/Novell	Arcnet TCC - Novell	Bus, Stern	Koaxial	Arcnet		2,5	100	6500	Token	MS-DOS 2.1
Televideo	Personal Mini PM/16-T	Stern Stern	Zweidraht Zweidraht	RS-422 RS-422	Basisband Basisband	0,8 0,8	24 16	2000 1000	SDLC SDLC	MS-DOS 2.11 MS-DOS 2.0
Thomas Conrad	ARCNet TCC	Bus-Stern	Koaxial		Basisband	2,5	100		Token	
Torus	Torus Ethernet	Bus	Koaxial		Basisband	10	100		CSMA/CD	
Triumph-Adler	Ergonet TA PC-Net	Bus Bus	Koaxial Zweidraht		Basisband Basisband	1 0,5	256 32		CSMA/CD DIN 19241	
Wang	Wangnet	Bus, Baum	Koaxial		Basisband, Breitband	12	255		CSMA/CD	
3 COM	Ethershare 3 COM 3+ 3 Plus	Kette Bus Bus	Koaxial Koaxial, Zweidraht, Glasfaser Koaxial	Ethernet Ethernet	Basisband Basisband Basisband	10 10 10	50 1024 200	300 300	 CSMA/CD CSMA/CD	
3M	LAN/PC	Baum	Koaxial		Breitband		255		Token	

Sachwortverzeichnis

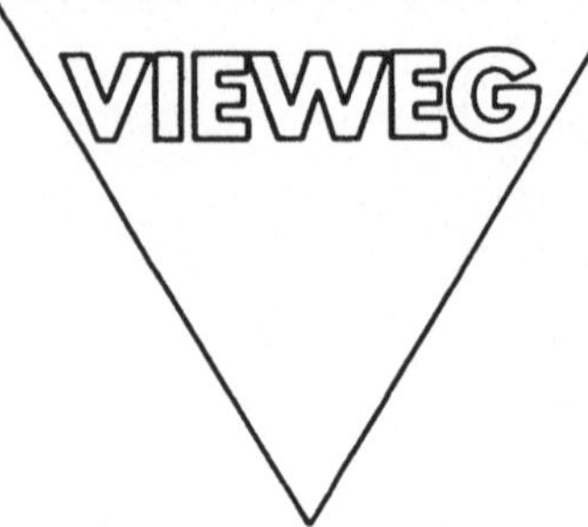

Helmut Weber und Hans H. Oppermann (Hrsg.)

PC-Betriebliche Anwendung und Praxis

Beiträge des 2. deutschen PC-Kongresses 1984. 1985. VI, 451 S. 19,2 x 22,9 cm. Kart.
Die Informationsverarbeitung in Wirtschaft und Verwaltung hat in den letzten Jahren grundlegende Änderungen erfahren. Durch den zunehmenden Einsatz moderner Informations- und Kommunikationstechniken war ein Wandel von vergangenheits- zu zukunftsorientierten, von abrechnungs- zu entscheidungsbezogenen Anwendungen unverkennbar.
Das Buch beschreibt die Bedeutung, die der Einsatz des PCs am Arbeitsplatz erhalten hat. Dabei wird besonders auf Vor- und Nachteile eingegangen, die durch den verstärkten Einsatz der PCs in den unterschiedlichen Fachabteilungen entstehen können, wenn schon Groß-EDV-Anlagen die betriebsabläufe übernommen haben und nun durch die PCs sinnvoll ergänzt werden sollen.
In organisatorischer Hinsicht ist es z. Zt. augenfälliges Kennzeichen, daß in vielen Unternehmungen Datenschutzverarbeitungsaufgaben an den Arbeitsplatz des Sachbearbeiters zurückverlagert werden, sei es durch dezentrale Mehrplatzrechner oder Einsatz von autonomen Mikrorechnern in den Fachabteilungen. Das Themenspektrum des Tagungsbandes ermöglicht einen guten Überblick über die momentane Nutzung der PCs im betrieblichen Einsatz.
Themenüberblick: Einsatz des Personal Computers / Dateiverwaltung und Datenbanken / Vernetzung und Arbeitsplatzsysteme / Textverarbeitung / Datenschutz und Datensicherung / Software und Softwarehilfen / Anwendungen in Indstrie, Banken, Versicherung / Handel und Dienstleistungen.

Dietrich Seibt und Helmut Weber (Hrsg.)

**PCs in der betrieblichen Datenverarbeitung
Anwendungen – Organisation – Technik**

Beiträge des 3. deutschen PC-Kongresses 1985, durchgeführt von ASB, BIFOA, GMI. 1986. XII, 271 S. 16,2 x 22,9 cm. Kart.
Das Hauptziel des 3. deutschen PC-Kongresses war es, reale Probleme des PC-Einsatzes in der Praxis darzustellen und gleichzeitig Maßnahmen und Hilfsmittel zu diskutieren, die die Bewältigung der Schwierigkeiten beim PC-Einsatz unterstützen können.
So stehen im Mittelpunkt dieses Tagungsbandes zum einen die Berichte von Praktikern über Anwendungserfahrungen und zum anderen Vorschläge, Konzepte und Empfehlungen zu einem erfolgreichen und sinnvollen PC-Einsatz.
Themenüberblick: Organisatorische Konzepte / Vernetzung und Rechnerverbund / Schulungskonzepte / PC und Btx / Datenschutz und Datensicherung / Erfahrungen in unterschiedlichen PC-Anwendungsbereichen / Programmiersprachen und Datenbanken.